数据库技术及应用

——Microsoft SQL Server 2008 + Java

马忠贵　曾广平　编

国防工業出版社

·北京·

内 容 简 介

本书用通俗的语言将抽象的数据库理论具体化，以目前最流行的大型关系数据库 Microsoft SQL Server 2008 为背景，介绍了数据库的基本原理和主要技术，具体内容包括数据库的基本概念、关系数据模型、关系数据理论、关系数据库标准语言 SQL、Microsoft SQL Server 2008 的使用、数据库的安全和维护、数据库设计方法、基于 Java 的数据库系统开发方法和实验指导等。

本书内容循序渐进、深入浅出，以一个读者耳熟能详的学生管理信息系统为例贯穿全书，并配有大量的实例、习题和实验项目。内容取材新颖，采用数据库基本理论与实际应用相结合的原则，在注重理论性、系统性、科学性的同时，兼顾培养读者的自主创新学习能力。

本书可作为高等学校非计算机专业高年级本科生和专科生的教材，也可供从事相关专业的工程技术人员和科研人员参考。

图书在版编目(CIP)数据

数据库技术及应用：Microsoft SQL Server 2008 + Java / 马忠贵，曾广平编. —北京：国防工业出版社，2012.7

ISBN 978-7-118-08180-0

Ⅰ. ①数… Ⅱ. ①马… ②曾… Ⅲ. ①关系数据库 - 数据库管理系统②JAVA 语言 - 程序设计 Ⅳ. ①TP311.138 ②TP312

中国版本图书馆 CIP 数据核字(2012)第 108401 号

※

国防工业出版社出版发行
(北京市海淀区紫竹院南路 23 号　邮政编码 100048)
北京市李史山胶印厂印刷
新华书店经售

*

开本 787 × 1092　1/16　印张 14¼　字数 324 千字
2012 年 7 月第 1 版第 1 次印刷　印数 1—4000 册　定价 32.00 元

国防书店：(010)88540777　　发行邮购：(010)88540776
发行传真：(010)88540755　　发行业务：(010)88540717

前　言

数据库技术是研究数据库的结构、存储、设计、管理和使用的一门学科，已在当代的社会生活中获得了广泛的应用，渗透到工农业生产、商业、行政管理、科学研究、教育、工程技术和国防军事等各行各业，而且已围绕数据库技术形成了一个巨大的软件产业，即数据库管理系统和各类工具软件的开发与经营。随着信息技术的飞速发展，各行各业数据的采集、存储、处理和传播的数量也与日俱增，出现了各种应用广泛的数据库应用系统，如国家经济信息系统、企业管理信息系统、行政机关的办公自动化系统（Office Automation，OA）以及企业资源规划系统（Enterprise Resource Planning，ERP）等，都需要数据库技术的支持，而且数据已成为各行各业的宝贵资产。从应用的层次和深度看，可将数据库应用系统由低到高分为电子数据处理（Electrical Data Processing，EDP）、管理信息系统（Management Information System，MIS）和决策支持系统（Decision Support System，DSS）3 类。在市场需求的驱动下，数据库技术及应用已成为当前高等院校计算机专业的必修课程及非计算机专业选修的核心课程之一。

本书用通俗的语言将抽象的数据库理论具体化，结合目前流行的数据库管理系统——Microsoft SQL Server 2008 讲述了数据库的基本理论与应用。目前，Microsoft SQL Server 2000 的使用范围已经很小，绝大多数用户使用的是 Microsoft SQL Server 2005。Microsoft SQL Server 2008 目前逐渐取代上一版本，成为主流的 SQL Server 产品，这也是本书选择 Microsoft SQL Server 2008 作为背景的原因。尽管本书重点介绍 Microsoft SQL Server Management Studio 中的数据库引擎服务，但有了这方面的知识后，可以很容易地学习其他的服务。

本书以大型关系数据库 Microsoft SQL Server 2008 为背景，介绍数据库的基本原理和主要技术，全书共分 8 章来进行论述。第 1 章为绪论，从数据管理技术的产生和发展引出数据库概念，围绕着数据库系统的组成介绍有关名词术语；然后介绍了数据模型的基本概念、表示方法以及数据模型的三要素；最后介绍了数据库系统的三级模式结构和二级映像功能。第 2 章主要介绍目前最重要的一种数据模型，即关系模型，内容包括关系模型的基本概念与术语、完整性约束、关系的运算、关系表达式的等价变化、关系的查询优化等。第 3 章对 Microsoft SQL Server 2008 系统进行概述，以使读者对该系统有整体的认识和了解，对 Microsoft SQL Server 2008 系统在易用性、可用性、可管理性、可编程性、动态开发、安全性等方面有一个初步的理解。内容包括 Microsoft SQL Server 2008 的身份验证模式，Microsoft SQL Server 2008 的使用，使用 Microsoft SQL Server Management Studio 和 Transact-

SQL 语句 2 种方式创建、修改和删除数据库，Transact-SQL 程序设计基础等。第 4 章介绍关系数据库标准语言 SQL，内容包括 SQL 语言的发展过程和基本特点，DDL、DQL、DML、DCL，视图，存储过程及触发器。第 5 章介绍关系数据库规范化理论。首先是关系规范化的提出；接着引入函数依赖和范式等基本概念；然后介绍关系模式等价性判定和模式分解的方法；最后简要介绍 2 种数据依赖的概念。第 6 章介绍数据库的安全和维护。内容包括数据库的安全性、数据完整性、并发控制和恢复技术 4 个方面的内容，并以 Microsoft SQL Server 2008 为例进行具体说明。第 7 章主要介绍数据库设计的任务和特点、设计方法及设计步骤。以概念结构设计和逻辑结构设计为重点，介绍每一个阶段的方法、技术以及注意事项。第 8 章以开发一个学生管理信息系统为例，介绍使用 Java 语言进行 Microsoft SQL Server 2008 数据库系统的开发方法。内容有所取舍，配有丰富的数据库实验项目和大量的实例。通过课堂教学与上机实践相结合的学习方式，使读者系统地掌握数据库的基本原理和技术，掌握关系型数据库管理系统 Microsoft SQL Server 2008 的使用和操作方法，掌握数据库设计方法和步骤，具有设计数据库模式以及开发数据库应用系统的基本能力。

本书采用数据库基本理论与实际应用相结合的原则，在注重理论性、系统性、科学性的同时，兼顾培养读者的自主创新学习能力。为此，本书通过目前流行的数据库管理系统 Microsoft SQL Server 2008 的学习，掌握数据库技术的基本原理，并且使用高级程序设计语言 Java 和 Microsoft SQL Server 2008 开发 C/S 体系结构的具体管理系统，旨在培养读者的综合实践与创新能力。

本书在编写过程中参考了大量与数据库相关的技术资料，在此向其作者表示感谢。书中的全部 Transact-SQL 语句和 Java 程序都上机调试通过。由于编者水平和时间有限，书中不妥之处在所难免，恳请同行专家和广大读者批评指正。

马忠贵

2012 年 3 月于北京

目　录

第1章　绪　论

随着计算机技术、通信技术和网络技术的发展,人类社会已经进入了信息化时代。当今,信息资源已成为各行各业最重要和最宝贵的财富和资源,建立一个行之有效的信息系统是各行各业生存和发展的重要条件。作为信息系统核心技术和重要基础的数据库技术正是瞄准这一目标应运而生、飞速发展起来的专门技术,并得到了越来越广泛的应用。

数据库技术是一门应用广泛、实用性强的技术,产生于20世纪60年代末,是数据管理的最新技术,是计算机科学的重要分支。目前,数据库技术作为信息系统的核心和基础,已成为计算机应用的主流,它的出现极大地促进了计算机应用向各行各业的渗透。伴随着云计算和物联网的蓬勃发展,使信息的收集变得更加全面、更加智能和更加深入,数据库仍可以为物联网的广泛应用提供基石。数据库的建设规模、数据库信息量的大小和使用频度已成为衡量该国家信息化程度的重要标志。

伴随着计算机技术,特别是计算机网络和互联网的飞速发展,数据库技术已应用到社会生活的各个领域,引发了"信息爆炸"。IDC(International Data Cooperation)报告指出,全球2007年产生的数据量为2.81×10^{11}GB。到2008年底,全球数据内容的总量激增为4.87×10^{11}GB。在如此浩瀚的信息空间中,如何实现信息的存储、访问、共享以及安全是一个至关重要的问题。数据库系统就是研究如何科学地组织数据和存储数据的理论和方法,如何高效地检索数据和处理数据,以及如何既减少数据冗余又能保证数据安全,实现数据共享的计算机应用技术。数据库可以提供高效存储、高效访问、数据共享和数据安全。

本章从数据管理技术的产生和发展引出数据库概念,围绕着数据库系统的组成介绍有关名词术语;然后介绍数据模型的基本概念、表示方法以及数据模型的三要素;最后介绍数据库系统的三级模式结构和二级映像功能。

1.1　数据、信息与数据处理

1)数据

数据是数据库中存储的基本对象。数据在大多数人脑中的第一反应就是数字,其实数据不只是简单的数字,还可以是文字、图形、图像、声音、视频、学生档案(如41051001,王强,男,1990-1-1,内蒙,通信工程1001班)、工作日志、货物的运输情况等。

数据是描述事物的符号记录,是信息的符号表示或载体。数据=量化特征描述+非量化特征描述。例如,天气预报中,温度的高低可以量化表示,而"刮风"或"下雨"等特征则需要用文字或图形符号进行描述,它们都是数据,只是数据类型不同而已。

2)信息

信息是数据的内涵,是数据的语义解释,是对现实世界中各种事物的存在方式、运动状态或事物间联系形式的综合反映。信息是可以被感知、存储、加工、传递和再生。数据与信息是密不可分的,如1980,若描述一个人的出生日期,表示1980年;若描述一根钢管的长度表示1980mm。

3)数据处理

数据处理是将数据转换成信息的过程,包括对数据收集、存储、分类、加工、检索、维护等一系列活动,其目的是从大量的原始数据中抽取和推导出有价值的信息。数据、信息及数据处理之间的关系如图1-1所示。

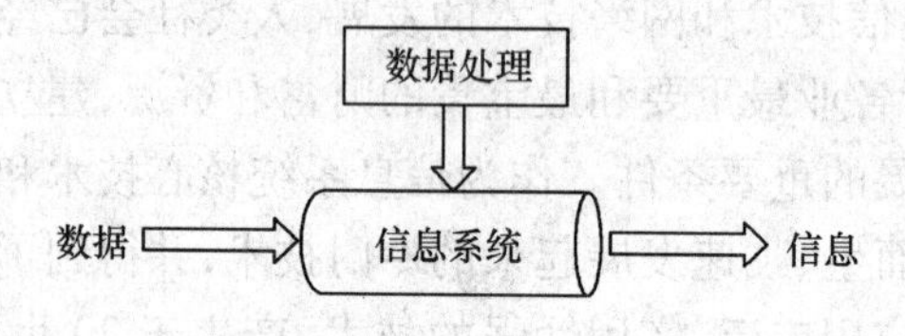

图1-1 数据、信息及数据处理之间的关系

1.2 数据管理技术的产生与发展

数据库技术是因数据管理任务的需要应运而生。数据管理就是对数据进行分类、组织、编码、存储、检索、传播和利用的一系列活动的总和,是数据处理的核心。数据管理技术是随着计算机技术的发展而发展的,发展可以大体归为人工管理、文件系统和数据库系统3个阶段。在计算机软、硬件的发展和应用需求的推动下,每一阶段的发展都以数据存储冗余不断减小、数据独立性不断增强、数据操作更加方便和简单为标志。下面简单描述数据管理技术发展的3个阶段。

1.2.1 人工管理阶段

在计算机出现之前,人们运用常规的手段从事记录、存储和对数据加工,也就是利用纸张记录和利用计算工具(算盘、计算尺)进行计算,并主要通过人的大脑来管理和利用这些数据。20世纪50年代中期以前属于人工管理阶段。在这一阶段,计算机主要用于科学计算。在硬件方面,外部存储器只有磁带、卡片和纸带等,还没有磁盘等直接存取数据的存储设备;在软件方面,只有汇编语言,既没有操作系统,也无数据管理方面的软件,而且数据处理方式基本是批处理,因此从计算机内记录的数据上看,数据量小且无结构,用户直接管理,且数据间缺乏逻辑组织,数据仅依赖特定的应用,缺乏独立性。

在人工管理阶段,数据管理有如下几个特点:

(1)数据不单独保存。因为该阶段计算机主要应用于科学计算,对于数据保存的需求尚不迫切,且数据与程序是一个整体,数据只为本程序所使用,因此所有程序的数据均不单独保存。

(2)系统没有专用的软件对数据进行管理。数据需要由应用程序自己管理,没有相应的软件系统负责数据的管理工作。因此,每个应用程序不仅要规定数据的逻辑结构,而且要设计物理结构,包括存储结构、存取方法、输入方式等,程序员负担很重。

(3)数据不共享。数据是面向程序的,1组数据只能对应1个程序。多个应用程序涉及某些相同的数据时，也必须各自定义，因此程序之间有大量的冗余数据。

（4）数据不具有独立性。程序依赖于数据，如果数据的类型、格式或输入/输出方式等逻辑结构或物理结构发生变化，必须对应用程序做出相应的修改。数据脱离了程序就无任何存在的价值，数据无独立性。

人工管理阶段程序与数据之间的关系如图 1－2 所示。

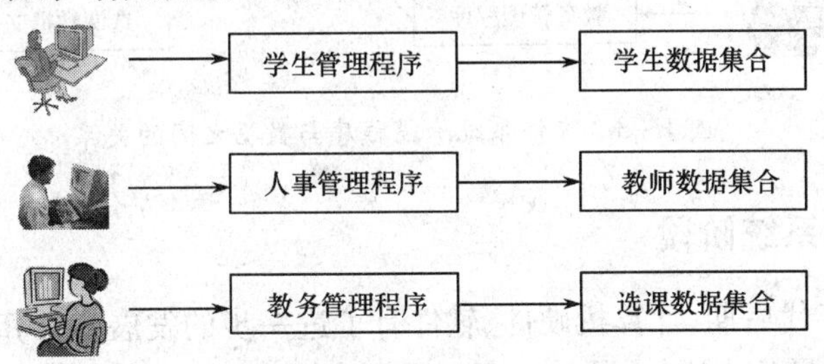

图 1－2　人工管理阶段程序与数据之间的关系

1.2.2　文件系统阶段

从 20 世纪 50 年代后期到 60 年代中期，计算机不仅用于科学计算，而且还大量应用于信息管理，大量的数据存储、检索和维护成为紧迫的需求。在硬件方面，有了磁盘、磁鼓等直接存储设备；在软件方面，出现了高级语言和操作系统，且操作系统中有了专门管理数据的软件，一般称为文件系统；在处理方式方面，不仅有批处理，也有联机实时处理。

用文件系统管理数据的特点如下：

（1）数据以文件形式可以长期保存在外存储设备上。由于计算机大量用于数据处理，数据需要长期保存在外存储设备上，以便用户可随时对文件进行查询、修改、增加和删除等处理。

（2）文件系统可对数据的存取进行管理。有专门的软件即文件系统进行数据管理，文件系统把数据组织成相互独立的数据文件，利用“按名访问，按记录存取”的管理技术，对文件进行修改、增加和删除的操作。

（3）数据共享性差，冗余度大。由于数据的基本存取单位是记录，因此，程序员之间很难明白他人数据文件中数据的逻辑结构。理论上，1 个用户可通过文件管理系统访问很多数据文件，然而实际上，1 个数据文件只能对应于同一程序员的 1 个或几个程序，不能共享，即文件仍然是面向应用的。当不同的应用程序具有部分相同的数据时，也必须建立各自的文件，而不能共享相同的数据，因此数据的冗余度大，浪费存储空间。由于相同数据的重复存储、各自管理，在进行更新操作时，容易造成数据的不一致性。

（4）数据独立性差。文件系统中的文件是为某一特定应用服务的，文件的逻辑结构对该应用程序来说是优化的，若要对现有的数据增加一些新的应用会很困难，系统不容易扩充。数据和程序相互依赖，一旦改变数据的逻辑结构，必须修改相应的应用程序。而应用程序发生变化，如改用另一种程序设计语言来编写程序，也需修改数据结构。因此，数据和程序之间缺乏独立性。

文件系统阶段程序与数据之间的关系如图 1－3 所示。

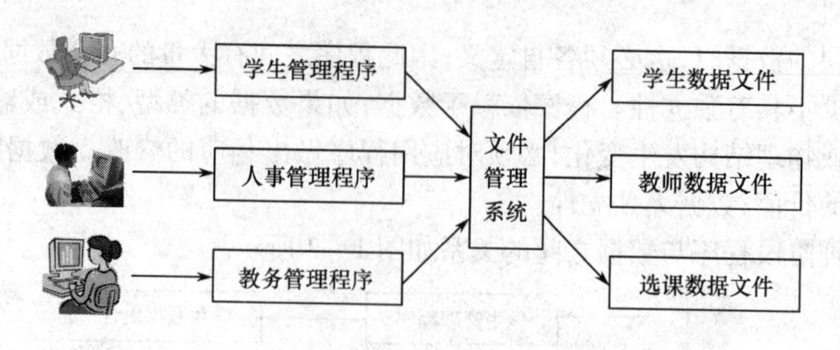

图 1-3　文件系统阶段程序与数据之间的关系

1.2.3　数据库系统阶段

20 世纪 60 年代后期，计算机硬件、软件有了进一步的发展。计算机应用于管理的规模更加庞大，数据量急剧增加；硬件方面出现了大容量磁盘，使计算机联机存取大量数据成为可能；硬件价格下降，而软件价格上升，使开发和维护系统软件的成本增加。文件系统的数据管理方法已无法适应开发应用系统的需要。为解决多个用户、多个应用程序共享数据的需求，出现了统一管理数据的专门软件系统，即数据库管理系统。用数据库系统管理数据比文件系统具有明显的优点，从文件系统到数据库系统，标志着数据管理技术的飞跃。

数据库系统的特点如下：

(1) 数据结构化。有了数据库系统后，数据库中的任何数据都不属于任何应用。数据是公共的，结构是全面的。在描述数据时不仅要描述数据本身，还要描述数据之间的联系。它是按照某种数据模型，将某一领域的各种数据有机地组织到一个结构化的数据库中。数据结构化是数据库的主要特征之一，也是数据库系统与文件系统的本质区别。

例如，要建立学生学籍管理系统，该系统包含学生(学号、姓名、性别、系)、课程(课程号、课程名、学分、教师)、成绩(学号、课程号、成绩)等数据，分别对应 3 个文件。若采用文件处理方式，因为文件系统只表示记录内部的联系，而不涉及不同文件记录之间的联系，若查找某个学生的学号、姓名、所选课程的名称和成绩，必须编写一段程序来实现。而采用数据库方式，数据库系统不仅描述数据本身，还描述数据之间的联系，上述项目可以非常容易地联机查到。

(2) 数据共享性高、冗余度低，易扩展。数据库系统从全局角度看待和描述数据，数据不再面向某个应用程序而是面向整个系统，因此数据可以被多个用户、多个应用共享使用。这样便减少了不必要的数据冗余，节约存储空间，同时也避免了数据之间的不相容性与不一致性。由于数据面向整个系统，是有结构的数据，不仅可被多个应用共享使用，而且容易增加新的应用，这就使得数据库系统弹性大，易于扩展，可以适应各种用户的要求。

(3) 数据独立性高。数据的独立性是指数据的逻辑独立性和数据的物理独立性。数据的逻辑独立性是指用户的应用程序与数据库的逻辑结构是相互独立的，即当数据的总体逻辑结构改变时，数据的局部逻辑结构不变，由于应用程序是依据数据的局部逻辑结构编写的，所以应用程序不必须修改，从而保证了数据与程序间的逻辑独立性。例如，在原有的记录类型之间增加新的联系，或在某些记录类型中增加新的数据项，均可确保数据的逻辑独立性。

数据的物理独立性是指用户的应用程序与存储在磁盘上的数据库中数据是相互独立的，即当数据的存储结构改变时，数据的逻辑结构不变，从而应用程序也不必改变。例如，改变存储设备和增加新的存储设备，或改变数据的存储组织方式，均可确保数据的物理独立性。数据独立性是由数据库系统的二级映像功能来实现的，将在1.5节中讲解。

（4）数据由数据库管理系统统一管理和控制。数据库为多个用户和应用程序所共享，对数据的存取往往是并发的，即多个用户可以同时存取数据库中的数据，甚至可以同时存取数据库中的同一个数据。为确保数据库数据的正确有效和数据库系统的有效运行，数据库管理系统提供下述4个方面的数据控制功能。

① 数据的安全性控制。数据的安全性是指保护数据以防止不合法使用数据造成数据的泄密和破坏，保证数据的安全和机密，使每个用户只能按规定对某些数据以某些方式进行使用和处理。例如，系统提供口令检查或其他手段来验证用户身份，防止非法用户使用系统；也可以对数据的存取权限进行限制，只有通过检查后才能执行相应的操作。

② 数据的完整性控制。数据的完整性是指系统通过设置一些完整性规则以确保数据的正确性、有效性和相容性。完整性控制将数据控制在有效的范围内，或保证数据之间满足一定的关系。正确性是指数据的合法性，如年龄属于数值型数据，只能含0,1,…,9，不能含字母或特殊符号；有效性是指数据是否在其定义的有效范围，如月份只能用1～12之间的正整数表示；相容性是指表示同一事实的2个数据应相同，否则就不相容，如1个人不能有2个性别。

③ 数据的并发控制。多用户同时存取或修改数据库时，可能会发生相互干扰而提供给用户不正确的数据，并使数据库的完整性受到破坏。因此，必须对多用户的并发操作加以控制和协调，防止相互干扰而得到错误的结果。

④ 数据恢复。计算机系统出现各种故障是很正常的，数据库中的数据被破坏和丢失也是可能的。当数据库被破坏或数据不可靠时，系统有能力将数据库从错误状态恢复到最近某一时刻的正确状态。

数据库系统阶段程序与数据之间的关系如图1-4所示。

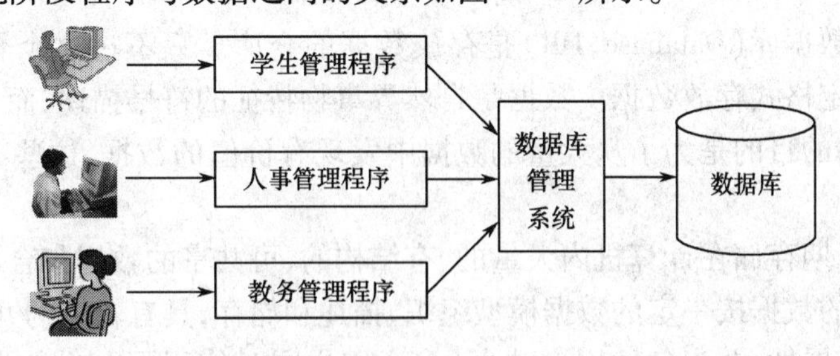

图1-4 数据库系统阶段程序与数据之间的关系

从文件系统管理发展到数据库系统管理是信息处理领域的一个重大变化。在文件系统阶段人们关注的是系统功能的设计，因此程序设计处于主导地位，数据服从于程序设计；而在数据库系统阶段，数据的结构设计成为信息系统首先关心的问题。

数据库技术经历了以上3个阶段的发展，已有了比较成熟的数据库技术，但随着计算机软、硬件的发展,数据库技术仍在不断向前发展。

20 世纪 70 年代,层次、网状、关系 3 大数据库系统奠定了数据库技术的概念、原理和方法。80 年代以来,数据库技术在商业领域的巨大成功刺激了其他领域对数据库技术需求的迅速增长,这些新的领域为数据库应用开辟了新的天地;另一方面,在应用中提出的一些新的数据管理的需求也直接推动了数据库技术的研究和发展,尤其是面向对象数据库系统。另外,数据库技术不断与其他计算机分支结合,向高一级的数据库技术发展。例如,数据库技术与分布处理技术相结合出现了分布式数据库系统,数据库技术与并行处理技术相结合出现了并行数据库系统以及图形图像数据库等。

1.3 数据库系统的组成

数据库系统(Database System,DBS)是指在计算机系统中引入数据库后的系统,是可运行、可维护的软件系统,一般由数据库、数据库管理系统(及其开发工具)、应用系统、数据库管理员和用户构成,如图 1-5 所示。

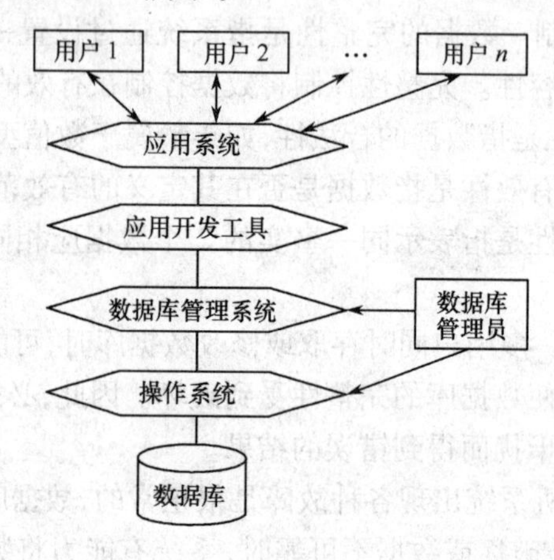

图 1-5　数据库系统的组成

1) 数据库

顾名思义,数据库(Database,DB)是存放数据的仓库。只不过这个仓库在计算机存储设备上,按一定格式存放数据。数据是自然界事物特征的符号描述,而且能够被计算机处理。数据存储的目的是为了从大量的数据中发现有价值的数据,这些有价值的数据就是信息。

数据库是长期存储在计算机内大量的、有结构的、可共享的数据集合。数据库的基本特征:数据库中的数据按一定的数据模型组织、描述和储存,具有较小的冗余度、较高的数据独立性和易扩展性,并为各种用户共享(多个用户同时使用同一个数据库中的数据),而且数据库本身不是独立存在的,它是组成数据库系统的一部分。在实际应用中,人们面对的是数据库系统。

2) 数据库管理系统

数据库管理系统(Database Management System,DBMS)是管理数据库的系统软件,是位于用户与操作系统之间的一层数据管理软件,是数据库系统的核心组成部分。用户在数据库系统中的一切操作,包括数据定义、查询、更新及各种控制,都是通过 DBMS 进行的。在数据库建立、使用和维护时对数据库进行统一控制,以保证数据的完整性、安全性,并在多用户同时使用数据库时进行并发控制,且在数据库系统发生故障后对系统进行恢复。它的任务是如何科学地组织和存储数据以及如何高效地获取和维护数据。

它的主要功能有:

(1) 数据定义。用于科学地组织和存储数据。DBMS 提供数据定义语言(Data Define Language,DDL),用户通过它可以方便地对数据库中的数据对象进行定义。例如,定义数据表的结构,为保证数据库安全而定义的用户口令和存取权限,为保证正确语义而定义完整性规则。

(2) 数据操作。用于高效地获取和维护数据。DBMS 提供数据操纵语言(Data Manipulation Language,DML)实现对数据库的基本操作,包括查询、插入、修改、删除等。SQL 语言就是 DML 的一种。

(3) 数据库运行管理。数据库在建立、运行和维护时由 DBMS 统一管理、统一控制。DBMS 通过对数据的安全性控制、数据的完整性控制、多用户环境下的并发控制以及数据库的恢复,来确保数据正确有效和数据库系统的正常运行。

(4) 数据库的建立和维护功能。提供了一组外部程序(工具)让用户来实现前 3 个功能,包括数据库初始数据的输入、数据库的转储、恢复功能及性能监视和分析功能,这些功能通常是由一些实用程序完成的。

(5) 数据通信。DBMS 提供与其他软件系统进行通信的功能。实现用户程序与 DBMS 之间的通信,通常与操作系统协调完成。

目前,商品化的 DBMS 以关系型数据库为主导产品,技术比较成熟。常用的包括 MySQL、SQL Server、Oracle、Sybase、DB2 等。本书只讨论 Microsoft SQL Server 2008。

(1) MySQL。MySQL 是最受欢迎的开源 SQL 数据库管理系统,它由 MySQL AB 开发、发布和支持。MySQL AB 是一家基于 MySQL 开发人员的商业公司,它是一家使用了一种成功的商业模式来结合开源价值和方法论的第二代开源公司。MySQL 是一个完全免费的数据库系统,其功能也具备了标准数据库的功能。MySQL 是开源的,其服务器工作在客户/服务器或嵌入式系统中,是一个快速、多线程、多用户和健壮的 SQL 数据库服务器,且有大量的 MySQL 软件可以使用。

(2) SQL Server。SQL Server 是由微软公司开发的 DBMS,是 Web 上流行的用于存储数据的数据库,已广泛用于电子商务、银行、保险、电力等与数据库有关的行业。

Microsoft SQL Server 2008 只能在 Windows 操作系统上运行,操作系统的稳定性对数据库十分重要。SQL Server 提供了众多的 Web 和电子商务功能,如对 XML 和互联网标准的丰富支持,通过 Web 对数据进行轻松安全的访问,具有强大、灵活、基于 Web 和安全的应用程序管理等。而且,由于其易操作性及其友好的操作界面,深受广大用户的喜爱。

(3) Oracle。提起数据库,第一个想到的公司,通常都会是 Oracle(甲骨文)。该公司成立于 1977 年,最初是一家专门开发数据库的公司。Oracle 在数据库领域一直处于领先地位。1984 年,首先将关系数据库转到了桌面计算机上;然后,Oracle5 率先推出了分布式数据库、客户/服务器结构等崭新的概念,Oracle 6 首创行锁定模式以及对称多处理计算机的支持,Oracle 8 主要增加了对象技术成为关系-对象数据库系统,Oracle 9i 实现了互联，Oracle 10g 提出了网格的概念。目前，Oracle 产品覆盖了大、中、小型机等几十种机型，可在 VMS、DOS、UNIX、Windows 等多种操作系统下工作。Oracle 数据库成为世界上使用最广泛的关系数据系统之一。

Oracle 数据库产品具有兼容性、可移植性、高生产率、开放性等优良特性。

(4) Sybase。1984 年，Mark B. Hiffman 和 Robert Epstern 创建了 Sybase 公司，并在 1987 年推出了 Sybase 数据库产品。Sybase 主要有 3 种版本：UNIX 操作系统下运行的版本、Novell Netware 环境下运行的版本和 Windows NT 环境下运行的版本。对 UNIX 操作系统，目前应用最广泛的是 SYBASE 10 及 SYABSE 11 for SCO UNIX。Sybase 数据库的特点：基于客户/服务器体系结构的数据库；真正开放的数据库；一种高性能的数据库。

(5) DB2。DB2 是内嵌于 IBM 的 AS/400 系统上的 DBMS，直接由硬件支持。它支持标准的 SQL 语言，具有与异种数据库相连的 GATEWAY。因此，它具有速度快、可靠性好的优点。但是，只有硬件平台选择了 IBM 的 AS/400，才能选择使用 DB2 数据库管理系统。DB2 能在所有主流平台上运行（包括 Windows），最适于海量数据。

3) 硬件系统

由于数据库系统的数据量很大，加上 DBMS 丰富的功能使得自身的规模也很大，因此整个数据库系统对硬件资源提出了较高的要求。例如，有足够的内存，用于存放操作系统、DBMS 的核心模块、数据缓冲区和应用程序；有足够大的磁盘存放数据库数据；有足够数量的存储介质用于数据备份。

4) 软件

数据库系统的软件主要包括 DBMS（如 Microsoft SQL Server 2008）、支持 DBMS 运行的操作系统（如 Windows、Unix、Linux）和具有数据访问接口的高级语言（如 JAVA 语言）及其编程环境（如 J2EE），以便于开发应用程序。DBMS 中的许多底层操作是靠操作系统完成的，因此 DBMS 要与操作系统协同工作来完成相关任务。

5) 人员

这里主要是指开发、设计、管理和使用数据库的人员，包括数据库管理人员、系统分析人员、数据库设计人员、应用程序开发人员和最终用户。

(1) 数据库管理人员（Database Administrator，DBA）：在数据库规划阶段，参与选择和评价与数据库有关的计算机硬件和软件，与数据库用户共同确定数据库系统的目标和数据库应用需求，确定数据库的开发计划；在数据库设计阶段，负责制定数据库标准，研制共用数据字典，并负责设计各级数据库模式，还负责数据库安全及可靠性方面的设计；在数据库运行阶段，负责对用户进行数据库方面的培训，负责数据库的转储和恢复，负责维护数据库中的数据，负责对用户进行数据库的授权，负责监视数据库的性能并调整、改善数据库的性能，对数据库系统的某些变化作出响应，优化数据库系统性能，提高系统效率。

(2) 系统分析人员：主要负责应用系统的需求分析和规范说明。该类人员要与最终用户以及数据库管理员配合，以确定系统的软、硬件配置，并参与数据库应用系统的概要设计。

(3) 数据库设计人员：参与需求调查和系统分析，负责设计数据库结构和数据字典。

(4) 应用程序开发人员：负责设计和编写访问数据库的应用系统的程序模块，并对程序进行调试和安装。

(5) 最终用户:是数据库应用程序的使用者,其通过应用程序提供的操作界面访问数据库。

1.4 数据模型

数据库中的数据是有结构的,这种结构反映了事物之间的相互联系。在数据库中,用数据模型来抽象、表示和处理现实世界的数据和信息。

数据库是一组相关数据的集合,其存储的数据来源于现实世界,将现实世界中的数据转换为计算机能够识别、处理的数据需要一系列的数据处理过程。在数据处理过程中,数据描述将涉及现实世界、信息世界和机器世界 3 个不同的领域,数据处理过程就是逐渐抽象的过程,如图 1-6 所示。在现实世界里,常用物理模型对某个对象进行抽象来模拟,如房子模型。在机器世界里,常用数据模型对某个对象进行抽象来表示,如房子用“三室二厅、130 平方米”来表示。

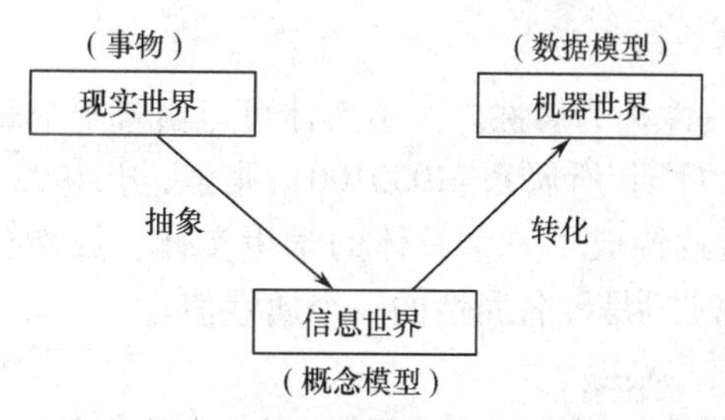

图 1-6　现实世界到机器的抽象过程

计算机系统是不能直接处理现实世界的事物,现实世界只有数据化后才能由计算机系统来处理这些代表现实世界的数据。为了把现实世界的具体事物及事物之间的联系转换成计算机能够处理的数据,必须用某种模型来抽象和描述这些数据。

模型是对事物、对象、过程等客观系统中感兴趣的内容的模拟和抽象表达,是理解系统的思维工具。不同的模型实际上提供给我们模型化数据和信息的不同工具。根据模型应用目的的不同,可将模型分为 2 类(它们分别属于 2 个不同的层次,如图 1-6 所示):

第 1 类模型是概念模型,对应于信息世界,也称为信息模型,是一种独立于计算机系统的数据模型,完全不涉及信息在计算机中的表示,只是用来描述某个特定组织所关心的信息结构。概念模型是按用户的观点对数据和信息建模,强调其语义表达能力,概念应简单、清晰,易于用户理解,它是对现实世界的第 1 层抽象,是用户和数据库设计人员之间进行交流的工具。这一类模型中最著名的是“实体联系模型”(Entity-Relationship Model E-R 模型)。

第 2 类模型是数据模型,是专门用来抽象、表示和处理现实世界中的数据和信息的工具。它主要包括网状模型、层次模型、关系模型等,按计算机系统的观点对数据建模,是直接面向数据库的逻辑结构,对应于机器世界,是对现实世界的第 2 层抽象。数据模型是数据库系统的核心和基础。各种机器上实现的 DBMS 软件都是基于某种数据模型的,数据模型包括逻辑模型和物理模型。逻辑模型是指采用某一数据模型组织数据(如关系模型)，物理模型是描述数据在系统内部的表示方式和存取方法。

从现实世界到概念模型的第 1 次抽象由数据库设计人员完成，从概念模型到逻辑模型的第 2 次抽象由数据库设计人员完成，而由逻辑模型到物理模型的转换由 DBMS 完成。

1.4.1 概念模型

由图 1-6 可以看出，概念模型是对信息世界的抽象表示，实质上是现实世界到机器世界的 1 个中间层次。它主要用于数据库的设计阶段，是数据库设计人员进行数据库设计的有力工具，也是最终用户和数据库设计人员之间进行交流的语言。其特点：具有较强的语言表达能力，能够方便、直接地表达应用中的各种语义；简单、清晰，易于用户理解。

1.4.1.1 概念模型的基本概念

1) 实体

实体是一个数据对象，指应用中客观存在并可以相互区别的事物。实体既可以是具体的人、事、物，也可以是抽象的概念或联系。例如一个学生、一个学校、老师与系的工作关系等都是实体。

2) 属性

实体所具有的某一特性称为属性。一个实体可以由若干个属性来描述。如学生实体由学号、姓名、性别、出生日期、所属系（10501001，张强，男，1992-5-1，通信工程系）等属性组成，则这组属性值就构成了一个具体的学生实体。属性分为属性名和属性值，例如，“姓名”是属性名，“张强”是姓名属性的一个属性值。

3) 码

能唯一标识实体的属性或属性集称为码，有时也称为实体标识符，或简称为键。例如“学号”属性是学生实体的码。

4) 域

属性的取值范围称为该属性的域（值域）。例如，学生“性别”的属性域为（男、女）。

5) 实体型

实体名及其所有属性名的集合称为实体型。例如，学生（学号、姓名、性别、出生日期、所属系）就是学生实体集的实体型。实体型抽象地刻画了所有同集实体，在不引起混淆的情况下，实体型往往简称为实体。

6) 实体集

所有属性名完全相同的同类实体的集合称为实体集。例如，全体学生就是 1 个实体集，同一实体集中没有完全相同的 2 个实体。

7) 联系

在现实世界中，事物内部以及事物之间是有联系的，这些联系在信息世界中反映为实体（型）内部的联系和实体（型）之间的联系。实体内部的联系通常是指组成实体的各属性之间的联系，实体之间的联系通常是指不同实体集之间的联系。这里主要讨论实体集之间的联系。

2 个实体集之间的联系可归纳为以下 3 类：

(1) 一对一联系。如果对于实体集 E_1 中的每个实体，实体集 E_2 有 0 个或 1 个实体与之联系，反之亦然，那么称实体集 E_1 和实体集 E_2 的联系为“一对一联系”，记为“1:1”。

例如,学校与校长间的联系,1 个学校只能有 1 个校长,如图 1 – 7(a)所示。

(2) 一对多联系。如果实体集 E_1 中每个实体可以与实体集 E_2 中任意个(0 个或多个)实体间有联系,而 E_2 中每个实体至多和 E_1 中一个实体有联系,那么称 E_1 对 E_2 的联系是“一对多联系”,记为“1:n”。例如,学校与学生间的联系,1 个学校有若干学生,而每个学生只包含在 1 个学校,如图 1 – 7(b)所示。

(3) 多对多联系。如果实体集 E_1 中每个实体可以与实体集 E_2 中任意个(0 个或多个)实体有联系,反之亦然,那么称 E_1 和 E_2 的联系是“多对多联系”,记为“m:n”。例如,教师与学生间的联系,1 个教师可以教授多个学生,而 1 个学生又可以受教于多个教师,如图 1 – 7(c)所示。

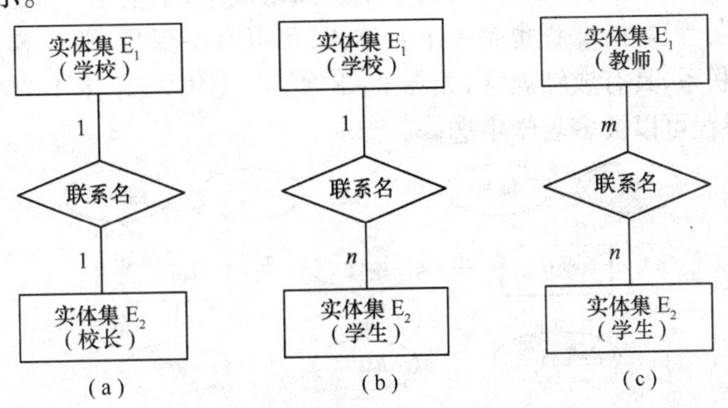

图 1 – 7 两个实体集之间的 3 类联系

(a)1:1 联系;(b)1:n 联系;(c)m:n 联系。

2 个实体集之间的联系究竟是属于哪一类,不仅与实体集有关,还与联系的内容有关。如主教练集与队员集之间,若对于指导关系来说,具有一对多联系;而对于朋友关系来说,就应是多对多联系。

与现实世界不同,信息世界中实体集之间往往只有 1 种联系,此时,在谈论 2 个实体集之间的联系性质时,就可略去联系名,直接说 2 个实体集之间具有一对一、一对多或多对多联系。

1.4.1.2 概念模型的表示方法

概念模型是对信息世界建模,因此概念模型应能方便、准确地描述信息世界中的常用概念。概念模型的表示方法很多,其中广泛被采用的是 E-R 模型,它是由 Peter Chen 于 1976 年提出,也称为 E-R 图。E-R 图是用来描述实体集、属性和联系的图形。

1) E-R 图的要素

E-R 图的主要元素是实体集、属性、联系集,其表示方法如下:

(1) 实体集用矩形框表示,矩形框内注明实体名。

(2) 属性用椭圆形框表示,框内写上属性名,并用直线与其实体集相连,加下画线的属性为码。

(3) 联系用菱形框表示,并用直线将其与相关的实体连接起来,并在连线上标明联系的类型,即 1:1、1:n、m:n。联系也会有属性,用于描述联系的特征。

2) 建立 E-R 图的步骤

(1) 确定实体和实体的属性。

（2）确定实体和实体之间的联系及联系的类型。

（3）给实体和联系加上属性。

划分实体及其属性有2个原则可参考:①属性不再具有需要描述的性质,即属性在含义上是不可分的数据项;②属性不能再与其他实体集具有联系,即E-R图指定联系只能是实体集间的联系。

划分实体和联系有1个原则可参考,即当描述发生在实体集之间的行为时,最好用联系集。如读者和图书之间的借、还书行为,顾客和商品之间的购买行为,均应作为联系集。

划分联系的属性的原则:①发生联系的实体的标识属性应作为联系的默认属性;②与联系中的所有实体都有关的属性。例如,学生选课系统中,学生是一个实体集,可以有学号、姓名、出生日期等属性;课程也是一个实体集,可以有课程号、课程名、学分属性;选修看作一个多对多联系,具有成绩属性,如图1-8所示。图中表示1个学生可以选修多门课程,同时1门课程可以被多名学生选修。

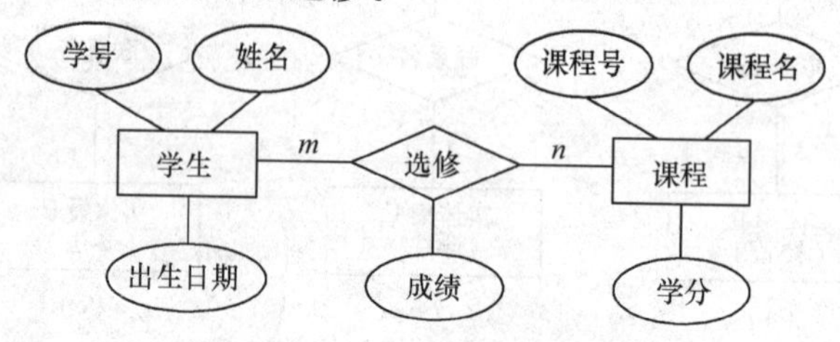

图1-8　学生选课系统E-R图

1.4.2　数据模型

概念模型只是将现实世界的客观对象抽象为某种信息结构,这种信息结构并不依赖于具体的计算机系统,而对应于数据世界的模型则由数据模型描述。数据模型是表示实体类型和实体间联系的模型,是机器世界对现实世界中的数据和信息抽象、表示和处理。

1.4.2.1　数据模型的组成要素

数据模型是数据库系统的核心和基础,任何DBMS都支持一种数据模型。数据模型是严格定义的一组概念的集合,它描述了系统的静态特性、动态特性和完整性约束条件。因此,数据模型通常由数据结构、数据操作和数据完整性约束3部分组成。

1）数据结构

任何一种数据模型都规定了一种数据结构,即信息世界中的实体和实体之间联系的表示方法。数据结构描述了系统的静态特性,是数据模型本质的内容。

数据结构是所研究的数据库对象类型的集合。这些对象是数据库的组成成分,它包括2类:①与数据类型、内容、性质有关的对象,如关系模型中的域、属性、关系等;②与数据之间联系有关的对象,如网状模型中的系型(Set Type)。

数据结构是刻画一个数据模型性质最重要的方面,因此在数据库系统中,通常按照其数据结构的类型来命名数据模型。如层次结构、网状结构和关系结构的数据模型分别命名为层次模型、网状模型和关系模型。

2）数据操作

数据操作是对数据库中各种对象(型)的实例(值)允许执行的操作的集合,包括操作及有关的操作规则。数据操作描述了系统的动态特性。对数据库的操作主要有数据更新(包括插入、修改、删除)和数据检索(查询)2 大类,这是任何数据模型都必须规定的操作,包括操作符、含义、规则等。

3) 数据完整性约束

数据完整性约束是1组完整性规则的集合。完整性规则是给定的数据模型中数据及其联系所具有的制约和依存规则,用以限定符合数据模型的数据库状态以及状态的变化,保证数据的正确、相容和有效。

1.4.2.2 最常用的数据模型

目前,数据库领域中最常用的数据模型有层次模型、网状模型、关系模型3种。其中,前2种模型称为非关系模型。非关系模型的数据库系统在20世纪70年代至80年代初非常流行,在数据库系统产品中占据了主导地位,在数据库系统的初期起了重要的作用。在关系模型发展后,非关系模型逐渐被取代。关系模型是目前使用最广泛的数据模型,占据数据库的主导地位。下面分别进行介绍。

1) 层次模型

层次模型是数据库系统中最早出现的数据模型,典型的层次模型系统是美国 IBM 公司于1968年推出的信息管理系统(Information Management System,IMS),这个系统在20世纪70年代在商业上得到广泛应用。

在现实世界中,有许多事物是按层次组织的,如1个系有若干个专业和教研室,1个专业有若干个班级,1个班级有若干个学生,1个教研室有若干个教师。院系层次数据库模型如图1-9所示。

层次模型用一棵"有向树"的数据结构来表示各类实体以及实体间的联系。在树中,每个结点表示1个记录类型,结点间的连线(或边)表示记录类型间的关系,每个记录类型可包含若干个字段,记录类型描述的是实体,字段描述实体的属性,各个记录类型及其字段都必须命名。

(1) 层次模型的数据结构。树的结点是记录类型,有且仅有1个结点无父结点,这样的结点称为根结点,每个非根结点有且只有1个父结点。在层次模型中,1个结点可以有几个子结点(这时称这几个子结点为兄弟结点,如图1-9中的专业和教研室),也可以没有子结点(该结点称为叶结点,如图1-9中的学生和教师)。

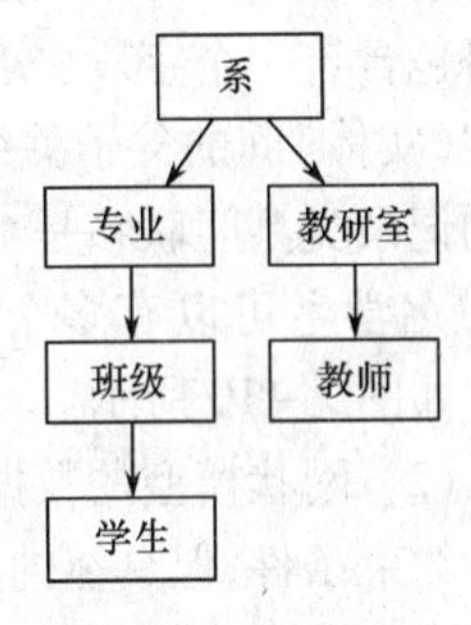

图1-9 院系层次数据库模型

(2) 层次模型的数据操作与数据完整性约束。层次模型的数据操作的最大特点是必须从根结点入手,按层次顺序访问。层次模型的数据操作主要有查询、插入、删除和修改,进行插入、删除和修改操作时要满足层次模型的完整性约束条件。

进行插入操作时,如果没有相应的父结点值就不能插入子结点值。如在图1-9所示的层次数据库中,若新调入一名教师,但尚未分配到某个教研室,这时就不能将该教师插入到数据库中。进行删除操作时,如果删除父结点值,则相应的子结点值也被同时删除。修改操作时,应修改所有相应的记录,以保证数据的一致性。

(3) 层次模型的优、缺点。层次模型的优点:①层次数据模型本身比较简单,只需很少几条命令就能操作数据库,比较容易使用;②结构清晰,结点间联系简单,只要知道每个结点的父结点,就可知道整个模型结构,现实世界中许多实体间的联系本来就呈现出一种很自然的层次关系;③提供了良好的数据完整性支持;④对于实体间联系是固定的且预先定义好的应用系统,采用层次模型实现,其性能优于关系模型,不低于网状模型。

层次模型的缺点:①层次模型不能直接表示两个以上的实体型间的复杂的联系和实体型间的多对多联系,只能通过引入冗余数据或创建虚拟结点的方法来解决,易产生不一致性;②对数据的插入和删除的操作限制太多;③查询子结点必须通过父结点;④由于结构严密,层次命令趋于程序化。

2) 网状模型

现实世界中事物之间的联系更多的是非层次关系的,用层次模型表示这种关系很不直观,网状模型克服了这一弊病,可以清晰地表示这种非层次关系。

网状模型取消了层次模型的 2 个限制,在层次模型中,若 1 个结点可以有 1 个以上的父结点,就得到网状模型。用有向图结构表示实体类型及实体间联系的数据模型称为网状模型。1969 年,CODASYL 组织提出 DBTG 报告中的数据模型是网状模型的主要代表。

(1) 网状模型的数据结构。网状模型的特点:①有 1 个以上的结点没有父结点;②至少有 1 个结点可以有多于 1 个父结点。即允许 2 个或 2 个以上的结点没有父结点,若允许一个结点有多个父结点,则此时有向树变成了有向图,该有向图描述了网状模型。

网状模型是一种比层次模型更具普遍性的结构,它去掉了层次模型的 2 个限制,允许多个结点没有父结点,允许结点有多个父结点,此外它还允许 2 个结点之间有多种联系(称为复合联系)。因此,网状模型可以更直接地去描述现实世界。而层次模型实际上是网状模型的一个特例。

网状模型中每个结点表示一个记录型(实体),每个记录型可包含若干个字段(实体的属性),结点间的连线表示记录类型(实体)间的父子关系,箭头表示从箭尾的记录类型到箭头的记录类型间联系是 1:n 联系。例如,学生和教师间的关系,1 名学生可以有多个老师任教,1 名老师可以教多名学生。如图 1 -10 所示

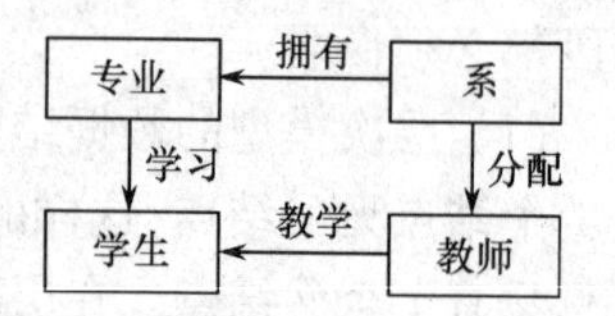

图 1 - 10　学校网状模型

(2) 网状模型的数据操作与完整性约束。网状模型一般没有层次模型那样严格的完整性约束条件,但具体的网状数据库系统对数据操作都加了一些限制,提供了一定的完整性约束。

网状模型的数据操作主要包括查询、插入、删除和修改数据。

插入数据时,允许插入尚未确定父结点值的子结点值,如可增加一名尚未分配到某个系的新教师,也可增加一些刚来报到还未分配专业的学生。

删除数据时,允许只删除父结点值,如可删除一个系,而该系所有教师的信息仍保留在数据库中。

修改数据时,可直接表示非树形结构,而无需像层次模型那样增加冗余结点,因此,修改操作时只需更新指定记录即可。

它没有像层次数据库那样有严格的完整性约束条件，只提供一定的完整性约束，主要有：

① 支持记录码的概念，码是唯一标识记录的数据项的集合。如学生记录中学号是码，因此数据库中不允许学生记录中学号出现重复值。

② 保证一个联系中父记录和子记录之间是一对多联系。

③ 可以支持父记录和子记录之间某些约束条件。如有些子记录要求父记录存在才能插入，父记录删除时也连同删除。

(3) 网状模型的优、缺点。网状模型的优点：①能更加直接地描述客观世界，可表示实体间的多种复杂联系，如1个结点可以有多个父结点；②具有良好的性能，存储效率较高。

网状模型的缺点：①结构复杂，而且随着应用环境的扩大，数据库的结构变得越来越复杂，不利于最终用户掌握；②其DDL、DML语言极其复杂，用户不容易使用；③数据独立性差，由于实体间的联系本质上是通过存取路径表示的，因此应用程序在访问数据时要指定存取路径。

3) 关系模型

关系模型是目前最常用的一种数据模型，关系数据库系统采用关系模型作为数据的组织方式。

1970年，美国IBM公司的研究员E. F. Codd首次提出了数据系统的关系数据模型，标志着数据库系统新时代的来临，开创了数据库关系方法和关系数据理论的研究，为数据库技术奠定了理论基础。1980年后，各种关系数据库管理系统的产品迅速出现，如Oracle、DB2、Sybase、Informix等，关系数据库系统统治了数据库市场，数据库的应用领域迅速扩大。

与层次模型和网状模型相比，关系模型的概念简单、清晰，并且具有严格的数据基础，形成了关系数据理论，操作也直观、容易，因此易学易用。无论是数据库的设计和建立，还是数据库的使用和维护，都比非关系模型时代简便得多。

(1) 数据结构。在关系模型中，数据的逻辑结构是关系。关系可形象地用2维表表示，它由行和列组成。

下面以表1-1为例介绍关系模型中的一些术语。

① 关系：1个关系可用一张2维表来表示，常称为表，如表1-1所示的学生表，每个关系(表)都有一个关系名。

② 元组：表中的1行数据总称为1个元组，也称为记录。1个元组即为1个实体的所有属性值的总称。1个关系中不能有2个完全相同的元组，如表1-1中有3个元组。

表1-1 学生关系

学号	姓名	性别	出生日期	所在系
10501001	张伟	男	1992-2-18	通信工程系
10501002	许娜	女	1993-1-4	电子系
10501112	王成	男	1991-5-24	计算机系

③ 属性:表中的每一列即为 1 个属性,也称为字段。每个属性都有 1 个属性名,在每一列的首行显示。1 个关系中不能有 2 个同名属性。如表 1-1 有 5 列,对应 5 个属性(学号、姓名、性别、出生日期、所在系)。

④ 域:1 个属性的取值范围就是该属性的域。如学生的性别属性域为男或女。

⑤ 分量:元组中的 1 个属性值。如姓名属性在第 1 条元组上的分量为“张伟”。

⑥ 主码:表中的某个属性或属性组,它可以唯一确定 1 个元组。如表 1-1 中的学号,可以唯一确定 1 名学生,也就成为本关系的主码。

⑦ 关系模式:1 个关系的关系名及其全部属性名的集合。一般表示为:关系名(属性 1,属性 2,…,属性 n)。如上面的关系可描述为学生(学号、姓名、性别、出生日期、所在系)。

关系是关系模型中最基本的数据结构。关系既用来表示实体,如上面的学生关系,也用来表示实体间的联系,如学生与课程之间的联系可以描述为选修(学号、课程号、成绩)。

关系模型要求关系必须是规范化的,即要求关系必须满足一定的规范条件:关系中的每一列都必须是不可分的基本数据项,即不允许表中还有表;在一个关系中,属性间的顺序、元组间的顺序是无关紧要的。

(2) 数据操作。数据操作主要包括查询、插入、删除和修改数据。其特点:①操作对象和操作结果都是关系,即关系模型中的操作是集合操作,它是若干元组的集合,而不像非关系模型中那样是单记录的操作方式;②关系模型中,存取路径对用户是隐藏的,用户只要指出“干什么”,不必详细说明“怎么干”,从而方便了用户,提高了数据的独立性。

(3) 完整性约束。完整性约束是一组完整的数据约束规则,它规定了数据模型中的数据必须符合的条件,对数据进行任何操作时都必须保证其完整性。关系的完整性约束条件包括实体完整性、参照完整性和用户定义的完整性 3 大类。其具体含义将在第 2 章介绍。

1.5 数据库系统的结构

可以从多种不同的角度考查数据库系统的结构。从数据库最终用户的角度看(即数据库系统外部的体系结构),数据库系统的结构分为集中式数据库系统、客户/服务器系统、分布式数据库系统和浏览器/服务器系统。从 DBMS 的角度看(即数据库系统内部的体系结构),数据库系统通常采用 3 级模式结构,即外模式、模式和内模式。

1.5.1 数据库系统的 3 级模式结构

在数据模型中有“型”和“值”的概念。型是对某一类数据的结构和属性的说明,值是型的一个具体赋值。例如,学生记录定义为(学号、姓名、性别、出生日期、所属系),称为记录型,而(10501001,张伟,男,1992-2-18,通信工程系)则是该记录型的一个记录值。

模式是数据库中全体数据的逻辑结构和特征的描述。它仅仅涉及型的描述,不涉及具体的值。某数据模式下的一组具体的数据值称为数据模式的一个实例。因此,模式是稳定的，反映的是数据的结构及其联系；而实例是不断变化的，反映的是数据库某一时刻的状态。

为了有效地组织、管理数据，提高数据库的逻辑独立性和物理独立性，人们为数据库设计了一个严谨的体系结构，数据库领域公认的标准结构是3级模式结构（图1-11），即外模式、模式和内模式，它们分别反映了看待数据库的3个角度。

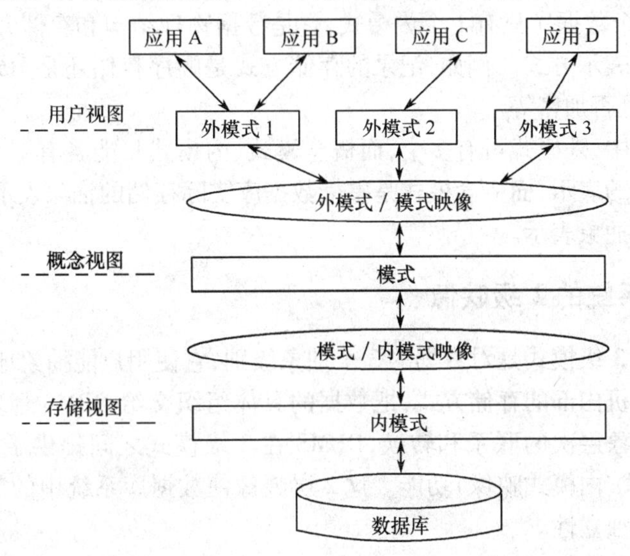

图1-11　数据库系统的3级模式结构

1）模式

模式也称概念模式或逻辑模式，是数据库中全体数据的逻辑结构和特征的描述，是所有用户的概念视图。视图可理解为一组记录的值，是用户或程序员看到和使用的数据库的内容。

模式处于3级结构的中间层，是整个数据库实际存储的抽象表示，也是对现实世界的1个抽象，是现实世界某应用环境（企业或单位）的所有信息内容集合的表示，也是所有个别用户视图综合起来的结果，所以又称用户公共数据视图。

1个数据库只有1个模式。数据库模式以某一种数据模型为基础，综合考虑了所有用户的需求，并将这些需求有机地结合成1个逻辑整体。定义模式时不仅要定义数据的逻辑结构（如数据记录由哪些项组成，数据项的名字、类型、取值范围等），而且要定义与数据有关的安全性、完整性要求，定义数据之间的联系。

2）外模式

外模式又称子模式或用户模式或用户视图，是三级结构的最外层，也是最靠近用户的一层，反映数据库用户看待数据库的方式，是模式的某一部分的抽象表示。它是数据库用户看见和使用的局部数据的逻辑结构和特征的描述，是数据库用户的数据视图，是与某一应用有关的数据的逻辑表示。它由多种外记录值构成，这些记录值是概念视图的某一部分的抽象表示，即个别用户看到和使用的数据库内容。

外模式通常是模式的子集。1个数据库可以有多个外模式。由于它是各个用户的数据视图，如果不同的用户在应用需求、看待数据的方式、对数据保密的要求等方面存在差异,则其外模式描述就是不同的。每个用户只能调用他的外模式所涉及的数据,其余的数据他是无法访问的。

3) 内模式

内模式又称为存储模式或物理模式,是 3 级结构中的最内层,也是靠近物理存储的一层,即与实际存储数据方式有关的一层,由多个存储记录组成,但并非物理层,不必关心具体的存储位置。1 个数据库只有 1 个内模式,它是数据物理结构和存储方式的描述,是数据在数据库内部的表示方式。例如,记录的存储方式是顺序存储还是 Hash 方法存储;数据是否压缩存储,是否加密等。

在数据库系统中,外模式可有多个,而概念模式、内模式只能各有 1 个。内模式是整个数据库实际存储的表示,而概念模式是整个数据库实际存储的抽象表示,外模式是概念模式的某一部分的抽象表示。

1.5.2 数据库系统的 2 级映像

数据库系统的 3 级模式是对数据的 3 个抽象级别,它使用户能抽象地处理数据,而不必关心数据在计算机内部的存储方式,把数据的具体组织交给 DBMS 管理。为了能够在内部实现这 3 个抽象层次的联系和转换,DBMS 在 3 级模式之间提供了 2 级映像(外模式/模式映像和模式/内模式映像)功能。这 2 层映像使数据库系统中的数据具有较高的逻辑独立性和物理独立性。

1) 外模式/模式映像

外模式描述的是数据的局部逻辑结构,而模式描述的是数据的全局逻辑结构。数据库中的同一模式可以有任意多个外模式,对于每一个外模式,都存在 1 个外模式/模式映像。

它确定了数据的局部逻辑结构与全局逻辑结构之间的对应关系。例如,在原有的记录类型之间增加新的联系,或在某些记录类型中增加新的数据项时,使数据的总体逻辑结构改变,外模式/模式映像也发生相应的变化。

这一映像功能保证了数据的局部逻辑结构不变,由于应用程序是依据数据的局部逻辑结构编写的,所以应用程序不必修改,从而保证了数据与程序间的逻辑独立性。

2) 模式/内模式映像

数据库中的模式和内模式都只有 1 个,所以模式/内模式映像是唯一的。它确定了数据的全局逻辑结构与存储结构之间的对应关系。例如,存储结构变化时,模式/内模式映像也应有相应的变化,使其概念模式仍保持不变,即把存储结构的变化的影响限制在概念模式之下,这使数据的存储结构和存储方法较高的独立于应用程序,通过映像功能保证数据存储结构的变化不影响数据的全局逻辑结构的改变,从而不必修改应用程序,即确保了数据的物理独立性。

综上所述,数据库系统的 3 级模式和 2 级映像使得数据库系统具有较高的数据独立性。将外模式和模式分开,保证了数据的逻辑独立性;将模式和内模式分开,保证了数据的物理独立性。在不同的外模式下可有多个用户共享系统中数据,减少了数据冗余。按照外模式编写应用程序或输入命令,而不需了解数据库内部的存储结构,方便用户使用系统,简化了用户接口。

1.5.3 数据库系统的体系结构

从数据库管理系统的角度来看,数据库系统是一个 3 级模式结构,但数据库的这种模式结构对最终用户和程序员是透明的,看到的仅是数据库的外模式和应用程序。从最终用户角度来看,数据库系统分为集中式数据库系统、客户/服务器系统、分布式数据库系统和浏览器/服务器系统。

1) 集中式数据库系统

集中式数据库系统是指运行在 1 台计算机上的数据库系统,例如,运行在大型机、小型机或 PC、工作站上的数据库系统。

这样的数据库系统,应用程序、DBMS 和数据都安装在同一台计算机上,不同机器之间不能共享数据。可以是单用户或多用户系统。

2) 客户/服务器(C/S)系统(结构)

随着工作站功能的增强和广泛使用,人们开始把 DBMS 功能和应用分开,网络中某个或某些结点上的计算机专门用于执行 DBMS 功能,称为数据库服务器,简称服务器,其他结点上的计算机安装 DBMS 的外围应用开发工具,支持用户的应用,称为客户端,这就是 C/S 结构的数据库系统,如图 1-12 所示。在 C/S 结构中,数据库系统分为客户端和服务器端。服务器端负责存储结构、查询计算和优化、并发控制、故障恢复;客户端提供图形化的用户界面。客户端与服务器之间的接口遵循一定标准,如开放数据库互连(ODBC)标准,提供了访问数据库的统一接口。

在 C/S 结构中,客户端的用户请求被传送到数据库服务器,数据库服务器进行处理后,只将结果返回给用户(而不是整个数据),从而显著减少了网络上的数据传输量,提高了系统的性能、吞吐量和负载能力。

3) 分布式数据库系统

分布式数据库系统是一个数据集合,这些数据在逻辑上是一个整体,但物理上分布在通信网络的不同计算机上,网络中每个结点具有独立处理的能力,可以执行局部应用,同时每个结点也能通过通信网络支持全局应用。分布在不同计算机上的数据库是局部独立的,结构如图 1-13 所示。分布式数据库强调场地自治性(局部应用)以及自治场地之间的协作性(全局应用)。数据库存储在不同计算机上,计算机间通过通信网络互相通信、发送和接收数据。

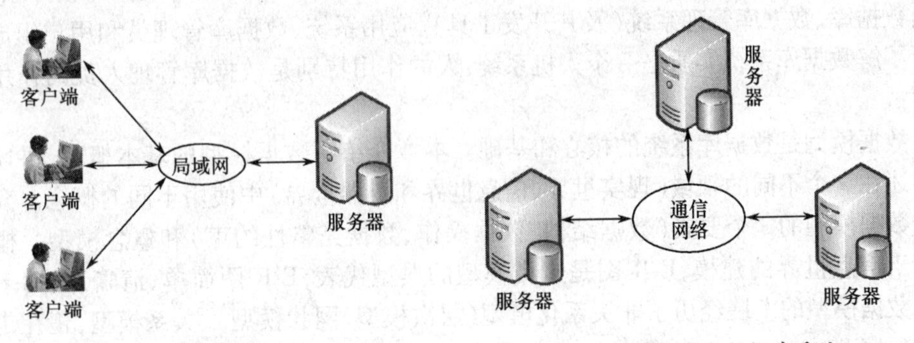

图 1-12 客户/服务器系统　　图 1-13 分布式数据库系统

分布式数据库系统除了具有数据库系统所具有的物理独立性及逻辑独立性之外，还有数据分布的独立性，也称分布透明性，即用户不必关心数据物理位置的分布。

4）浏览器/服务器(B/S)系统(结构)

随着互联网越来越广泛的应用以及分布式技术不断发展，出现了浏览器/服务器系统(B/S 结构)。B/S 结构的基本思想是将用户界面同企业逻辑分离，把数据库系统按功能划分为表示、功能和数据 3 大块，分别放置在相同或不同的硬件平台上。把传统的 C/S 结构中的服务器部分分解为一个 Web 服务器(应用服务器)和 1 个或多个数据库服务器，从而构成一个 3 层结构的 C/S 体系，如图 1－14 所示。其中，第 1 层是人机界面，是用户与系统间交互信息的窗口，使用 Web 浏览器，主要功能是指导操作人员使用界面及输入数据和输出结果；第 2 层是 Web 服务器，包括系统中核心的和易变的业务逻辑，其功能是接收输入，处理后返回结果；第 3 层是数据库服务器，负责管理对数据库的读写和维护，能够迅速执行大量数据的更新和检索。

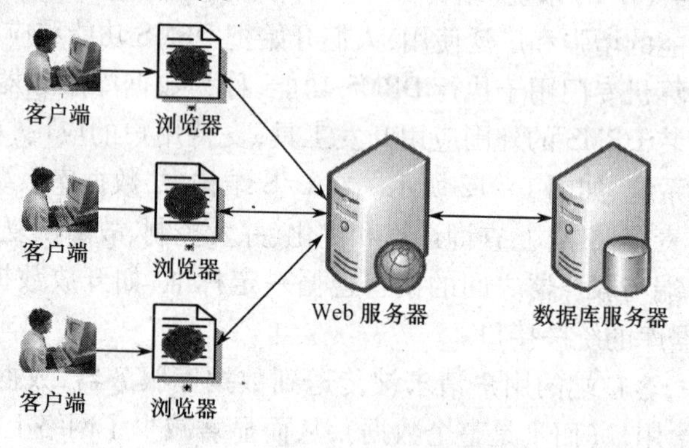

图 1－14　浏览器/服务器系统

1.6　小　结

本章首先概述了数据库的基本概念，并通过对数据管理技术发展的 3 个阶段(人工管理阶段、文件系统阶段和数据库系统阶段)的介绍，阐述了数据库技术产生和发展的背景，突出说明了数据库系统的优点以及研究的必要性。其次介绍了数据库系统的组成。数据库系统是指在计算机系统中引入数据库后的系统，是可运行、可维护的软件系统，一般由数据库、数据库管理系统(及其开发工具)、应用系统、数据库管理员和用户组成。使读者了解数据库系统实质是一个人机系统，人的作用特别是数据库管理人员的作用非常重要。

数据模型是数据库系统的核心和基础。本章介绍了数据模型的基本概念，讲述了数据描述在 3 个不同的领域(现实世界、信息世界和机器世界)中使用不同的概念。介绍了组成数据模型的 3 个要素(数据结构、数据操作、数据完整性约束)和概念模型。概念模型用于信息世界的建模，E-R 图是这类模型的典型代表，E-R 图简单、清晰，应用十分广泛。数据模型的发展经历了非关系化模型(层次模型、网状模型)、关系模型，正在走向面向对象模型。

数据库系统中，数据具有 3 级模式，即外模式、模式、内模式和 2 级映像，即外模式/模式映像、模式/内模式映像。3级模式结构使数据库中的数据具有较高的逻辑独立性和物理独立性。1个数据库系统中,只有1个模式,1个内模式,但有多个外模式。因此,模式/内模式映像是唯一的,而每一个外模式都有自己的外模式/模式映像。

习　题

1. 试述数据、信息、数据库、数据库管理系统、数据库系统的概念。

2. 简述数据管理技术的3个发展阶段及其特点。

3. 简述数据库系统的特点。

4. 试述数据库系统的组成。

5. 数据库管理系统的主要功能有哪些?

6. 什么是数据库管理员?数据库管理员应具有什么素质?数据库管理员的职责是什么?

7. 试述数据模型的概念、数据模型的作用和数据模型的3个要素。

8. 试述概念模型的作用。

9. 定义并解释概念模型中的概念:实体、实体型、实体集、属性、码、E-R图。

10. 举例并绘制E-R图,说明实体之间的一对一、一对多、多对多各种不同的联系。

11. 学校中有若干学院,每个学院有若干系,每个系有若干名教师和学生,其中有的教授和副教授每人各带若干名研究生;每个班有若干名学生,每名学生选修若干门课程,每门课可由若干名学生选修。试用E-R图绘制该学校的概念模型。

12. 试述关系模型的概念,即关系、属性、域、元组、主码、分量、关系模式,并理解与概念模型中的相应概念的对应关系。

13. 试述层次模型的概念,并举例说明。

14. 试述网状模型的概念,并举例说明。

15. 试述数据库系统3级模式结构,这种结构的优点是什么?

16. 什么是数据独立性?在数据库中有哪2级独立性?

17. 数据库系统一般由数据库、________、应用系统、________和用户构成。

18. 外模式/模式映像保证了数据库中数据的________独立性,模式/内模式映像保证了数据库中数据的________独立性。

19. 2个实体型之间的联系可以分成3类,即一对一联系、________和________。

第 2 章　关系数据库

1970 年,美国 IBM 公司的 E. F. Codd 发表的论文 *A Relational Model of Data for Large Shared Data Banks* 中首先提出了关系数据模型。之后他又发表了多篇文章,奠定了关系数据库的理论基础,标志着数据库系统新时代的来临。20 世纪 80 年代以来,计算机厂商推出的数据库管理系统几乎都支持关系模型,非关系系统的产品也都加上了关系接口,关系数据库系统几乎成了当今数据库的代名词。

关系模型是目前最重要的一种数据模型,本章主要介绍关系模型的基本概念、完整性约束、关系的运算、关系表达式的等价变换、关系的查询优化等内容。

2.1　关系数据模型的基本概念

关系数据模型把概念模型中实体以及实体之间的各种联系均用关系来表示。从用户的观点来看,关系模型中数据的逻辑结构是一张 2 维表,它由行列构成。表 2 - 1 是一张学生信息表,是一张 2 维表格,同时也代表了一个关系。

表 2 - 1　学生信息表

学号	姓名	性别	出生日期	所在系
10501001	张伟	男	1992 - 2 - 18	通信工程系
10501002	许娜	女	1993 - 1 - 4	电子系
10501112	王成	男	1991 - 5 - 24	计算机系

1) 关系

每一个关系用一张 2 维表来表示,常称为表。通常将一个没有重复行、重复列的 2 维表看成一个关系,每个关系都有一个关系名。

2) 属性

2 维表中的每一列即为一个属性,也称为字段。每个属性都有一个显示在每一列首行的属性名,在一个关系表中不能有 2 个同名属性。如表 2 - 1 有 5 列,对应 5 个属性(学号、姓名、性别、出生日期、所在系)。关系的属性对应概念模型中实体型以及联系的属性。

3) 域

一个属性的取值范围就是该属性的域。如学生的性别属性域只能是男、女 2 个值。

4) 元组

2 维表的每一行在关系中称为元组,也称为记录。一行描述了现实世界中的一个实体,或者描述了不同实体间的一种联系。一个元组即为一个实体的所有属性值的总称。一个关系中不能有 2 个完全相同的元组,如表 2 - 1 中有 3 个元组。

5）分量

一个元组在一个属性域上的取值称为该元组在此属性上的分量。

6）关系模式

2维表的表头一行称为关系模式，即一个关系的关系名及其全部属性名的集合。关系模式是概念模型中实体型以及实体型之间联系的数据模型表示，一般表示为关系名(属性名1，属性名2，…，属性名n)，如表2-1中的关系可描述为学生(学号、姓名、性别、出生日期、所在系)。

关系模式是型，描述了一个关系的结构；关系则是值，是元组的集合，是某一时刻关系模式的状态或内容。因此，关系模式是稳定的、静态的，而关系则是随时间变化的、动态的。但在不引起混淆的场合，两者都称为关系。

7）候选码或候选键

如果在一个关系中存在一个或一组属性的值能唯一地标识该关系的一个元组，则这个属性或属性组称为该关系的候选码或候选键，一个关系可能存在多个候选码。

8）主码或主键

为关系组织物理文件存储时，通常选用一个候选码作为插入、删除、检索元组的操作变量，这个被选用的候选码称为主码，有时也称为主关键字，用来唯一标识该关系的元组。

9）主属性和非主属性

关系中包含在任何一个候选码中的属性称为主属性，不包含在任何一个候选码中的属性称为非主属性。

10）外码或外键

如果关系R_1的某一(些)属性A不是R_1的候选码，但是在另一关系R_2中属性A是候选码，则称A是关系R_1的外码，有时也称外键。在关系数据库中，用外部关键字表示2个表间的联系。

表2-2是一个课程信息表，其中课程编号和课程名属性可以唯一标识该课程关系，因此可称为该关系的候选码。若指定课程编号为课程关系的主键，那么课程编号就可以看成表2-3学生成绩表的外键。这样通过“课程编号”就将2个独立的关系表联系在一起。

表2-2 课程信息表

课程编号	课程名	学分	学时
050218	数据库技术及应用	2	32
050106	通信原理	4	64
050220	计算机网络	2	32

表2-3 学生成绩表

学号	课程编号	平时成绩	试卷成绩	总评成绩
10501001	050218	85	90	88.5
10501001	050106	80	85	83.5
10501002	050220	75	82	79.9
10501112	050218	88	90	89.4

11）参照关系和被参照关系

参照关系也称从关系，被参照关系也称主关系，它们是指以外码相关联的2个关系。外码所在的关系称为参照关系，相对应的另一个关系即外码取值所参照的关系称为被参照关系。这种联系通常是1:n的联系。例如，对表2－2所列的课程关系和表2－3所列的学生成绩关系来说，课程关系是被参照关系，而学生成绩关系是参照关系。

2.2 关系数据模型的集合论定义

前面介绍的关系数据模型定义和概念都是用自然语言描述的，但关系数据模型是以集合论中的关系概念发展过来的，它有严格的数学理论基础。下面就从集合论的角度给关系数据模型以严格的定义。

2.2.1 笛卡儿积

定义2.1 设有一个有限集合 $D_1, D_2, \cdots, D_n$，则在 $D_1, D_2, \cdots, D_n$ 上的笛卡儿积为

$$D = D_1 \times D_2 \times \cdots \times D_n = \{(d_1, d_2, \cdots, d_n) \mid d_i \in D_i, i = 1, 2, \cdots, n\}$$

其中，D 中的每一个元素 $(d_1, d_2, \cdots, d_n)$ 称为一个元组。元组中的每一个值称为一个分量。一个元组是组成该元组的各分量的有序集合，而不仅仅是各分量集合。

若 $D_i(i=1,2,\cdots,n)$ 为有限集，其基数为 $m_i(1,2,\cdots,n)$，则 $D_1 \times D_2 \times \cdots \times D_n$ 的基数为

$$M = \prod_{i=1}^{n} m_i$$

笛卡儿积可表示为一个2维表。表中的每行对应一个元组，表中的每列对应一个域。

【例2.1】 设有3个集合 $A=\{a_1, a_2\}$，$B=\{b_1, b_2\}$，$C=\{c_1, c_2\}$，则集合 A、B、C 上的笛卡儿积为

$$A \times B \times C = \{(a_1,b_1,c_1),(a_1,b_1,c_2),(a_1,b_2,c_1),(a_1,b_2,c_2),\\ (a_2,b_1,c_1),(a_2,b_1,c_2),(a_2,b_2,c_1),(a_2,b_2,c_2)\}$$

由于集合 A 有2个元素，集合 B 有2个元素，集合 C 有2个元素，则笛卡儿积的基数为 $2 \times 2 \times 2 = 8$，因此对应的2维表也有8个元素。

2.2.2 关系

笛卡儿积 $D_1 \times D_2 \times \cdots \times D_n$ 的任意一个子集称为在 $D_1, D_2, \cdots, D_n$ 上的一个 n 元关系，简称关系。每个关系都有一个关系名。必须指出的是，构成笛卡儿积的集合是有序的，形成的元组分量也是有序的，因此其子集也是有序的。

从上面的定义可以看出，关系是笛卡儿积的子集，因此可以用2维表来表示。2维表的名字就是关系的名字，2维表的每一列都是一个属性。n 元关系就会有 n 个属性。一个关系中每一个属性都有一个名字，且各个属性的属性名都不同，对应参与笛卡儿积运算的每个集合的名字。一个属性的取值范围 $D_i(i=1,2,\cdots,n)$ 称为该属性的域，对应参与笛卡儿积运算的每个集合的值域，不同的属性可有相同的域。2维表的每一行值对应于一个元组。

在数学中，笛卡儿积形成的 2 维表的各列是有序的，而在关系数据模型中对属性、元组的次序交换都是无关紧要的。当然，关系的属性、元组按一定的次序存储在数据库中。但这仅仅是物理存储的顺序，而在逻辑上，属性、元组在关系数据模型中都不作规定。

在关系数据模型中，关系可以有基本表（或基表）、查询表和视图表 3 种类型。基本表是实际存在的表，它是实际存储数据的逻辑表示；查询表是查询结果对应的表；视图表是由基本表或其他视图表导出的表，是虚表，只有定义，实际不对应存储的数据。

2.2.3 基本关系的性质

关系是一种规范化的 2 维表，具有如下性质：

（1）列是同质的，即每一列中的分量是同一类型的数据。

（2）不同的列可出自同一个域，称其中的每一列为一个属性，不同的属性要给予不同的属性名。

（3）任意 2 个元组不能完全相同。

（4）在关系中，属性的顺序不重要，即列与列之间可以互换位置。

（5）在关系中，元组的顺序不重要，即行的次序可以任意交换。

（6）分量必须取原子值，即每一个分量都必须是不可分的数据项，不允许表中还有表。

2.2.4 关系模式

在前面关系模式的自然语言定义中已经介绍过，一个关系的关系模式是该关系的关系名及其全部的属性名的集合，一般表示为关系名（属性名 1，属性名 2，…，属性名 n）。关系模式和关系是型与值的联系。关系模式指出了一个关系的结构，而关系则是由满足关系模式结构的元组构成的集合。关系模式是稳定的、静态的，而关系则是随时间变化的、动态的。通常在不引起混淆的情况下，两者可都称为关系。

定义 2.2 关系的描述称为关系模式。它可以形式化地表示为

$$R\ (U,\ D,\ \mathrm{dom},\ F)$$

其中：R 为关系模式名；U 为组成该关系的属性名的集合；D 为属性组 U 中属性所来自的域的集合；dom 为属性向域映像的集合；F 为该关系中各属性间数据的依赖关系集合。

关系模式通常简写为

$$R(U) 或 R(A_1,A_2,A_3,\cdots,A_n)$$

其中：R 为关系名；$A_i(i=1,2,\cdots,n)$ 为属性名。域名构成的集合及属性向域映像的集合一般为关系模式定义中的属性的类型和长度。

2.3 关系模型的完整性约束

关系数据模型的基本理论不但对关系模型的结构进行了严格的定义，而且还有一组完整的数据约束规则，它规定了数据模型中的数据必须符合的某种约束条件。在定义关系数据模型和进行数据操作时都必须保证符合约束。关系模型中共有实体完整性、参照完整性、域完整性和用户定义完整性 4 类完整性约束。其中，实体完整性和参照完整性是

关系模型必须满足的完整性约束条件，任何关系系统都应该能自动维护。

2.3.1 实体完整性

若属性 A 是关系 R 的主属性，则属性 A 不能取空值且取值唯一。即一个关系模型中的所有元组都是唯一的，没有 2 个完全相同的元组(也就是一个 2 维表中没有 2 个完全相同行)，也称为行完整性。

关系数据模型是将概念模型中的实体以及实体之间的联系都用关系这一数据模型来表示。1 个基本关系通常只对应 1 个实体集。由于在实体集合当中的每一个实体都是可以相互区分的，即它们通过实体码唯一标识。因此，关系模型当中能唯一标识 1 个元组的候选码就对应了实体集的实体码。这样，候选码之中的属性即主属性不能取空值。如果主属性取空值，就说明存在某个不可标识的元组，即存在不可区分的实体，这与现实世界的应用环境相矛盾。在实际的数据存储中用主键来唯一标识每一个元组，因此在具体的 RDBMS 中，实体完整性应变为在任一关系中主键不能取空值。例如，在表 2-2 所示的课程关系中，“课程编号”属性不能取空值。

2.3.2 参照完整性

现实世界中的事物和概念往往是存在某种联系的，关系数据模型就是通过关系来描述实体和实体之间的联系。这自然就决定了关系和关系之间也不会是孤立的，它们是按照某种规律进行联系的。参照完整性约束就是不同关系之间或同一关系的不同元组必须满足的约束。它要求关系的外键和被引用关系的主键之间遵循参照完整性约束：设关系 R_1 有一外键 FK，它引用关系 R_2 的主键 PK，则 R_1 中任一元组在外键 FK 上的分量必须满足 2 种情况即等于 R_2 中某一元组在主键 PK 上的分量和取空值(FK 中的每一个属性的分量都是空值)。例如：在表 2-3 所示的学生成绩关系中，“学号”只能取学生关系表中实际存在的一个学号；“课程编号”也只能取课程关系表中实际存在的一个课程编号。在这个例子当中“学号”和“课程编号”都不能取空值，因为它们既分别是外键又是该关系的主键，所以必须要满足该关系的实体完整性约束。

2.3.3 域完整性

关系数据模型规定元组在属性上的分量必须来自于属性的域，这是由域完整性约束规定的。域完整性约束对关系 R 中属性(列)数据进行规范，并限制属性的数据类型、格式、取值范围、是否允许空值等。

2.3.4 用户定义完整性

以上 3 类完整性约束都是最基本的，因为关系数据模型普遍遵循。此外，不同的关系数据库系统根据其应用环境的不同，往往还需要一些特殊的约束条件。用户定义的完整性约束就是对某一具体关系数据库的约束条件，它反映了某一具体应用所涉及的数据必须满足的语义要求。例如，年龄不能大于工龄，夫妻的性别不能相同，成绩只能在 0~100 之间等。这些约束条件需要用户自己来定义，故称为用户定义完整性约束。

2.4 关系代数

关系代数是关系数据模型的理论基础，是一种抽象的语言，这意味着无法在 1 台实际的计算机上执行用关系代数形式化的查询。而关系代数可以用最简单的形式来表达所有关系数据库查询语言必须完成的运算的集合，它们能用作评估实际系统查询语言能力的标准或基础。

关系代数运算是通过对关系的运算来表达查询。它的运算对象是关系，运算结果也是关系。关系代数的运算可分为 2 类：

(1) 传统的集合运算：并、差、交和笛卡儿积。

(2) 专门的关系运算：专门针对关系数据库设计的运算即投影、选择、连接和除。

2.4.1 传统的集合运算

传统的集合运算是二目运算，包括并、交、差、笛卡儿积 4 种运算。

1) 并

设 R 和 S 是同一关系模式下的关系，即具有相同的目 n(即 2 个关系都有 n 个属性)，且相应的属性取自同一个域，则关系 R 和 S 的并是由属于 R 或属于 S 的元组组成的集合，记作

$$R \cup S = \{t \mid t \in R \vee t \in S\}$$

其中："$\cup$"为并运算符；t 为元组变量；"$\vee$"为逻辑或运算符。如果 R 和 S 有重复的元组，则只保留 1 个。

【例 2.2】 关系 R 和 S 如表 2-4 和表 2-5 所列，则 R 和 S 的并运算 $R \cup S$ 如表2-6 所列。

表 2-4 关系 R

A	B	C
a_1	b_1	c_1
a_1	b_2	c_2
a_3	b_3	c_3

表 2-5 关系 S

A	B	C
a_1	b_2	c_2
a_3	b_3	c_3
a_4	b_4	c_4

表 2-6 关系 $R \cup S$

A	B	C
a_1	b_1	c_1
a_1	b_2	c_2
a_3	b_3	c_3
a_4	b_4	c_4

2) 差

设 R 和 S 是同一关系模式下的关系，则 R 和 S 的差是由属于 R 但不属于 S 的元组组成的集合。记作

$$R - S = \{t \mid t \in R \wedge t \notin S\}$$

其中："$-$"为差运算符；t 为元组变量；"$\wedge$"为逻辑与运算符。

【例 2.3】 关系 R 和 S 如表 2-4 和表 2-5 所列，则 R 和 S 的差运算 $R - S$ 如表 2-7 所列。

表 2-7 关系 $R - S$

A	B	C
a_1	b_1	c_1

3）交

设 R 和 S 是同一关系模式下的关系，则 R 和 S 的交是由属于 R 又属于 S 的元组组成的集合。记作

$$R \cap S = \{t \mid t \in R \wedge t \in S\}$$

其中："∩"为交运算符；t 为元组变量；"∧"为逻辑与运算符。

【例 2.4】 关系 R 和 S 如表 2-4 和表 2-5 所示，则 R 和 S 的交运算 $R \cap S$ 如表 2-8 所列。

表 2-8　关系 $R \cap S$

A	B	C
a_1	b_2	c_2
a_3	b_3	c_3

交和差运算之间存在如下关系

$$R \cap S = R - (R - S) = S - (S - R)$$

4）笛卡儿积

设关系 R 有 m 个属性、i 个元组；关系 S 有 n 个属性、j 个元组，则关系 R 和 S 的笛卡儿积是一个有 $(m+n)$ 个属性的元组集合。每个元组的前 m 个分量来自关系 R 的一个元组，后 n 个分量来自 S 的一个元组，且元组的数目为 $i \times j$ 个。记作

$$R \times S = \{t \mid t = \langle t^m, t^n \rangle \wedge t^m \in R \wedge t^n \in S\}$$

其中："×"为笛卡儿运算符；$\langle t^m, t^n \rangle$ 表示笛卡儿运算所得到的新关系的元组由 2 部分组成的有序结构；t^m 由含有关系 R 的属性的元组构成，t^n 由含有关系 S 的属性的元组构成，共同组成一个新的元组。

这里说明几点：

(1) 虽然在表示上把关系 R 的属性放在前面，把关系 S 的属性放在后面，连接成一个有序结构的元组，但在实际的关系操作中属性间的前后交换次序是无关的。

(2) 做笛卡儿积运算时，可从 R 的第 1 个元组开始，依次与 S 的每一个元组组合，然后，对 R 的下一个元组进行同样的操作，直至 R 的最后一个元组也进行完同样的操作为止，即可得到 $R \times S$ 的全部元组。

(3) 笛卡儿积运算得出的新关系将数据库的多个孤立的关系表联系在一起，这样就使关系数据库中独立的关系有了沟通的桥梁。

【例 2.5】 关系 R 和 S 如表 2-4 和表 2-5 所列，则 R 和 S 的笛卡儿积 $R \times S$ 如表 2-9所列。

表 2-9　关系 $R \times S$

$R.A$	$R.B$	$R.C$	$S.A$	$S.B$	$S.C$
a_1	b_1	c_1	a_1	b_2	c_2
a_1	b_1	c_1	a_3	b_3	c_3
a_1	b_1	c_1	a_4	b_4	c_4
a_1	b_2	c_2	a_1	b_2	c_2
a_1	b_2	c_2	a_3	b_3	c_3
a_1	b_2	c_2	a_4	b_4	c_4
a_3	b_3	c_3	a_1	b_2	c_2
a_3	b_3	c_3	a_3	b_3	c_3
a_3	b_3	c_3	a_4	b_4	c_4

笛卡儿积运算在理论上要求参加运算的关系没有同名属性，为此通常在结果关系的属性名前加上<关系名>. 来区分，这样即使 R 和 S 中有相同的属性名时，也能保证结果关系具有唯一的属性名。

2.4.2 专门的关系运算

在关系运算中，由于关系数据结构的特殊性，除了需要一般的集合运算外，还需要一些专门的关系运算，即选择、投影、连接和除等。

1）选择

选择运算是在关系 R 中选择满足条件 F 的所有元组组成的一个关系。记作

$$\sigma_F(R) = \{t \mid t \in R \wedge F(t) = \text{true}\}$$

其中：F 表示选择条件，它是一个逻辑表达式，取值为"true"或"false"，其基本形式为

$$X_1 \theta Y_1 [\varphi X_2 \theta Y_2] \cdots$$

其中：θ 表示比较运算符，可以是 $>$、$\geqslant$、$<$、$\leqslant$、$=$ 和 $\neq$；X_1、Y_1 为属性名或简单函数，属性名也可以用它在关系中从左到右的序号来代替；φ 为逻辑运算符，它可以是 $\wedge$、$\vee$、$\neg$；[ ] 表示可选项；…表示上述格式可以重复下去。

选择运算是单目运算符，即运算的对象仅有一个关系。选择运算不会改变参与运算关系的关系模式，它只是根据给定的条件从所给的关系中找出符合条件的元组。实际上，选择是从行的角度进行的水平运算，是一种将大关系分割为较小关系的工具。

【例 2.6】 设关系 R 如表 2－4 所列，从关系 R 中挑选满足 $A = a_1$ 条件的元组，关系代数式为 $\sigma_A = 'a_1'(R)$，其结果如表 2－10 所列。

表 2－10 选择关系

DA	B	C
a_1	b_1	c_1
a_1	b_2	c_2

2）投影

投影运算是从一个关系中选取某些属性（列），并对这些属性重新排列，最后从得出的结果中删除重复的行，从而得到一个新的关系。

设 R 是 n 元关系，R 在其分量 $A_{i_1}, A_{i_2}, \cdots, A_{i_m}$（$m \leqslant n$；$i_1, i_2, \cdots, i_m$ 为 $1 \sim m$ 之间的整数，可不连续）上的投影操作定义为

$$\pi_{i_1, i_2, \cdots, i_m} = \{t \mid t = < t_{i_1}, t_{i_2}, \cdots t_{i_m} > \wedge < t_1, \cdots, t_{i_1}, t_{i_2} \cdots t_{i_m}, \cdots, t_n > \in R\}$$

即取出所有元组在特定分量 $A_{i_1}, A_{i_2}, \cdots, A_{i_m}$ 上的值。

投影操作也是单目运算，是从列的角度进行的垂直分解运算，可以改变关系中列的顺序，与选择一样也是一种分割关系的工具。

【例 2.7】 设关系 R 如表 2－4 所列，计算 $\pi_{A,C}(R)$ 的结果如表 2－11 所列。

表 2－11 投影关系 $\pi_{A,C}(R)$

A	C
a_1	c_1
a_1	c_2
a_3	c_3

3）连接

连接是从 2 个关系的广义笛卡儿积中选取属性间满足一定条件的元组，连接又称 θ 连接。记作

$$R \underset{A\theta B}{\bowtie} S = \{t \mid t = \langle t_r, t_s \rangle \wedge t_r \in R \wedge t_s \in S \wedge t_r[A] \theta t_s[B]\} = \sigma_{A\theta B}(R \times S)$$

其中：A 和 B 分别是 R 和 S 上个数相等且可比的属性组（名称可不相同）。$A\theta B$ 作为比较

公式 F,F 的一般形式为 $F_1 \wedge F_2 \wedge \cdots \wedge F_n$,每个 F_i 是形为 $t_r[A_i]\ \theta t_s[B_j]$ 的公式。对于连接条件的重要限制是,条件表达式中所包含的对应属性必须来自同一个属性域,否则是非法的。

若 R 有 m 个元组,此运算就是用 R 的第 p 个元组的 A 属性集的各个值与 S 的 B 属性集由头至尾依次做 θ 比较。当满足这一比较运算时,就把 S 中该属性值的元组接在 R 的第 p 个元组的右边,构成新关系的一个元组;当不满足这一比较运算时,就继续做 S 关系 B 属性集的下一次比较。这样,当 p 从 1 遍历到 m 时,就得到了新关系的全部元组。新关系的属性集取名方法同乘积运算一样。

【例 2.8】 关系 R 和 S 如表 2-4 和表 2-5 所列,则 R 和 S 的连接运算 $R \underset{B=B}{\bowtie} S$ 的结果如表 2-12 所列。

表 2-12 连接关系

R.A	R.B	R.C	S.A	S.B	S.C
a_1	b_2	c_2	a_1	b_2	c_2
a_3	b_3	c_3	a_3	b_3	c_3

连接运算中有 2 种最为重要也是最为常用的连接为等值连接和自然连接。

(1) 等值连接。

当一个连接表达式中所有运算符 θ 取"="时的连接就是等值连接,是从 2 个关系的广义笛卡儿乘积中选取 A、B 属性集间相等的元组。记作

$$R \underset{A=B}{\bowtie} S = \{t \mid t = \langle t_r, t_s \rangle \wedge t_r \in R \wedge t_s \in S \wedge t_r[A]\theta t_s[B]\} = \sigma_{A=B}(R \times S)$$

若 A 和 B 的属性个数为 n,A 和 B 中属性相同的个数为 $k(0 \leqslant k \leqslant n)$,则等值连接结果将出现 k 个完全相同的列,即数据冗余,这是它的不足。如例 2.8 就属于等值连接的例子。

(2) 自然连接。

等值连接可能出现数据冗余,而自然连接将去掉重复的列。

自然连接是一种特殊的等值连接,它是 2 个关系的相同属性上进行等值连接,因此,它要求 2 个关系中进行比较的分量必须是相同的属性组,并且将去掉结果中重复的属性列。

如果 R 和 S 有相同的属性组 B,Att(R) 和 Att(S) 分别表示 R 和 S 的属性集,则自然连接记作

$$R \bowtie S = \{\pi_{\mathrm{Att}(R) \cup (\mathrm{Att}(S) - \{B\})}(\sigma_{t[B]=t[B]}(R \times S))\}$$

此处 t 表示:$\{t \mid t \in R \times S\}$。

自然连接与等值连接的区别如下:

(1) 等值连接相等的属性可以是相同属性也可以是不同属性;自然连接相等的属性必须是相同属性。

(2) 自然连接必须去掉重复的属性,特指相等比较的属性;而等值连接无此要求。

(3) 自然连接一般用于有公共属性的情况。如果 2 个关系没有公共属性,那么它们的自然连接就退化为广义笛卡儿乘积;如果是 2 个关系模式完全相同的关系自然连接运算,则变为交运算。

【例2.9】 关系 R 和 S 如表2-4和表2-5所列，则 R 和 S 的自然连接运算 $\underset{B=B}{R \bowtie S}$ 的结果如表2-13所列。

表2-13 自然连接关系

A	B	C
a_1	b_2	c_2
a_3	b_3	c_3

4）除

给定关系 $R(X,Y)$ 和 $S(Y,Z)$，其中 X、Y、Z 为属性或属性集。R 中的 Y 和 S 中的 Y 可以有不同的属性名，但必须出自相同的域集。$R \div S$ 是满足下列条件的最大关系：其中每个元组 t 与 S 中的各个元组 s 组成的新元组 $<t,s>$ 必在 R 中。定义形式为

$$R \div S = \pi_X(R) - \pi_X((\pi_X(R) \times S) - R) = \{t \mid t \in \pi_X(R), \text{且} \forall s \in S, <t,s> \in R\}$$

关系的除操作需要说明如下：

（1）$R \div S$ 的新关系属性是由属于 R 但不属于 S 的所有属性构成的。

（2）$R \div S$ 的任一元组都是 R 中某元组的一部分，但必须符合要求，即任取属于 $R \div S$ 的一个元组 t，则 t 与 S 的任一元组相连后，结果都为 R 中的一个元组。

（3）$R(X,Y) \div S(Y,Z) \equiv R(X,Y) \div \pi_Y(S)$。

（4）$R \div S$ 的计算过程：

$$H = \pi_X(R), \quad W = (H \times S) - R, \quad K = \pi_X(W), \quad R \div S = H - K$$

【例2.10】 设关系 R 和 S 如表2-14所列，计算 $R \div S$ 的结果如表2-14所列。

表2-14 除关系

关系 R

A	B	C
a	3	e
a	2	d
g	2	d
g	3	e
c	6	f

关系 S

B	C
2	d
3	e

$R \div S$

A
a
g

2.5 小 结

关系数据模型的数据结构是2维表，基本概念包括关系、关系模式、属性、域、元组、分量、超关键字、候选关键字和外部关键字等。关系可以用2维表来表示，但在关系中元组之间是没有先后次序的，属性之间也没有前后次序。

一个关系的完整模式为

$$R(U,D,\text{dom},F)$$

其中：R 为关系名；U 为该关系所有属性名的集合；D 为属性组 U 中的属性所来自的域集合；dom为属性向域映像的集合；F 为属性间数据依赖关系的集合。

通常关系模式简写为 $R(U)$。

关系模型中共有4类完整性约束，即实体完整性、参照完整性、域完整性、用户定义完整性。其中，实体完整性和参照完整性是关系模型必须满足的完整性约束条件，任何关系

系统都应该能自动维护。

对关系数据的操作可以用关系代数来表达，它的运算包括传统的集合运算和专门的关系运算。传统的集合运算有并、交、差、乘积等，专门的关系运算有选择、投影、连接和求商。其中，并、差、投影、选择、连接和求商运算构成了一个完备的操作集合，其他的关系代数操作都可用这5种操作的组合来实现。

习　题

1. 名词解释：关系、关系模式、属性、域、元组、候选键、主键、外键。

2. 试述关系模型的完整性规则。在参照完整性中，为什么外键属性的值也可以为空？什么情况下才可以为空？

3. 关系代数的基本运算有哪些？如何用这些基本运算来表示其他运算？

4. 设有关系 R 和 S：

关系 R

A	B	C
1	2	7
2	5	7
7	6	3
3	4	5

关系 S

A	B	C
3	8	7
2	5	7
7	6	3

计算 $R\cup S, R-S, R\cap S, R\times S, \pi_{A,C}(R), \sigma_{A>'2'}(R), R\bowtie S, \underset{B=B}{R\bowtie S}$。

5. 试述关系模型的3个组成部分。

6. 关系模型中，一个码是（　　）。

A. 可以由多个任意属性组成　　B. 至多由1个属性组成

C. 由1个或多个属性组成，其值能够唯一标识关系中1个元组

D. 以上都不是

7. 1个关系只有1个（　　）。

A. 候选码　　B. 外码　　C. 超码　　D. 主码

8. 一般情况下，当对关系 R 和 S 进行自然连接时，要求 R 和 S 含有1个或多个共有的（　　）。

A. 记录　　B. 行　　C. 属性　　D. 元组

9. 在关系 R(R#, RN,S#)和 S(S#, SN,SD)中，R 的主码是R#，S 的主码是S#，则S#在 R 中称为（　　）。

A. 候选码　　B. 主码　　C. 外码　　D. 超码

10. 有2个关系 R 和 S，分别包含15个和10个元组，则在 $R\cup S$、$R-S$、$R\cap S$ 中不可能出现的元组数目是（　　）。

A. 15,5,10　　B. 18,7,7

C. 21,11,4　　D. 25,15,0

第 3 章　Microsoft SQL Server 2008 数据库基础

Microsoft SQL Server 2008 系统是由微软公司推出的分布式关系数据库管理系统，该版本继承了以前版本优点的同时又增加了许多更先进的功能，可以支持企业、部门以及个人等各种用户完成信息系统、电子商务、决策支持、商业智能等工作。本章将对 Microsoft SQL Server 2008 系统进行概述，以使用户对该系统有整体的认识和了解，对 Microsoft SQL Server 2008 系统在易用性、可用性、可管理性、可编程性、动态开发、安全性等方面有一个初步的理解，为后面各章的深入学习奠定坚实的基础。

3.1　Microsoft SQL Server 2008 简介

2008 年 8 月，微软公司发布了 Microsoft SQL Server 2008 数据库产品，其代码名称是 Katmai。该系统在安全性、可用性、易管理性、可编程性、商业智能等方面有了更多的改进和提高，对企业的数据存储和应用需求提供了更强大的支持和便利。

在可用性方面，Microsoft SQL Server 2008 版本对数据库镜像进行了增强，可以创建热备用服务器，提供快速故障转移且保证已提交的事务不会丢失数据。

在易管理性方面，Microsoft SQL Server 2008 系统增加了 SQL Server 审核功能，可以对各种服务器和数据库对象进行审核；支持压缩备份；引入了中央管理服务器方法，方便对多个服务器进行管理；引入了基于策略的管理，可以降低总拥有成本；在数据库引擎查询编辑器方面，新增了一个类似于 Visual Studio 调试器的 Transact-SQL 调试器，便于对 Transact-SQL 语句进行调试；新增了变更数据捕获，对数据库有了更强的支持等。

在可编程性方面，Microsoft SQL Server 2008 系统增强的功能包括新数据存储功能、新数据类型（日期、时间、空间、用户定义表类型等）、新全文搜索体系结构（全文目录已集成到数据库中）、对 Transact-SQL 所做的改进和增强（新增复合运算符、增强的 CONVERT 函数、增强的日期和时间函数、GROUPING SETS 运算符、增强的 MERGE 语句）等。

在安全性方面，Microsoft SQL Server 2008 系统的增强功能包括增加了新的加密函数（is_objectsigned、syskeyproperty 等）、添加的透明数据加密（可以自动加密数据文件）、可扩展密钥管理功能（允许第三方企业密钥管理和硬件安全模块供应商在 SQL Server 中注册其设备）。

Microsoft SQL Server 经历多年后发展到了今天的产品。在 Microsoft SQL Server 2008 之前的版本，根据要执行的功能，必须学习许多不同的工具。在 Microsoft SQL Server 2008 中，通过以下 2 个“Studio”来帮助用户完成开发和管理任务，即管理整个 SQL Server 平台的工具（SQL Server Management Studio）和商业智能开发工具（Business Intelligence Development Studio)。用户借助这些管理工具,可以对系统进行快速、高效的管理。在 Microsoft SQL Server Management Studio 中,可以开发和管理 SQL Server 数据库引擎与通知解决方案,管理已部署的 Analysis Services 解决方案,管理和运行 Integration Services 包,以及管理报表服务器和 Reporting Services 报表与报表模型。在商业智能开发工具中,开发商业智能解决方案的方法:使用 Analysis Services 项目开发多维数据集、维度和挖掘结构,使用 Reporting Services 项目创建报表,使用报表模型项目定义报表模型以及使用 Integration Services 项目创建包。表 3-1 概述了这一发展历程。

表 3-1 SQL Server 发展历程

年份	版本	说明
1987	Sybase SQL Server	由 Sybase 公司发布
1988	SQL Server	微软公司、Aston-Tate 公司参加到了 Sybase 公司的 SQL Server 系统开发中,只能运行于 OS/2 上的联合应用程序
1993	SQL Server 4.2	由微软公司和 Sybase 公司共同开发的一种功能较少的桌面数据库,能够满足小部门数据存储和处理的需求。数据库与 Windows 集成,界面易于使用并广受欢迎
1994		微软公司与 Sybase 公司终止合作关系
1995	Microsoft SQL Server 6.0	由微软公司单独开发的一种小型商业数据库,对核心数据库引擎做了重大的改写,性能得以提升,重要的特性得到增强
1996	Microsoft SQL Server 6.5	微软公司对 Microsoft SQL Server 6.0 性能进一步改进
1998	Microsoft SQL Server 7.0	一种 Web 数据库,再一次对核心数据库引擎进行了重大改写。该数据库介于基本的桌面数据库(如 Microsoft Access)与高端企业级数据库(如 Oracle 和 DB2)之间,为中小型企业提供了切实可行的可选方案
2000	Microsoft SQL Server 2000	一种企业级数据库,SQL Server 在可扩缩性和可靠性上有了很大的改进,成为企业级数据库市场中重要的一员
2005	Microsoft SQL Server 2005	对 SQL Server 的许多地方进行了改写,引入了 .NET Framework,并与 Microsoft Visual Studio 进行了集成
2008	Microsoft SQL Server 2008	SQL Server 2008 以处理目前能够采用的许多种不同的数据形式为目的,通过提供新的数据类型和使用语言集成查询(LINQ),在 SQL Server 2005 的架构的基础之上打造出了 SQL Server 2008

Microsoft SQL Server 2008 系统由 4 个主要部分组成,其体系结构如图 3-1 所示。这 4 个部分称为 4 个服务,分别是数据库引擎(SQL Server Database Engine,SSDE)、分析服务(SQL Server Analysis Services,SSAS)、报表服务(SQL Server Reporting Services,SSRS)和集成服务(SQL Server Integraition Services,SSIS),这些服务之间相互存在和相互应用。

数据库引擎是 Microsoft SQL Server 2008 系统的核心服务,负责完成业务数据的存储、处理、查询和安全管理。例如,创建数据库、创建表、执行各种数据查询、访问数据库等操作都是由数据库引擎完成的。在大多数情况下,使用数据库系统实际上就是使用数据库引擎。

分析服务提供了联机分析处理(Online Analytical Processing,OLAP)和数据挖掘功能,

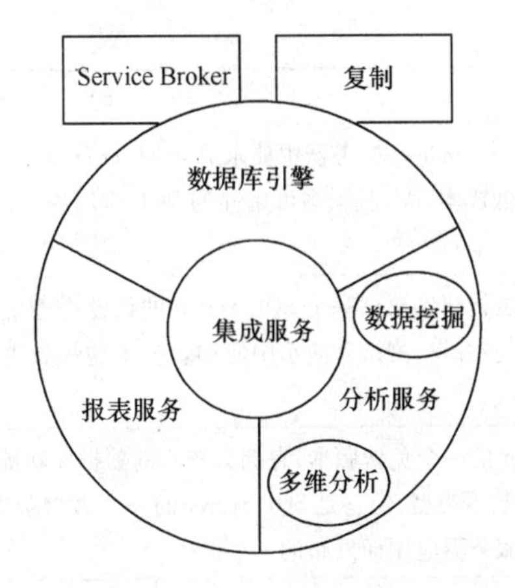

图 3-1 Microsoft SQL Server 2008 系统的体系结构示意图

可以支持用户建立数据仓库。使用 SSAS,可以设计、创建和管理包含来自于其他数据源数据的多维结构,通过对多维数据进行多角度分析,可以支持管理人员对业务数据有更全面的理解。另外,通过使用 SSAS,用户可以完成数据挖掘模型的构造和应用,实现知识发现、表示和管理。

报表服务为用户提供了支持 Web 的企业级报表功能。通过使用 Microsoft SQL Server 2008 系统提供的 SSRS,用户可以方便地定义和发布满足自己需求的报表。无论是报表的布局格式,还是报表的数据源,用户都可以轻松地实现。这种服务极大地便利了企业的管理工作,满足了管理人员高效、规范的管理需求。

集成服务是一个数据集成平台,可以完成有关数据的提取、转换、加载等。

目前,Microsoft SQL Server 2000 的使用范围已经很小,绝大多数用户使用的是 Microsoft SQL Server 2005。Microsoft SQL Server 2008 目前逐渐取代上一版本,成为主流的 SQL Server 产品。作为学习和开发的新用户,笔者建议从 Microsoft SQL Server 2008 作为起点,这也是本书选择 Microsoft SQL Server 2008 作为背景的原因。尽管本书重点介绍 SQL Server Management Studio 中的数据库引擎服务,但有了这方面的知识后,可以很容易地学习其他的服务。

Microsoft SQL Server 2008 分为 SQL Server 2008 企业版、标准版、工作组版、Web 版、开发者版、Express 版、Compact 3.5 版,其功能和作用也各不相同,如表 3-2 所列。

表 3-2 Microsoft SQL Server 2008 各版本比较

版本分类	功能
企业版	是一个全面的数据管理和业务智能平台,为关键业务应用提供了企业级的可扩展性、数据仓库、安全、高级分析和报表支持。这一版本将提供更加坚固的服务器和执行大规模在线事务处理。作为完整的数据库解决方案,企业版是大型企业首选的数据库产品
标准版	可以用作一般企业的数据库服务器,它包括电子商务、数据库、业务流程等最基本的功能,如支持分析服务、集成服务、报表服务等,支持服务器的群集和数据库镜像等功能。标准版是一个完整的数据管理和业务智能平台,为部门级应用提供了最佳的易用性和可管理特性
工作组版	是一个值得信赖的数据管理和报表平台,用以实现安全的发布、远程同步和对运行分支应用的管理能力。这一版本拥有核心的数据库特性,可以很容易地升级到标准版或企业版

（续）

版本分类	功　能
Web 版	是针对运行于 Windows 服务器中要求高可用、面向 Internet Web 服务的环境而设计的。这一版本为实现低成本、大规模、高可用性的 Web 应用或客户托管解决方案提供了必要的支持工具
开发者版	允许开发人员构建和测试基于 SQL Server 的任意类型应用。这一版本拥有所有企业版的特性，但只限于在开发、测试和演示中使用。基于这一版本开发的应用和数据库可以很容易地升级到企业版
Express 版	是 SQL Server 的一个免费版本，它拥有核心的数据库功能，其中包括了 Microsoft SQL Server 2008 中最新的数据类型，但它是 SQL Server 的一个微型版本。这一版本是为了学习、创建桌面应用和小型服务器应用而发布的
Compact 3.5 版	是一个针对开发人员而设计的免费嵌入式数据库，这一版本的意图是构建独立、仅有少量连接需求的移动设备、桌面和 Web 客户端应用。SQL Server Compact 可以运行于所有的微软 Windows 平台之上，包括 Windows XP 和 Windows Vista 操作系统，以及 Pocket PC 和 Smart Phone 设备

Microsoft SQL Server 2008 的所有版本都可以运行在以下操作系统中：Windows Server 2003 标准版、企业版或数据中心版的 SP2 版；Windows Vista 旗舰版、家庭版、企业版或商业版；Windows XP SP2 以上的版本；Windows 7。

3.2　Microsoft SQL Server 2008 的登录

在 Microsoft SQL Server 2008 中，1 个 SQL Server 服务器又称为 1 个数据库实例。在同一台机器上可以运行多个 Microsoft SQL Server 2008 服务器，也就是多个数据库实例，简称“实例”。用“计算机名/实例名”来区分不同的命名实例。但 1 台计算机上只允许有 1 个默认实例，默认实例用“计算机名”表示。每个实例都提供了 SQL Server 数据库引擎、Analysis Services、Reporting Services 以及 Integration Services 等服务。一般情况下，要完成 SQL Server 的基本操作，如创建和维护数据库必须要启动该服务。

为了能有效控制用户对服务器资源的访问，需要对服务器进行启动、暂停和退出操作。

当完成 Microsoft SQL Server 2008 相应版本的安装后，选择“开始”→“所有程序”→“Microsoft SQL Server 2008”→“配置工具”→“SQL Server Configuration Manager”命令，打开如图 3－2 所示的“SQL Server Configuration Manager”对话框。

在图 3－2 中，单击左侧的“SQL Server 服务”，在右侧显示服务器的所有服务，如“SQL Server(MSSQLSERVER)”，其中小括号里面的“MSSQLSERVER”是一个数据库命名实例。该实例是在安装 Microsoft SQL Server 2008 的过程中选择的默认实例名称，用户在安装时可以进行修改。用户可以右击某一个服务，如“SQL Server(MSSQLSERVER)”，在弹出的下拉菜单中执行“启动”、“暂停”、“停止”命令即可实现服务器的启动、暂停、停止操作。暂停服务是指不允许新的用户继续登录服务器，但是已经登录的用户工作不受影响。停止服务是指从内存中清除所有的 Microsoft SQL Server 2008 的服务器进程，除了不允许新的用户继续登录服务器外，已连接的用户的操作也会被禁止。

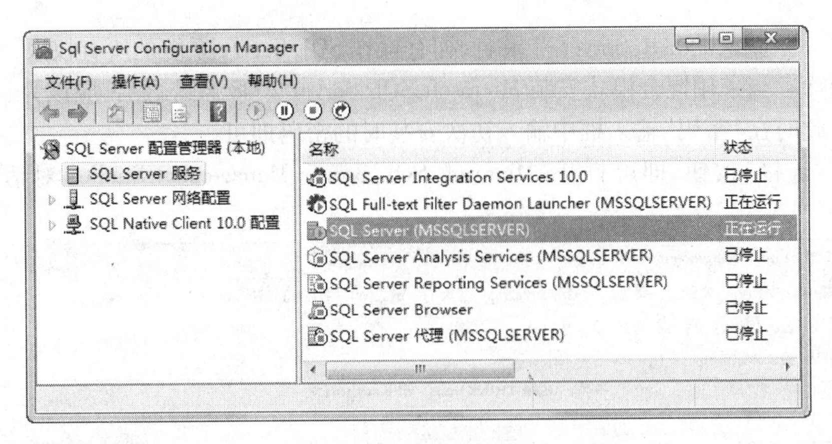

图 3－2 “SQL Server Configuration Manager”对话框

“SQL Server(MSSQLSERVER)”启动后，即可启动 SQL Server Management Studio。在 Windows 系统桌面中，选择“开始”→“所有程序”→“Microsoft SQL Server 2008”→“SQL Server Management Studio”命令，就可以打开如图 3－3 所示“连接到服务器”对话框。

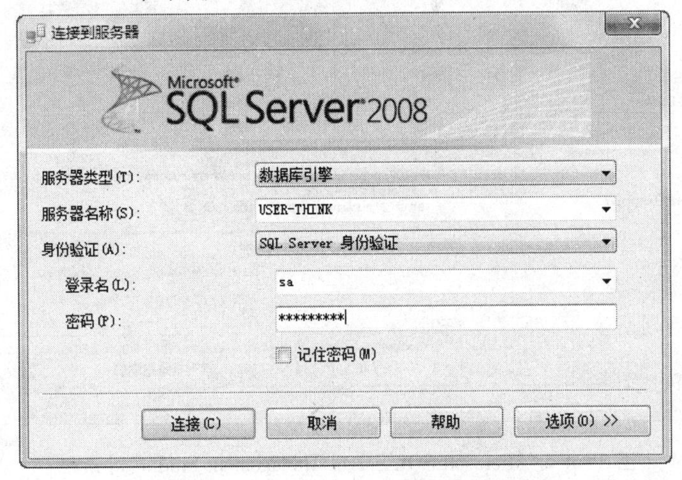

图 3－3 “连接到服务器”对话框

(1)“服务器类型”下拉列表框中列出了 Microsoft SQL Server 2008 的所有服务，因为是进行数据管理工作，所以选择“数据库引擎”选项。

(2)“服务器名称”下拉列表框列出了当前网络中所有安装 SQL Server 服务器的计算机名称，这里选择当前计算机名。

(3)“身份验证”：当用户登录数据库系统时，如何确保只有合法的用户才能登录到系统中是一个最基本的安全性问题，也是数据库管理系统提供的基本功能。在 Microsoft SQL Server 2008 系统中，可通过 3 种身份验证模式解决这个问题，即 Windows 身份验证模式、SQL Server 身份验证模式和混合模式。在 Windows 身份验证模式中，用户通过 Microsoft Windows 用户账户连接时，SQL Server 使用 Windows 操作系统中的信息验证账户名和密码。一般不建议用户使用该种身份验证模式，而应使用混合身份验证模式。在混合模式中，当客户端连接到服务器时，既可能采取 Windows 身份验证，也可能采取 SQL Server 身份验证。采用 SQL Server 身份验证时，需要内置的 SQL Server 的系统管理员 sa 的密码。sa 是一个默认的 SQL Server 登录名，拥有操作 SQL Server 系统的所有权限，该登录名不能被删除。当采用混合模式安装 Microsoft SQL Server 2008 系统之后，应该为 sa 指定一个密码。此时在“密码”输入框中输入初次安装时的密码即可。

单击“连接”按钮，即可打开“Microsoft SQL Server Management Studio”对话框，如图 3－4所示。

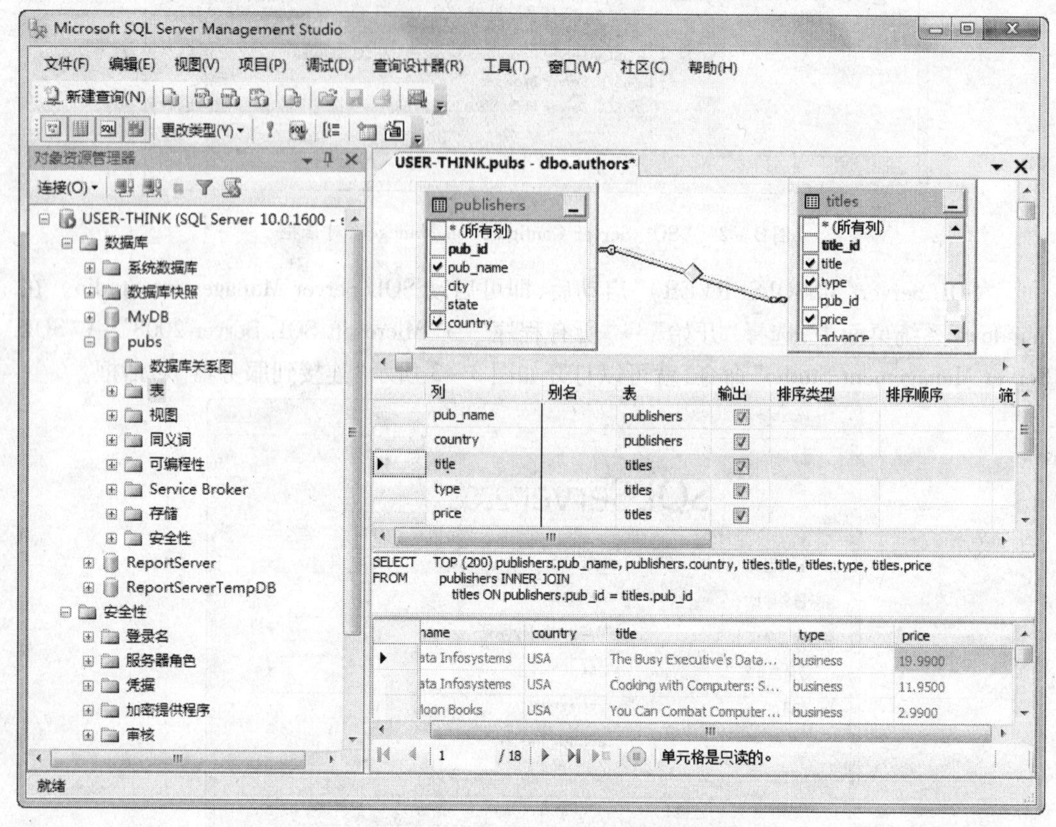

图 3－4 “Microsoft SQL Server Management Studio”对话框

3.3 Microsoft SQL Server Management Studio 简介

Microsoft SQL Server Management Studio 是 Microsoft SQL Server 2008 提供的一种新的集成环境，用于访问、配置、管理和开发 SQL Server 的所有组件。Microsoft SQL Server Management Studio 组合了大量图形工具和丰富的脚本编辑器，极大地方便了技术人员和数据库管理员对 SQL Server 的各种访问。

Microsoft SQL Server Management Studio 将早期版本的 SQL Server 中所包含的企业管理器、查询分析器和 Analysis Manager 功能整合到单一的环境中。此外，Microsoft SQL Server Management Studio 还可以和 SQL Server 的所有组件协同工作，如 Reporting Services、Integration Services 和 SQL Server Compact 3.5。开发人员可以获得熟悉的体验，而数据库管理员可获得功能齐全的单一实用工具，其中包含易于使用的图形工具和多功能的脚本编辑器。

可以从程序组中启动 Microsoft SQL Server Management Studio,启动该工具后的界面如图 3-4 所示。

Microsoft SQL Server Management Studio 集成工作环境一般包括对象资源管理器、查询编辑器、已注册的服务器 3 个组件窗口。

3.3.1 对象资源管理器

对象资源管理器是 Microsoft SQL Server Management Studio 的一个组件,可连接到数据库引擎实例、Analysis Services、Integration Services、Reporting Services 和 SQL Server Compact 3.5。它提供了服务器中所有对象的视图,并具有可用于管理这些对象的用户界面。对象资源管理器的功能根据服务器的类型稍有不同,但一般都包括用于数据库的开发功能和用于所有服务器类型的管理功能。对象资源管理器与 Microsoft SQL Server 2000 的企业管理器类似。该组件使用了类似于 Windows 资源管理器的树状结构,在左边的树状结构图上,根结点是当前实例,子结点是该服务器的所有管理对象和可以执行的管理任务,分为“数据库”、“安全性”、“服务器对象”、“复制”、“管理”、“Notification Services”、“SQL Server 代理”等 7 大类,如图 3-4 左边所示。

3.3.2 查询编辑器

在 Microsoft SQL Server Management Studio 中,查询编辑器与 Microsoft SQL Server 2000 的查询分析器类似,可以执行输入的 SQL 语句,执行结果会显示在屏幕下方。也可以使用图形化的方式进行数据对象的拖拉操作,选择相应的显示字段,动态生成 SQL 语句。

在 Microsoft SQL Server Management Studio 中,用户可输入 SQL 语句,执行语句并在结果窗口中查看结果,如图 3-5 所示。

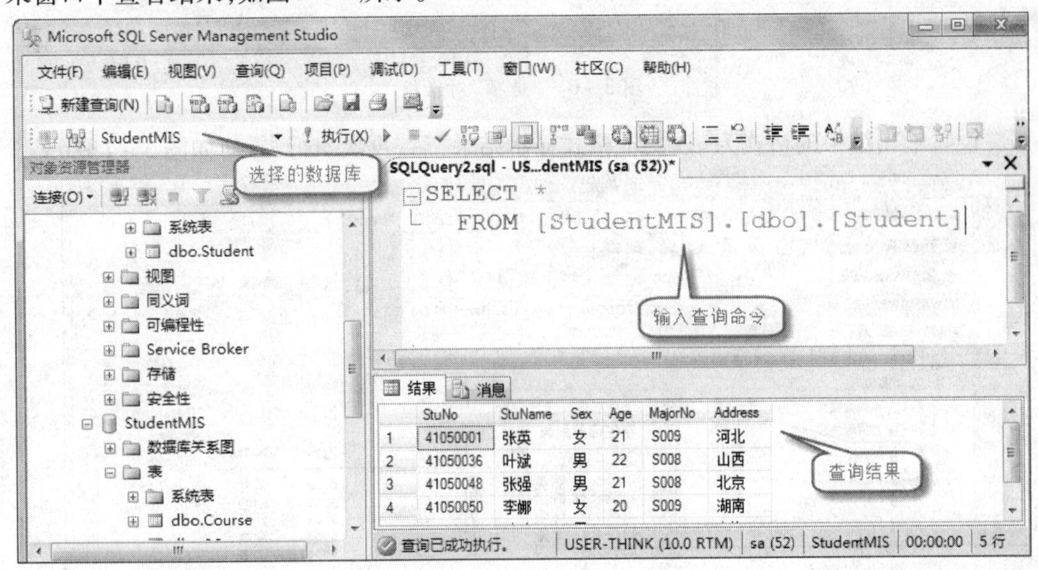

图 3-5 查询编辑器

用户也可以打开包含 SQL 语句的文本文件,执行语句并在结果窗口中查看结果。Microsoft SQL Server Management Studio 提供的功能:①用于输入 SQL 语句的自由格式文本编辑器；②在 SQL 语句中使用不同的颜色，以提高复杂语句的易读性；③对象浏览器和对象搜索工具，可以轻松查找数据库中的对象和对象结构；④模板可用于加快创建 SQL Server 对象的 SQL 语句的开发速度；⑤用于分析存储过程的交互式调试工具；⑥以网格或自由格式文本窗口的形式显示结果；⑦显示计划信息的图形关系图，用以说明内置在 SQL 语句执行计划中的逻辑步骤。

为了文本消息和输出结果在同一窗口显示，需要设置输出结果的格式为“以文本格式显示结果”。步骤是：进入 Microsoft SQL Server Management Studio，选择“工具”菜单，然后选择“选项”命令，出现选项对话框（图 3-6），再进行相应的设置。

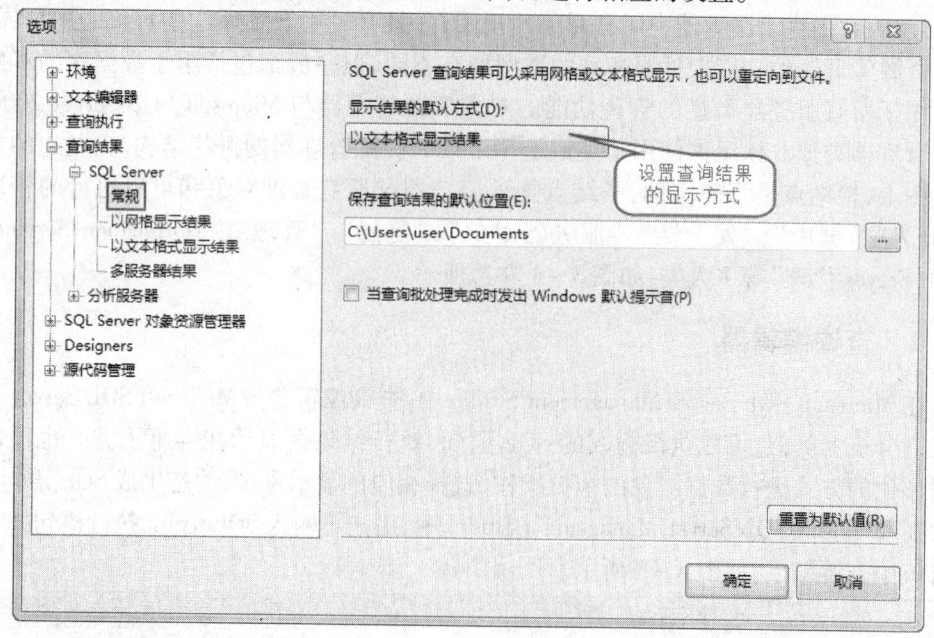

图 3-6 “选项”对话框

设置输出结果的格式为“以文本格式显示结果”后，再次执行，界面如图 3-7 所示。

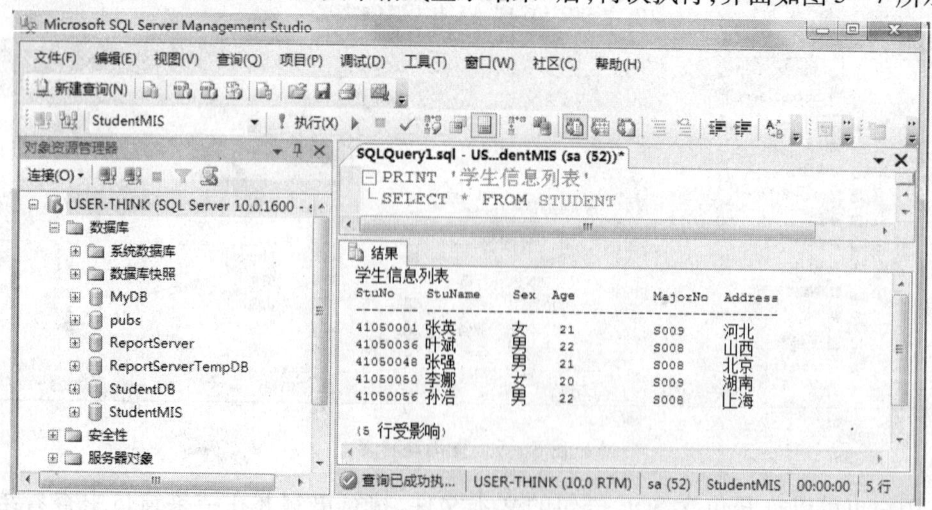

图 3-7 以文本格式显示查询结果

3.3.3 已注册服务器

注册服务器是为 Microsoft SQL Server 客户机/服务器系统确定一个数据库所在的机器，该机器作为服务器可以为客户端的各种请求提供服务。通过在 Microsoft SQL Server Management Studio 的已注册的服务器组件中注册服务器，保存经常访问的服务器的连接信息。可以在连接前注册服务器，也可以在通过对象资源管理器进行连接时注册服务器。为了管理、配置和使用 Microsoft SQL Server 2008 系统，必须使用 Microsoft SQL Server Management Studio 工具注册服务器。

在本地计算机上安装完 Microsoft SQL Server 2008 服务器后，第一次启动 Microsoft SQL Server 2008 服务时，Microsoft SQL Server 2008 会自动完成本地数据库服务器的注册，但对于一台仅安装了 SQL Server 客户端的机器要访问 SQL Server 服务器的数据库资源，必须由用户来完成服务器的注册，注册服务器是进行服务器集中管理和实现分布式查询的前提。

启动 Microsoft SQL Server Management Studio 工具，在"已注册的服务器"窗口中，打开"数据库引擎"结点。右击"Local Server Groups"结点，从弹出的快捷菜单中选中"新建服务器注册"选项，如图 3－8 所示。

图 3－8 "已注册的服务器"窗口

单击"新建服务器注册"选项，出现如图 3－9 所示的"新建服务器注册"对话框的"常规"选项卡。在"服务器名称"下拉列表框中，既可以键入服务器名称也可以选择一个服务器名称。从"身份验证"下拉列表框中可以选择身份验证模式，这里选择了"SQL Server 身份验证"。用户可以在"已注册的服务器名称"文本框中输入该服务器的显示名称。"连接属性"选项卡选择默认设置。在如图 3－9 所示的对话框中，单击"测试"按钮，可以对当前连接属性的设置进行测试。如果出现表示连接测试成功的消息框，那么当前连接属性的设置就是正确的。完成连接属性设置后，单击图 3－9 中的"保存"按钮，表示完成连接属性设置操作。

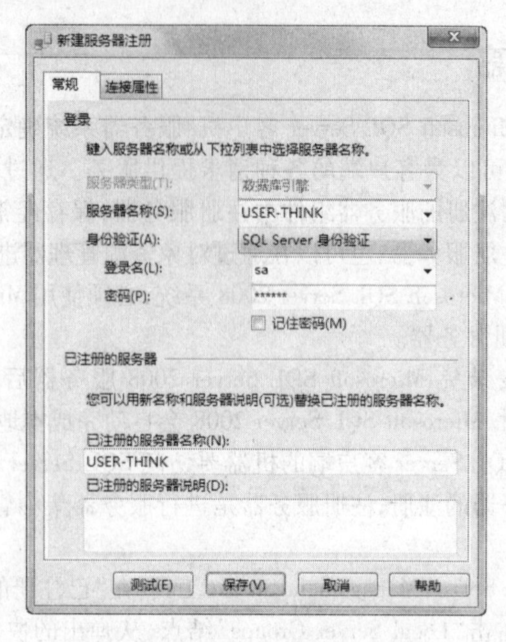

图 3-9 “新建服务器注册”对话框

3.4 Microsoft SQL Server 2008 数据库的创建与维护

数据库是 Microsoft SQL Server 2008 中存储数据和数据库对象的容器。数据库对象是指存储、管理和使用数据的不同结构形式。

3.4.1 Microsoft SQL Server 2008 数据库的构成

在如图 3-4 所示的 Microsoft SQL Server Management Studio 集成工作环境左侧的“对象资源管理器”可以看到“pubs”数据库结点,包括“数据库关系图”、“表”、“视图”、“同义词”、“存储过程”、“触发器”、“函数”、“可编程性”、“存储”、“安全性”等若干子对象,这是 Microsoft SQL Server 2008 数据库的逻辑组成。在物理存储上,该 pubs 数据库被映射成 2 个操作系统文件,文件名分别为“pubs. mdf”和“pubs_log. ldf”,如图 3-10 所示。

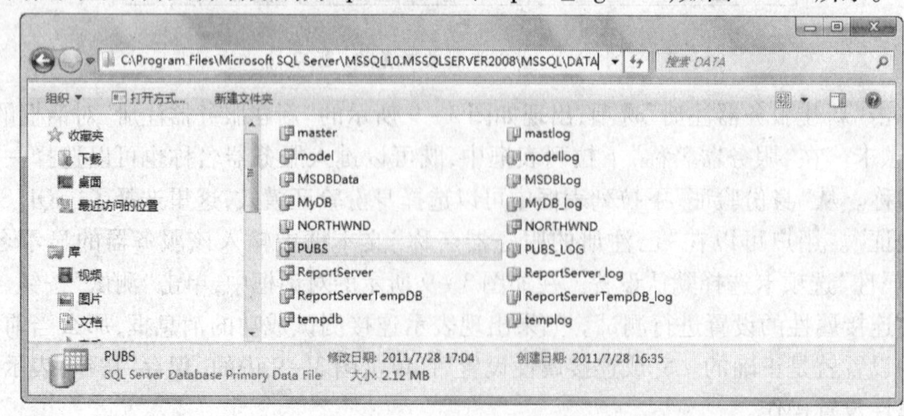

图 3-10 数据库文件的物理存储

Microsoft SQL Server 2008 将数据库映射为一组操作系统文件。数据和日志信息绝不会混合在同一个文件中,而且 1 个文件只由 1 个数据库使用。文件组是命名的文件集合,用于帮助数据布局和管理任务,如备份和还原操作。

1）数据库文件

在 Microsoft SQL Server 2008 中,数据库文件包括 3 种类型:

(1) 主数据文件。主数据文件是数据库的起点,指向数据库中的其他文件。每个数据库都有一个主数据文件。主数据文件的默认扩展名为 . mdf。

(2) 次要数据文件。除主数据文件以外的所有其他数据文件都是次要数据文件。某些数据库可能不含有任何次要数据文件,而有些数据库则含有多个次要数据文件。次要数据文件的推荐文件扩展名为 . ndf。如果某个数据库非常大,当主数据文件达到物理磁盘的最大值后,就需要用到次要数据文件。

(3) 日志文件。日志文件包含着用于恢复数据库的所有日志信息。每个数据库必须至少有 1 个日志文件,当然也可以有多个。日志文件的推荐文件扩展名为 . ldf。

2）数据库文件组

为便于分配和管理,可以将数据库对象和文件一起分成文件组,文件组就是文件的逻辑集合。为了方便数据的管理和分配,文件组可以把一些指定的文件组合在一起。例如,在某个数据库中,3 个文件(data1. ndf、data2. ndf 和 data3. ndf)分别创建在 3 个不同的磁盘驱动器中,然后为它们指定一个文件组 group1。以后,所创建的表可以明确指定放在文件组 group1 上。对该表中数据的查询将分布在这 3 个磁盘上,因此,可以通过执行并行访问而提高查询性能。

在创建表时,不能指定将表放在某个文件上,只能指定将表放在某个文件组上。因此,如果希望将某个表放在特定的文件上,那么必须通过创建文件组来实现。有 3 种类型的文件组:

(1) 主文件组。主文件组包含主数据文件和任何没有明确分配给其他文件组的其他文件。系统表的所有页均分配在主文件组中。

(2) 用户定义文件组。用户定义文件组是通过在 CREATE DATABASE 或 ALTER DATABASE 语句中使用 FILEGROUP 关键字指定的任何文件组。

(3) 默认文件组。容纳所有在创建时没有指定文件组的表、索引以及 text、ntext 和 image 数据类型的数据。

日志文件不包括在文件组内。日志空间与数据空间分开管理,然而,一个文件不可以是多个文件组的成员。表、索引和大型对象数据可以与指定的文件组相关联。

设计数据库的过程实际上就是设计和实现数据库对象的过程。创建数据库就是在数据库引擎中创建一个环境,用以定义表、视图、存储过程等对象。

3.4.2 系统数据库

Microsoft SQL Server 2008 系统提供了 2 种类型的数据库,即系统数据库和用户数据库。其中,用户数据库是由用户创建的、用来存放用户数据和对象的数据库。AdventureWorks 是微软公司提供的一个示例用户数据库,该数据库存储了某个假设的自行车制造公司的业务数据,示意了制造、销售、采购、产品管理、合同管理、人力资源管理等场景。用户可以利用该数据库来学习 Microsoft SQL Server 2008 的操作，也可以模仿该数据库的结构设计用户自己的数据库。

系统数据库存放 Microsoft SQL Server 2008 系统的系统级信息，如系统配置、数据库的属性、登录账户、数据库文件、数据库备份、警报、作业等信息。Microsoft SQL Server 2008 使用这些系统级信息管理和控制整个数据库服务器系统，如图 3－11 所示。系统数据库分别是 master、model、msdb、tempdb 和 Resource 等数据库。

图 3－11　系统数据库示意图

1）master 数据库

master 数据库是最重要的系统数据库，它记录了 SQL Server 系统级的所有信息，这些系统级的信息包括服务器配置信息、登录账户信息、数据库文件信息、SQL Server 初始化信息等，这些信息影响整个 SQL Server 系统的运行。永远不要在 master 数据库中创建对象，如果在其中创建对象，则可能需要更频繁地进行备份。

2）model 数据库

model 数据库是一个在 SQL Server 创建新数据库时充当模板的系统数据库，存储可以作为模板的数据库对象和数据。当创建用户数据库时，系统自动把该模板数据库中的所有信息复制到用户新建的数据库中，使得新建的用户数据库初始状态下具有与 model 数据库一致的对象和相关数据，从而简化数据库的初始创建和管理操作。

3）msdb 数据库

msdb 是一个系统数据库，它包含 SQL Server 代理、日志传送、SQL Server 集成服务以及关系数据库引擎的备份和还原系统等使用的信息，存储有关作业、操作员、警报以及作业历史的全部信息，这些信息可以用于自动化系统的操作。

4）tempdb 数据库

tempdb 数据库是一个临时数据库，类似于操作系统的分页文件，其存储用户创建的临时对象、数据库引擎需要的临时对象和版本信息。tempdb 数据库是在每次重启 SQL Server 时创建的，当 SQL Server 停止运行时，该数据库将重新创建为其原始大小。实际上，它只是一个系统的临时工作空间。通常，应将 tempdb 数据库设置为在需要空间时自动扩展，如果没有足够空间，则用户可能接收错误信息。

5）Resource

Resource 是一个只读数据库，包含 Microsoft SQL Server 2008 系统中的所有信息。

3.4.3 创建数据库

创建数据库就是确定数据库名称、文件名称、数据文件大小、所有者、数据库的字符集、是否自动增长以及如何自动增长等信息的过程。

在一个 Microsoft SQL Server 2008 实例中最多可以创建 32767 个数据库。数据库的名称必须满足系统的标识符规则，在命名时，数据库名称应简短且有一定的含义。创建数据库有以下 2 种方法。

1）使用 Microsoft SQL Server Management Studio 向导创建数据库

【例 3.1】 利用 Microsoft SQL Server Management Studio 创建一个名为“MyDB”的数据库。

操作步骤如下：

（1）打开 Microsoft SQL Server Management Studio 并连接到目标服务器，在“对象资源管理器”窗口中右键单击“数据库”结点，选中“新建数据库”，弹出“新建数据库”对话框，在对话框左侧有“常规”、“选项”、“文件组”3 个选项，当前显示的是“常规”页面。在数据库名称文本框中输入“MyDB”，在所有者文本框中输入“sa”，在数据库文件列表框中，显示了新建数据库的文件名及文件的类型，可以根据需要修改每个文件的“初始大小”及“自动增长”的速率以及上限，还可以选择每个文件的物理存储位置，设置结果如图 3－12 所示。

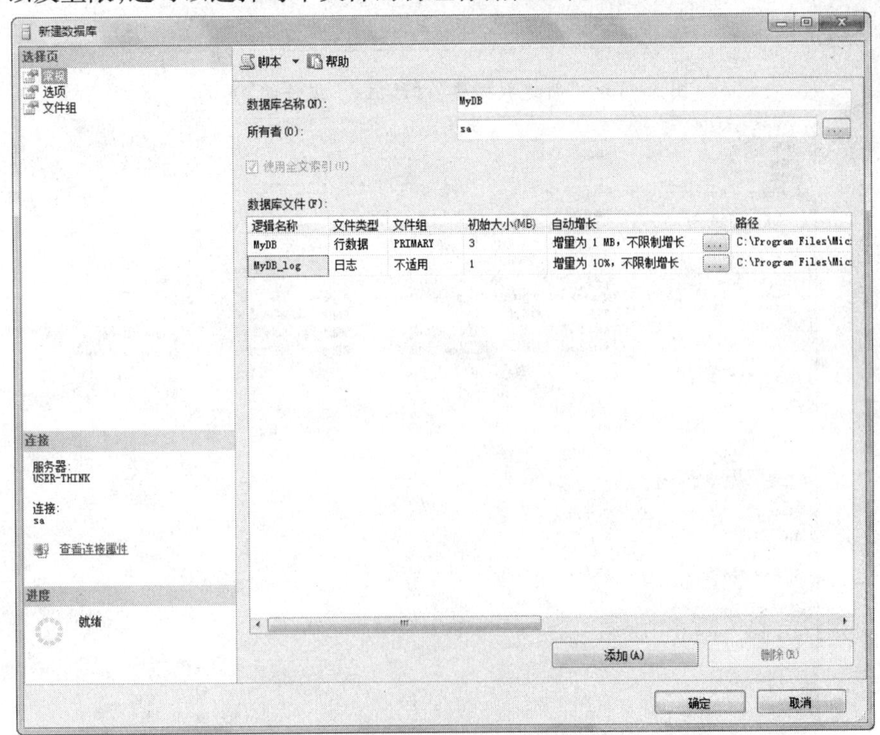

图 3－12 “新建数据库”对话框的“常规”页面

（2）新建一个名为“UserGroup”的文件组。单击对话框左侧的“文件组”选项，单击“添加”按钮，在右侧的表格中会新增一行，输入文件组的名字“UserGroup”，如图 3－13 所示。

（3）新建一个辅助数据文件“MyDB_Data”，并将该文件放到“UserGroup”文件组中。单击对话框左侧的“常规”选项，单击“添加”按钮，在数据库文件标签下的表格中会新增一行，输入文件的逻辑名称 MyDB_Data，改变文件类型及存储特性，如图 3－14 所示。

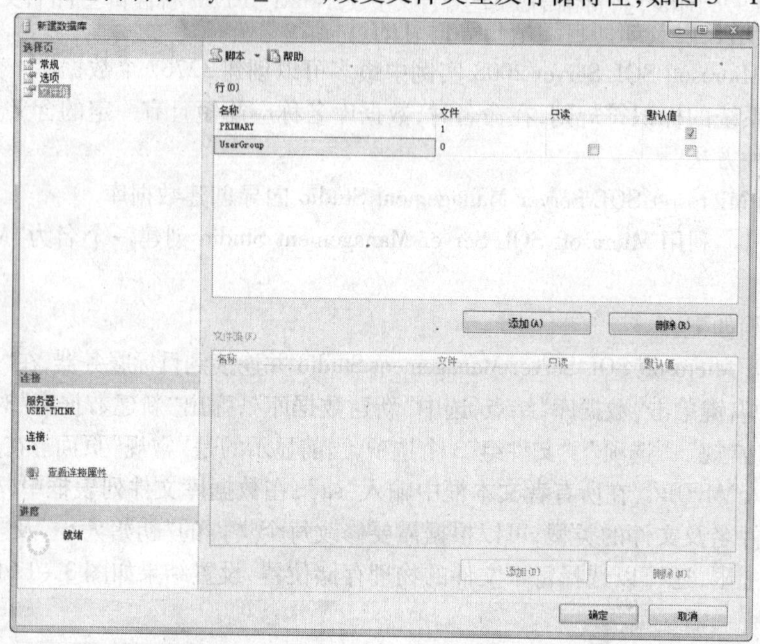

图 3－13 “新建数据库”对话框的“文件组”页面

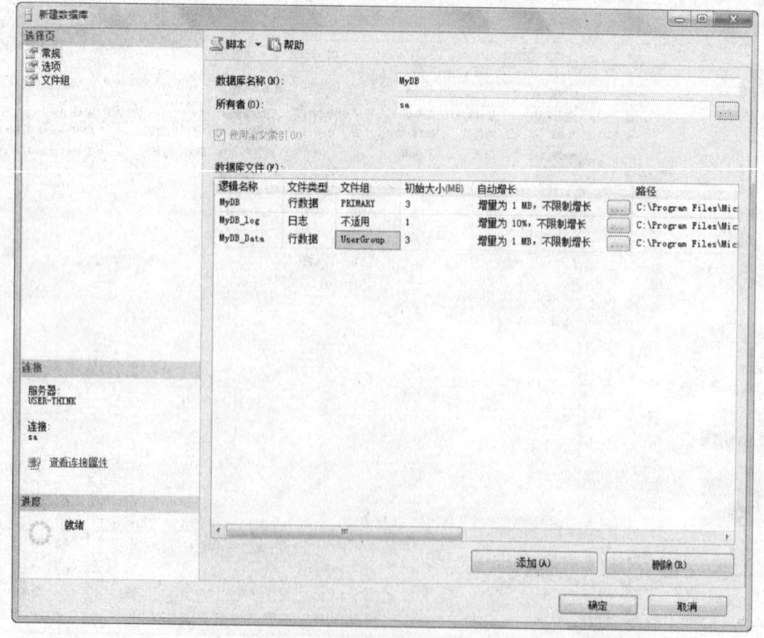

图 3－14 新建辅助数据文件并将其加入到文件组

（4）单击“确定”按钮，完成数据库的创建。

2）使用 Transact-SQL 语句创建数据库

除了通过图形化的方式创建数据库之外，还可以使用 Transact-SQL 语句创建，其语法如下：

```
CREATE DATABASE database_name
[ ON
     [ PRIMARY ] [ <filespec > [ ,...n ]
     [ , <filegroup > [ ,...n ] ]
     [ LOG ON { <filespec > [ ,...n ] } ]]
     [ COLLATE collation_name ]
     [ FOR ATTACH ]
]
 <filespec > ::=
{(    NAME = logical_file_name ,
       FILENAME = { 'os_file_name' | 'filestream_path' }
       [ , SIZE = size [ KB | MB | GB | TB ] ]
       [ , MAXSIZE = { max_size [ KB | MB | GB | TB ] | UNLIMITED } ]
       [ , FILEGROWTH = growth_increment [ KB | MB | GB | TB | % ] ]
 ) [ ,...n ]}
 <filegroup > ::=
{FILEGROUP filegroup_name [ CONTAINS FILESTREAM ] [ DEFAULT ]
     <filespec > [ ,...n ]
}
 <external_access_option > ::=
{
  [ DB_CHAINING { ON | OFF } ]
  [ , TRUSTWORTHY { ON | OFF } ]
}
```

其中，各参数的描述如下：

（1）database_name：新数据库的名称。数据库名称在 SQL Server 的实例中必须唯一，并且必须符合标识符规则。除非没有为日志文件指定逻辑名称，否则 database_name 最多可以包含 128 个字符。如果未指定逻辑日志文件名称，则 SQL Server 将通过向 database_name 追加后缀来为日志生成 logical_file_name 和 os_file_name。这会将 database_name 限制为 123 个字符，从而使生成的逻辑文件名称不超过 128 个字符。

（2）ON：指定显式定义用来存储数据库数据部分的磁盘文件（数据文件）。当后面是以逗号分隔的用以定义主文件组的数据文件的 <filespec> 项列表时，需要使用 ON。主文件组的文件列表可后跟以逗号分隔的用以定义用户文件组及其文件的 <filegroup> 项列表（可选）。

（3）PRIMARY：指定关联的 <filespec> 列表定义主文件。在主文件组的 <filespec> 项中指定的第 1 个文件将成为主文件。1 个数据库只能有 1 个主文件。如果没有指定 PRIMARY，那么 CREATE DATABASE 语句中列出的第 1 个文件将成为主文件。

(4) LOG ON:指定显式定义用来存储数据库日志的磁盘文件(日志文件)。LOG ON 后跟以逗号分隔的用以定义日志文件的 <filespec> 项列表。如果没有指定 LOG ON,将自动创建一个日志文件,其大小为该数据库的所有数据文件大小总和的 25% 或 512KB,取两者之中的较大者。不能对数据库快照指定 LOG ON。

(5) COLLATE collation_name:指定数据库的默认排序规则。排序规则名称既可以是 Windows 排序规则名称,也可以是 SQL 排序规则名称。如果没有指定排序规则,则将 SQL Server 实例的默认排序规则分配为数据库的排序规则。不能对数据库快照指定排序规则名称。

(6) FOR ATTACH:指定通过附加一组现有的操作系统文件来创建数据库。必须有一个指定主文件的 <filespec> 项。至于其他 <filespec> 项,只需要指定与第 1 次创建数据库或上一次附加数据库时路径不同的文件的那些项即可。

(7) <filespec>:控制文件属性。

NAME 指定文件的逻辑名称。指定 FILENAME 时,需要使用 NAME。logical_file_name 表示引用文件时在 SQL Server 中使用的逻辑名称。Logical_file_name 在数据库中必须是唯一的,必须符合标识符规则。名称可以是字符或 Unicode 常量,也可以是常规标识符或分隔标识符。FILENAME {'os_file_name' | 'filestream_path'} 指定操作系统(物理)文件名称。SIZE 指定文件的大小。可以使用千字节(KB)、兆字节(MB)、吉字节(GB)或太字节(TB)后缀。默认值为 MB。请指定整数,不要包括小数。MAXSIZE 指定文件可增大到的最大容量。UNLIMITED 指定文件将增长到磁盘充满。在 Microsoft SQL Server 2008 中,指定为不限制增长的日志文件的最大容量为 2TB,而数据文件的最大容量为 16TB。FILEGROWTH 指定文件的自动增量。文件的 FILEGROWTH 设置不能超过 MAXSIZE 设置。该值可以 MB、KB、GB、TB 或百分比(%)为单位指定。值为 0 时表明自动增长被设置为关闭,不允许增加空间。如果未指定 FILEGROWTH,则数据文件的默认值为 1MB,日志文件的默认增长比例为 10%,并且最小值为 64KB。

(8) <filegroup>:控制文件组属性。

FILEGROUP 指定文件组的逻辑名称。CONTAINS FILESTREAM 指定文件组在文件系统中存储 FILESTREAM 二进制大型对象(BLOB)。DEFAULT 指定命名文件组为数据库中的默认文件组。

在查询编辑器中输入“CREATE DATABASE StudentMIS”,按”F5”键单击工具栏上的执行按钮,即可建立一个所有参数均为默认值的“StudentMIS”数据库。

【例 3.2】 在 Microsoft SQL Server 2008 实例上创建 1 个“MyDB”数据库。该数据库包括 1 个主数据文件“MyDB_Primary”、1 个用户定义文件组“MyDB_FG1”和 1 个日志文件“MyDB_log”。主数据文件在主文件组中,而用户定义文件组包含 2 个次要数据文件。

```
CREATE DATABASE MyDB
ON PRIMARY
  ( NAME = 'MyDB_Primary',
    FILENAME = 'c:\MSSQL10.MSSQLSERVER\MSSQL\data\MyDB_Prm.mdf',
    SIZE = 4MB,
    MAXSIZE = UNLIMITED,
```

```
    FILEGROWTH =1MB),
FILEGROUP MyDB_FG1
  ( NAME = 'MyDB_FG1_Dat1',
    FILENAME ='c:\MSSQL10.MSSQLSERVER\MSSQL\data\MyDB_FG1_1.ndf',
    SIZE = 1MB,
    MAXSIZE =10MB,
    FILEGROWTH =1MB),
  ( NAME = 'MyDB_FG1_Dat2',
    FILENAME = 'c:\MSSQL10.MSSQLSERVER\MSSQL\data\MyDB_FG1_2.ndf',
    SIZE = 1MB,
    MAXSIZE =10MB,
    FILEGROWTH =1MB)
LOG ON
  ( NAME ='MyDB_log',
    FILENAME ='c:\MSSQL10.MSSQLSERVER\MSSQL\data\MyDB.ldf',
    SIZE =1MB,
    MAXSIZE =10MB,
    FILEGROWTH =10%
);
```

3.4.4 修改数据库

数据库创建后,若发现有不合适的属性设置,则可以修改。修改数据库有以下 2 种方法:

1) 使用 Microsoft SQL Server Management Studio 修改数据库

打开 Microsoft SQL Server Management Studio 并连接到目标服务器,在"对象资源管理器"窗口中找到"数据库"结点,右键单击要修改的数据库(如 StudentMIS),在弹出的快捷菜单中选择"属性"选项,打开"数据库属性-StudentMIS"窗口,如图 3-15 所示。

在左侧窗口中选择相应的页面,可以添加、删除文件以及修改数据文件的相关属性;可以添加、删除文件组以及修改文件组的属性;可以设置数据库的"只读"属性,对数据库进行收缩;可以设置用户对数据库对象的使用权限等。

2) 使用 Transact-SQL 语句修改数据库

数据库创建之后,根据需要可以使用 ALTER DATABASE 语句对数据库进行修改。除了前面介绍的设置数据库选项之外,修改操作还包括更改数据库名称、扩大数据库、收缩数据库、修改数据库文件、管理数据库文件组、修改字符排列规则等。使用 Transact-SQL 语句修改数据库的语法如下:

```
ALTER DATABASE database_name       --database_name 为要修改的数据库的名称
{
  | MODIFY NAME = new_database_name --使用指定的名称重命名数据库
  | COLLATE collation_name      --指定数据库的排序规则
  | ADD FILE <filespec>[,...n] [TO FILEGROUP {filegroup_name}]
                                                  --向指定的文件组添加文件
```

```
    |ADD LOG FILE <filespec> [ ,...n ]     --将要添加的日志文件添加到指定的数据库
    |REMOVE FILE logical_file_name         --删除逻辑文件说明并删除物理文件
    |MODIFY FILE <filespec>    --指定应修改的文件。1次只能更改1个<filespec>属性
    |ADD FILEGROUP filegroup_name          --向数据库中添加文件组
    |REMOVE FILEGROUP filegroup_name    --从数据库中删除文件组
    |MODIFY FILEGROUP filegroup_name { READONLY |READWRITE |DEFAULT
      |NAME = new_filegroup_name}         --修改文件组的属性
}
```

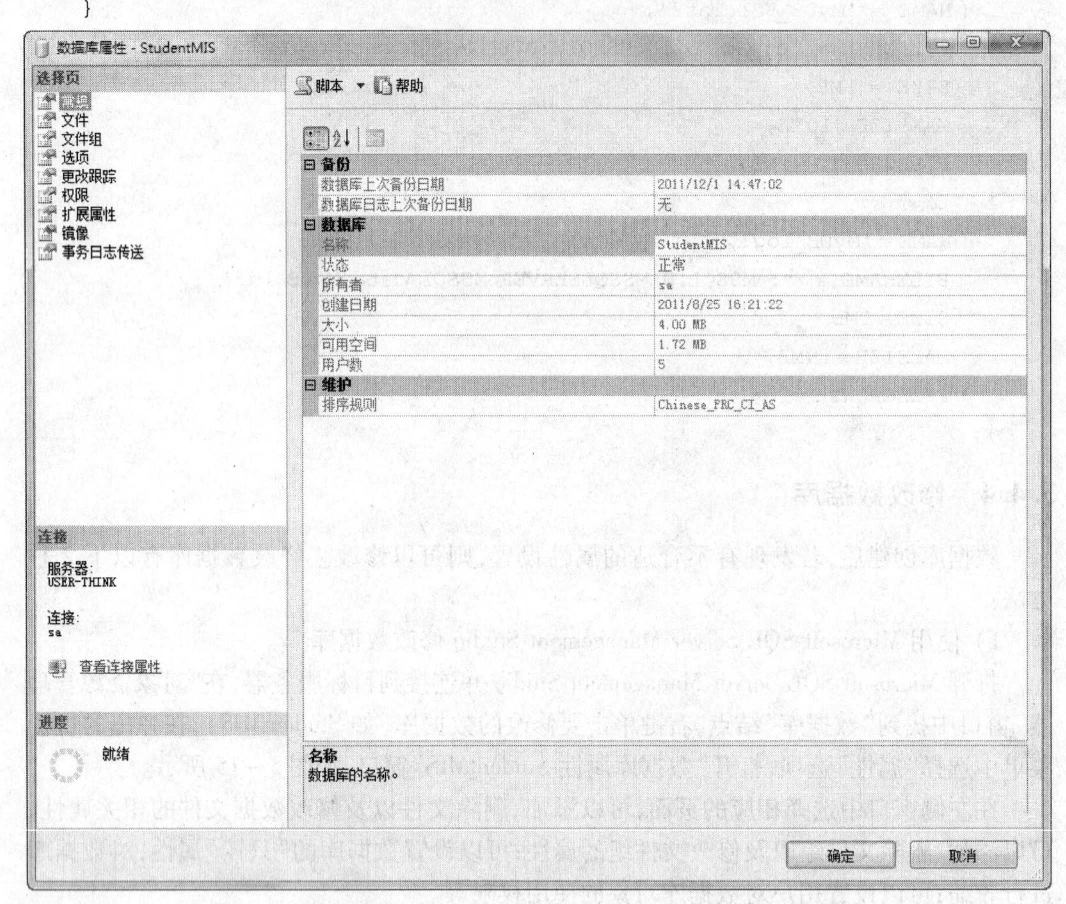

图3-15 "数据库属性-StudentMIS"窗口

【例3.3】 将一个5MB的数据文件添加到StudentMIS数据库。

```
ALTER DATABASE StudentMIS
ADD FILE
(
    NAME = Stu1dat2,
    FILENAME = 'C:\mssql2008\data\Stu1dat2.ndf ',
    SIZE = 5MB,
    MAXSIZE = 100MB,
    FILEGROWTH = 5MB)
```

3.4.5 删除数据库

如果数据库不再需要，应该将它从数据库服务器中删除。删除数据库有以下 2 种方法：

1）使用 Microsoft SQL Server Management Studio 删除数据库

打开 Microsoft SQL Server Management Studio 并连接到目标服务器，在“对象资源管理器”窗口中找到“数据库”结点，右键单击要删除的数据库（如 StudentMIS），在弹出的快捷菜单中选择“删除”选项，即可删除数据库。

2）使用 Transact-SQL 语句删除数据库

使用 Transact-SQL 语句删除数据库的语法如下：

```
DROP DATABASE { database_name | database_snapshot_name } [ ,...n ]
```

其中：database_name 是指定要删除的数据库的名称；database_snapshot_name 是指定要删除的数据库快照的名称。

例如，如果希望删除 StudentMIS 数据库，那么可以使用命令：

```
DROP DATABASE StudentMIS
```

3.5 Transact-SQL 程序设计基础

SQL 语言虽然和高级语言不同，但是它本身也具有运算和流控制等功能，也可以利用 SQL 语言进行编程。因此，就需要了解 SQL 语言的基础知识。本节主要介绍 Transact-SQL 语言程序设计的基本概念。

3.5.1 SQL 与 Transact-SQL

3.5.1.1 SQL 概述

结构化查询语言（Structured Query Language，SQL）是一种使用关系模型的数据库应用语言。它利用一些简单的句子构成基本的语法，来存取数据库的内容。由于 SQL 简单易学，目前它已经成为关系数据库系统中使用最广泛的语言。

SQL 最早是 1974 年由 Boyce 和 Chamberlin 提出，并作为 IBM 公司研制的关系数据库管理系统原型 System R 的一部分付诸于实施。它功能丰富，不仅具有数据定义、数据控制功能，还有着强大的查询功能。而且语言简洁、容易学习、容易使用。现在 SQL 已经成了关系数据库的标准语言，并且发展了 3 个主要标准。①1986 年，美国国家标准化组织（America National Standards Institute，ANSI）正式发表了编号为 X3.135—1986 的 SQL 标准，并且在 1987 年得到了国际标准化组织（International Standards Organization，ISO）组织的认可，被命名为 ISO 9075—1987。②对 ANSI SQL 修改后在 1992 年采纳的标准，称为 SQL—92 或 SQL2。③1999 年又出了 SQL—99 也称 SQL3 标准。SQL—99 从 SQL2 扩充而来，并增加了对象关系特征和许多其他的新功能。

现在各大数据库厂商提供不同版本的 SQL，这些版本的 SQL 不但包括原始的 ANSI 标准，而且在很大程度上支持新推出的 SQL—92 标准。另外，它们均在 SQL—92 的基础上做了修改和扩展，包含了部分 SQL—99 标准。这使不同的数据库系统之间的互操作有了可能。

SQL 语言集数据定义、数据查询、数据操纵和数据控制功能与一体,主要特点包括:

(1) 综合统一。数据库的主要功能是通过数据库支持的数据语言来实现的。SQL 语言的核心包括如下数据语言:

① 数据定义语言(Data Definition Language,DDL):用于定义数据库的逻辑机构,是对关系模式一级的定义,包括基本表、视图及索引的定义。

② 数据查询语言(Data Query Language,DQL):按一定的查询条件从数据库对象中检索符合条件的数据。

③ 数据操纵语言(Data Manipulation Language,DML):用于更改数据库,包括增加新数据、删除旧数据、修改已有数据等。

④ 数据控制语言(Data Control Language,DCL):用于控制其对数据库中数据的操作,包括基本表和视图等对象的授权、完整性规则的描述、事务开始和结束控制语句等。

SQL 集这些功能于一体,语言风格统一,可以独立完成数据库生命周期中的全部活动,包括定义关系模式、建立数据库、查询、更新、维护、数据库重构、数据库安全控制等一系列操作要求,这就为数据库应用系统开发提供了良好的环境。例如,用户在数据库投入运行后,还可根据需要随时地逐步地修改模式,并不影响数据库的运行,从而使系统具有良好的可扩充性。

(2) 高度非过程化。使用 SQL 进行数据操作,用户只需提出"做什么",而不必指明"怎么做",用户只需将要求用 SQL 语句提交给系统,系统会自动完成所需的操作。这不但极大减轻了用户负担,而且有利于提高数据独立性。

(3) 面向集合的操作方式。非关系数据模型采用的是面向记录的操作方式,任何一个操作其对象都是一条记录,用户要对记录逐条操作。而 SQL 采用集合操作方式,不仅查找结果可以是元组的集合,而且一次插入、删除、修改操作的对象也可以是元组的集合。

(4) 灵活的使用方法。SQL 既是自含式语言,又是嵌入式语言。作为自含式语言,它能够独立地用于联机交互的使用方式,用户可以在终端键盘上直接键入 SQL 命令对数据库进行操作。作为嵌入式语言,SQL 语句能够嵌入到高级语言(如 C 语言)程序中,提供程序员设计程序时使用。而在 2 种方式下,SQL 语言的语法结构基本上是一致的。这种统一的语法结构可提供 2 种不同的使用方式的方法,为用户提供了极大的灵活性与方便性。

(5) 语言简洁,易学易用。SQL 功能极强,但其语言十分简洁,完成数据定义、数据查询、数据操纵、数据控制的核心功能只用了 9 个动词:3 个数据定义(CREATE、DROP、ALTER)、1 个数据查询(SELECT)、3 个数据操纵(INSERT、UPDATE、DELETE)、2 个数据控制(GRANT、REVOKE)。而且 SQL 语法简单,接近英语口语,因此易学易用。

3.5.1.2 Transact-SQL 概述

Transact-SQL 是微软公司在 Microsoft SQL Server 系统中使用的语言,支持标准的 SQL,但对 SQL 进行了扩充。Transact-SQL 对 SQL 的扩展主要包含 3 个方面:①增加了流程控制语句;②加入了局部变量、全局变量等许多新概念,可以写出更复杂的查询语句;③增加了新的数据类型,处理能力更强。

Transact-SQL 是一种交互式查询语言,具有功能强大、简单易学的特点。在 Microsoft

SQL Server 2008 系统中提供了多种图形和命令行工具，用户可以使用不同的方法来访问数据库。但是这些工具的核心是 Transact-SQL 语言。Microsoft SQL Server 2008 主要使用 SQL Server Management Studio 工具来执行 Transact-SQL 语言编写的查询语句，用以交互地设计和测试 Transact-SQL 语句、批处理和脚本。

3.5.2 Microsoft SQL Server 2008 标识符

在 Microsoft SQL Server 2008 中，标识符就是指用来定义服务器、数据库、数据库对象和变量等的名称，不区分大小写。

3.5.2.1 标识符的分类

1）常规标识符

常规标识符就是不需要使用分隔标识符进行分隔的标识符，符合标识符的格式规则。在 Transact-SQL 语句中使用常规标识符时不用将其分隔。

常规标识符的格式规则如下：

（1）第 1 个字符必须是 Unicode 标准 3.2 所定义的字母（如 a ~ z 和 A ~ Z 以及来自其他语言的字母字符）、下划线（_）、at 符号（@）和数字符号（#）。

（2）后续字符可以是 Unicode 标准 3.2 所定义的字母、来自基本拉丁字母或其他国家/地区脚本的十进制数字、at 符号（@）、美元符号（$）、数字符号（#）或下划线（_）。

（3）标识符不能是 Transact-SQL 的保留字。

（4）不允许嵌入空格或其他特殊字符。

（5）常规标识符和分隔标识符包含的字符数必须在 1 ~ 128 之间。对于本地临时表，标识符最多可以有 116 个字符。

注意：在 Microsoft SQL Server 2008 中，某些处于标识符开始位置的符号具有特殊意义。以 at 符号（@）开始的标识符表示局部变量或参数；以双 at 符号（@@）开始的标识符表示全局变量。以一个数字符号（#）开始的标识符表示临时表或过程；以双数字符号（##）开始的标识符表示全局临时对象。

2）分隔标识符

在 Transact-SQL 语句中，对不符合所有标识符规则的标识符必须进行分隔。符合标识符格式规则的标识符可以分隔，也可以不分隔。

例如，下面语句中的 Student Table 和 in 均不符合标识符规则，其中 Student Table 中间出现了空格，而 in 为 Transact-SQL 的保留字，因此必须使用分隔符中括号（[ ]）进行分隔：

```
SELECT * FROM [Student Table] WHERE [in] = 5
```

分隔标识符在下列情况下使用：

（1）当在对象名称或对象名称的组成部分中使用保留关键字时。推荐不要使用保留关键字作为对象名称。从 SQL Server 早期版本升级的数据库可能含有标识符，这些标识符包括早期版本中未保留而在 Microsoft SQL Server 2008 中保留的关键字。可用分隔标识符引用对象直到可改变其名称。

（2）当使用未被列为合法标识符的字符时。Microsoft SQL Server 2008 允许在分隔标识符中使用当前代码页中的任何字符。但是，不加选择地在对象名称中使用特殊字符将使 SQL 语句和脚本难以阅读和维护。

分隔标识符的格式规则如下：

(1) 分隔标识符可以包含与常规标识符相同的字符数(1 个~128 个,不包括分隔符字符)。本地临时表标识符最多可以包含 116 个字符。

(2) 标识符的主体可以包含当前代码页内字母(分隔符本身除外)的任意组合。例如,分隔符标识符可以包含空格、对常规标识符有效的任何字符,以及代字号(~)、连字符(-)、惊叹号(!)、左括号({)、百分号(%)、右括号(})、插入号(^)、撇号(')、and 号(&)、句号(.)、左圆括号(()、反斜杠(\)、右圆括号())、重音符号(`)。

3.5.2.2 对象命名规则

数据库对象的名称被看成是该对象的标识符。SQL Server 中的每一内容都可带有标识符。服务器、数据库和数据库对象(如表、视图、列、索引、触发器、过程、约束及规则等)都有标识符。大多数对象要求带有标识符,但对有些对象(如约束),标识符是可选项。在 Microsoft SQL Server 2008 中,1 个对象的全称语法格式：

```
server_name.[database_name].[schema_name].object_name
```

其中,server_name：指定链接的服务器名称或远程服务器名称。database_name：如果对象驻留在 SQL Server 的本地实例中,则指定 SQL Server 数据库的名称；如果对象在链接服务器中,则 database_name 将指定 OLE DB 目录。schema_name：如果对象在 SQL Server 数据库中,则指定包含对象的架构的名称；如果对象在链接服务器中,则 schema_name 将指定 OLE DB 架构名称。object_name：对象的名称。

在实际使用时,使用全称比较繁琐,因此经常使用简写格式。若要省略中间结点,应使用句点来指示这些位置。可用的简写格式包含下面几种：

```
server.database..object
server..schema.object
server...object
database.schema.object
database..object
schema.object
object
```

在上面的简写格式中,没有指明的部分使用如下的默认设置值：

server：本地服务器；database：当前数据库；schema：包含该对象的架构的名称。

【例 3.4】 一个用户名为 sa 的用户登录到 MyServer 服务器上,并使用 MyDB 数据库。使用下述语句创建了一个 MyTable 表：

```
CREATE TABLE MyTable(column1 int, column2 char(20))
```

则表 MyTable 的全称就是 MyServer.MyDB.dbo.MyTable。

3.5.3 Microsoft SQL Server 2008 数据类型

数据类型定义了对象所能包含的数据种类,如字符、整数或二进制。在 Microsoft SQL Server 2008 中,表和视图中的字段、存储过程中的参数、Transact-SQL 程序中的变量、返回数据值的 Transact-SQL 函数、具有返回代码的存储过程,这些对象全部具有数据类型。

对象的数据类型主要包含数据种类、数据的长度、数值精度(仅适用于数字型)和数值中的小数位数 4 种属性。数据类型主要包括数值型、字符型、日期型等。

1）整数数据类型

整数数据类型包括 tinyint、smallint、int 和 bigint，如表 3－3 所列。

表 3－3　整数数据类型

数据类型	描　述	存储空间
tinyint	0～255 之间的整数	1B
smallint	-2^{15}(－32768)～$2^{15}-1$(32767)之间的整数	2B
int	-2^{31}(－2147483648)～$2^{31}-1$(2147483647)之间的整数	4B
bigint	-2^{63}(－9223372036854775808)～$2^{63}-1$(9223372036854775807)之间的整数	8B

2）浮点数据类型

浮点数据类型用来表示有小数部分的数据，根据所适用的存储空间，可以分为 float、real、decimal、numeric、money 和 smallmoney，如表 3－4 所列。

表 3－4　浮点数据类型

数据类型	描　述	存储空间
float(n)	－1.79E＋308 ～ －2.23E－308，0，2.23E－308～1.79E＋308	由 n 决定
real( )	－3.40E＋38～－1.18E－38，0，1.18E－38 ～ 3.40E＋38	4B
decimal(p,s)	$-10^{38}+1$～$10^{38}-1$ 之间的数值	最多 17B
numeric(p,s)	$-10^{38}+1$～$10^{38}-1$ 之间的数值	最多 17B
money	－922337203685477.5808～922337203685477.5807	8B
smallmoney	－214748.3648～214748.3647	4B

float(n)中的 n 是用于存储该数尾数的位数。SQL Server 对此只使用 2 个值。如果指定位于 1～24 之间，SQL Server 就使用 24；如果指定 25～53 之间，SQL Server 就使用 53。当指定 float( )时(括号中为空)，默认为 53。real 类型等价于 float(24)。decimal 和 numeric 数值数据类型可存储小数点右边或左边的变长位数。p 表示精度，定义了最多可以存储的十进制数字的总位数，包括小数点左、右两侧的位数，精度值的范围为 1～38，默认精度为 18。s 是小数点右侧可以存储的十进制数字的最大位数。挡精度为 1～9，存储空间为 5B；挡精度为 10～19，存储空间为 9B；挡精度为 20～28，存储空间为 13B；挡精度为 29～38，存储空间为 17B。money 和 smallmoney 类型用来存储货币数据。

3）字符数据类型

字符数据类型包括 char、nchar、Varchar、nVarchar、text 和 ntext，如表 3－5 所列。这些数据类型用于存储字符串。

表 3－5　字符数据类型

数据类型	描　述	存储空间
char(n)	n 取值范围为 1 个～8000 个字符之间	n 字节
nchar(n)	n 取值范围为 1 个～4000 个 Unicode 字符之间	$2n$ 字节
varchar(n)	n 取值范围为 1 个～8000 个字符之间	n 字节＋2B 额外开销
varchar(max)	最多为 $2^{31}-1$(2147483647)个字符	n 字节＋2B 额外开销

（续）

数据类型	描　述	存储空间
nvarchar(n)	n 取值范围为 1 个 ~4000 个 Unicode 字符之间	$2n$ 字节 +2B 额外开销
nvarchar(max)	最多为 $2^{30}-1$(1073741823)个 Unicode 字符	$2n$ 字节 +2B 额外开销
text	最多为 $2^{31}-1$(2147483647)个字符	n 字节
ntext	最多为 $2^{30}-1$(1073741823)个 Unicode 字符	$2n$ 字节

varchar 和 char 类型的主要区别是数据填充。如果有一表列名为 Name 且数据类型为 varchar(20)，同时将值 Tom 存储到该列中，则物理上只存储 3B。但如果在数据类型为 char(20)的列中存储相同的值，将使用全部 20B。SQL 将在 Tom 后插入空格来填满 20B。

nvarchar 数据类型和 nchar 数据类型的工作方式与对等的 varchar 数据类型和 char 数据类型相同，但这 2 种数据类型可以处理国际性的 Unicode 字符。它们需要一些额外开销。以 Unicode 形式存储的数据为 1 个字符占 2B。如果要将值 Tom 存储到 nvarchar 列，它将使用 6B；而如果将它存储为 nchar(20)，则需要使用 40B。由于这些额外开销和增加的空间，应该避免使用 Unicode 列，除非确实有需要使用它们的业务或语言需求。

text 和 ntext 数据类型用于在数据页内外存储大型字符数据，应尽可能少地使用这两种数据类型，因为可能影响性能但可在单行的列中存储多达 2GB 的数据。与 text 数据类型相比，更好的选择是使用 varchar(max)类型，因为将获得更好的性能。另外，text 和 ntext 数据类型在 SQL Server 的一些未来版本中将不可用，因此最好使用 varchar(max)和 nvarchar(max)而不是 text 和 ntext 数据类型。

4）日期和时间数据类型

日期和时间数据类型如表 3-6 所列。

表 3-6　日期和时间数据类型

数据类型	描　述	存储空间
date	9999 年 1 月 1 日至 12 月 31 日	3B
datetime	1753 年 1 月 1 日至 9999 年 12 月 31 日，精确到最近的 3.33ms	8B
datetime2(n)	9999 年 1 月 1 日至 12 月 31 日，0 ~7 之间的 n 指定小数秒	6B ~8B
datetimeoffset(n)	9999 年 1 月 1 日至 12 月 31 日 0 ~7 之间的 n 指定小数秒 +/- 偏移量	8B ~10B
smalldatetime	1900 年 1 月 1 日至 2079 年 6 月 6 日，精确到 1min	4B
time(n)	小时:分钟:秒.9999999，0 ~7 之间的 n 指定小数秒	3B ~5B

datetime 和 smalldatetime 数据类型用于存储日期和时间数据。smalldatetime 为 4B，存储 1900 年 1 月 1 日至 2079 年 6 月 6 日之间的时间，且精确到 1min。datetime 数据类型为 8B，存储 1753 年 1 月 1 日至 9999 年 12 月 31 日之间的时间，且精确到 3.33ms。

Microsoft SQL Server 2008 有 4 种与日期相关的新数据类型：datetime2、dateoffset、date 和 time。通过 SQL Server 联机丛书可找到使用这些数据类型的示例。datetime2 数据类型是 datetime 数据类型的扩展，有着更广的日期范围。时间总是用时、分钟、秒形式来存储。可以定义末尾带有可变参数的 datetime2 数据类型——如 datetime2(3)。这个表达式中的 3 表示存储时秒的小数精度为 3 位或 0.999。有效值为 0 ~9 之间，默认值为 3。datetimeoffset 数据类型和 datetime2 数据类型一样,带有时区偏移量。该时区偏移量最大为 +/-14h,包含了 UTC 偏移量,因此可以合理化不同时区捕捉的时间。date 数据类型只存储日期,这是一直需要的一个功能。而 time 数据类型只存储时间。它也支持 time(n)声明,因此可以控制小数秒的粒度。与 datetime2 和 datetimeoffset 一样,*n* 可为 0~7 之间。

5) 二进制数据类型

二进制数据类型用于存储二进制数据,如图形文件、Word 文档或 MP3 文件等,包括 bit、binary、image、varbinary 和 varbinary(max),如表 3-7 所列。

表 3-7 二进制数据类型

数据类型	描 述	存储空间
bit	0、1 或 null	1B
binary(n)	*n* 为 1~8000 十六进制数字之间	*n* 字节
image	最多为 $2^{31}-1$(2147483647)十六进制数位	每字符 1B
varbinary(n)	*n* 为 1~8000 十六进制数字之间	*n* 字节 +2B 额外开销
varbinary(max)	最多为 $2^{31}-1$(2147483647)十六进制数字	每字符 1B +2B 额外开销

6) 其他数据类型

除了以上数据类型,Microsoft SQL Server 2008 还提供了一些新的数据类型,如表 3-8 所示。

表 3-8 其他数据类型

数据类型	描 述	存储空间
sql_variant	除了 text、ntext、image、timestamp、xml、varchar(max)、nvarchar(max)、varbinary(max)以及用户定义的数据类型,可以包含任何系统数据类型的值	8016B
table	用于存储进一步处理的数据集。定义类似于 Create Table。主要用于返回表值函数的结果集,也可用于存储过程和批处理中	取决于表定义和存储的行数
uniqueidentifier	可以包含全局唯一标识符(Globally Unique Identifier,GUID)。GUID 值可以从 Newid()函数获得。这个函数返回的值对所有计算机来说是唯一的。尽管存储为 16 位的二进制值,但它显示为 char(36)	16B
XML	可以以 Unicode 或非 Unicode 形式存储	最多 2GB

3.5.4 常量、变量和运算符

3.5.4.1 常量

常量也称文字值或标量值,是表示一个特定数据值的符号。常量的格式取决于它所表示的值的数据类型,如'This is a book.'、'May 1, 2006'、98321 等。

1) 字符串常量

字符串常量括在单引号内并包含字母数字字符(a~z、A~Z 和 0~9)以及特殊字符,如感叹号(!)、at 符(@)和数字号(#)。如果单引号中的字符串包含 1 个嵌入的单引号,可以使用 2 个单引号表示嵌入的单引号。对于嵌入在双引号中的字符串则没有必要这样做。

2）Unicode 字符串常量

Unicode 字符串的格式与普通字符串相似,但它前面有一个 N 标识符(N 代表 SQL－92 标准中的区域语言)。N 前缀必须是大写字母。例如,'Michél'是字符串常量而N'Michél'则是 Unicode 常量。

3）二进制常量

二进制常量具有前辍 0x 并且是十六进制数字字符串。这些常量不使用引号括起来,如 0x12Ef。

4）bit 常量

bit 常量使用数字 0 或 1 表示,并且不括在引号中。如果使用一个大于 1 的数字,则该数字将转换为 1。

5）datetime 常量

datetime 常量使用特定格式的字符日期值来表示,并被单引号括起来,如'December 5, 2011'、'12/5/98'、'14:30:24'等。

6）integer 常量

integer 常量以没有用引号括起来并且不包含小数点的数字字符串来表示。integer 常量必须全部为数字,它们不能包含小数,如 12345。

7）decimal 常量

decimal 常量由没有用引号括起来并且包含小数点的数字字符串来表示,如 123.456。

8）float 和 real 常量

float 和 real 常量使用科学记数法来表示,如 101.5E5。

9）money 常量

money 常量以前缀为可选的小数点和可选的货币符号的数字字符串来表示。money 常量不使用引号括起来,如 $542023.14、¥12.56。

10）uniqueidentifier 常量

uniqueidentifier 常量是表示 GUID 的字符串,可以使用字符或二进制字符串格式指定,如'6F9619FF-8B86-D011-B42D-00C04FC964FF'、0xff19966f868b11d0b42d00c04fc964ff。

3.5.4.2　变量

在 Microsoft SQL Server 2008 系统中,变量分为局部变量和全局变量。全局变量名称前面有 2 个@字符,由系统定义和维护。局部变量前面有 1 个@字符,由用户定义和使用。

1）局部变量

局部变量由用户定义,仅在声明它的批处理、存储过程或者触发器中有效。批处理结束后,局部变量将变成无效。在 Transact-SQL 语言中,可以使用 DECLARE 语句声明变量。在声明变量时需要注意:①为变量指定名称,且名称的第 1 个字符必须是@;②指定该变量的数据类型和长度;③默认情况下将该变量值设置为 NULL。

其语法格式如下:

```
DECLARE { @ local_variable data_type }[,…n]
```

各参数含义如下:

@local_variable:变量的名称。变量名必须以 at 符(@)开头。局部变量名必须符合标识符规则。

data_type:任何由系统提供的或用户定义的数据类型。变量不能是 text、ntext 或 image 数据类型。

可以在一个 DECLARE 语句中声明多个变量,变量之间使用逗号分割开。例如:

```
DECLARE @ maxprice float,@ pub char(12)
```

局部变量的使用也是先声明,再赋值。有 2 种为变量赋值的方式,即使用 SET 语句为变量赋值和使用 SELECT 语句选择列表中当前所引用值来为变量赋值。其语法格式如下:

```
SET @ local_variable =expression
SELECT { @ local_variable =expression}[,…n]
```

其中:@ local_variable 为定义的局部变量名称;expression 为一表达式。例如,下面首先定义了 2 个变量,并分别使用 SET 和 SELECT 为其赋值,然后使用这 2 个变量查询价格小于 40 且出版社为“国防工业出版社”的书籍信息:

```
DECLARE @ maxprice float,@ pub char(12)
SET @ maxprice =40
SELECT @ pub='国防工业出版社'
SELECT * FROM booklist WHERE price < @ maxprice AND publisher = @ pub
```

SELECT @ local_variable 通常用于将单个值返回到变量中。例如,如果 expression 为列名,则返回多个值。如果 SELECT 语句返回多个值,则将返回的最后一个值赋予变量。如果 SELECT 语句没有返回行,变量将保留当前值。如果 expression 是不返回值的标量子查询,则将变量设为 NULL。一般来说,应该使用 SET,而不是 SELECT 给变量赋值。

2) 全局变量

全局变量记录 SQL Server 的各种状态信息,它们不能被显式地赋值或声明,而且不能由用户定义。在 Microsoft SQL Server 2008 中定义了许多全局变量,如@ @ ERROR(返回最后一个 Transacit-SQL 错误的错误号)、@ @ VERSION(返回 SQL Server 的版本信息),详细信息参见联机帮助。

3.5.4.3 运算符

运算符是一种符号,用来指定要在 1 个或多个表达式中执行的操作。Microsoft SQL Server 2008 提供的运算符有算术运算符、赋值运算符、位运算符、比较运算符、逻辑运算符、字符串连接运算符和一元运算符。

1) 算术运算符

算术运算符在 2 个表达式上执行数学运算,这 2 个表达式可以是数字数据类型分类的任何数据类型。在 Microsoft SQL Server 2008 中,算术运算符包括 +(加)、-(减)、*(乘)、/(除)和%(取模)。取模运算返回一个除法的整数余数。例如,7% 3 =1,这是因为 7 除以 3,余数为 1。

2) 赋值运算符

Transact-SQL 有一个赋值运算符,即等号(=)。它将表达式的值赋予另外一个变量。例如,下面的 SQL 语句先声明一个变量,然后将一个取模运算的结果赋予该变量。

```
DECLARE @ MyResult INT
SET @ MyResult = 7% 3
```

3）位运算符

位运算符可以对 2 个表达式进行位操作，这 2 个表达式可以是整型数据或二进制数据。按位运算符包括 &(按位与)、|(按位或)和^(按位异或)。Transact-SQL 首先把整数数据转换为二进制数据，然后再对二进制数据进行按位运算。

4）比较运算符

比较运算符用来比较 2 个表达式，表达式可以是字符、数字或日期数据，并可用在查询的 WHERE 或 HAVING 子句中。比较运算符的计算结果为布尔数据类型，它们根据测试条件的输出结果返回 TRUE 或 FALSE。Microsoft SQL Server 2008 提供的比较运算符是 >(大于)、<(小于)、=(等于)、< =(小于或等于)、> =(大于或等于)、! =(不等于)、< >(不等于)、! <(不小于)、! >(不大于)。

5）逻辑运算符

逻辑运算符用来判断条件是为 TRUE 或者 FALSE，Microsoft SQL Server 2008 共提供了 10 个逻辑运算符，如表 3 -9 所列。

表 3 -9　逻辑运算符

逻辑运算符	含　义
ALL	当一组比较关系的值都为 TRUE 时，才返回 TRUE
AND	当要比较的 2 个布尔表达式的值都为 TRUE，才返回 TRUE
ANY	只要 1 组比较关系中有 1 个值为 TRUE，就返回 TRUE
BETWEEN	只有操作数在定义的范围内，才返回 TRUE
EXISTS	如果在子查询中存在，就返回 TRUE
IN	如果操作数在所给的列表表达式中，则返回 TRUE
LIKE	如果操作数与模式相匹配，则返回 TRUE
NOT	对所有其他的布尔运算取反
OR	如果比较的 2 个表达式有 1 个为 TRUE，则返回 TRUE
SOME	如果一组比较关系中有一些为 TRUE，则返回 TRUE

6）字符串连接运算符

字符串连接运算符为加号(+)，可以将 2 个或多个字符串合并或连接成 1 个字符串，还可以连接二进制字符串。

7）一元运算符

一元运算符是指只有 1 个操作数的运算符。Microsoft SQL Server 2008 提供的一元操作符包含“ + ”(正)、“ - ”(负)和“ ~ ”(按位取反)。“ + ”和“ - ”运算符表示数据的正和负，可以对所有的数据类型进行操作。“ ~ ”运算符返回一个数的补数，只能对整数数据进行操作。

8）运算符的优先级

当一个复杂的表达式有多个运算符时，运算符优先性决定执行运算的先后次序，执行的顺序可能严重地影响所得到的值。在 Microsoft SQL Server 2008 中，运算符的优先级如表 3 -10 所列。

表 3-10　运算符的优先级

优先级	运 算 符
1	+(正)、-(负)、~(按位非)
2	*(乘)、/(除)、%(模)
3	+(加)、+(连接)、-(减)
4	=、>、<、>=、<=、<>、!=、!>和!<比较运算符
5	^(位异或)、&(位与)、|(位或)
6	NOT
7	AND
8	ALL、ANY、BETWEEN、IN、LIKE、OR、SOME
9	=(赋值)

当1个表达式中的2个运算符有相同的运算符优先级时,基于它们在表达式中的位置来对其从左到右进行求值。使用括号可以提高运算符的优先级,首先对括号中的内容进行求值,从而产生一个值,然后括号外的运算符才可以使用这个值。如果有嵌套的括号,则处于最里面的括号最先计算。

3.5.5 批处理

批处理是包含1个或多个Transact-SQL语句的组,从应用程序一次性地发送到SQL Server执行。SQL Server将批处理语句编译成1个可执行单元,此单元称为执行计划。执行计划中的语句每次执行1条。所有的批处理语句都以GO作为结束的标志。当编译器读到GO时,它会把GO前面所有的语句作为1个批处理进行处理,并打包成1个数据包发送给服务器。例如:

```
USE StudentMIS
GO
SELECT * FROM Student        --从表 Student 中查询学生信息
GO
```

3.5.6 程序注释语句

注释是指程序代码中不执行的文本字符串,也称为注解。使用注释对代码进行说明,可使程序代码更易于维护。注释通常用于记录程序名称、作者姓名和主要代码更改的日期。注释可用于描述复杂计算或解释编程方法。Microsoft SQL Server 2008 支持2种类型的注释字符:

(1) --(双连字符):这些注释字符可与要执行的代码处在同一行,也可另起一行。从双连字符开始到行尾均为注释。对于多行注释,必须在每个注释行的开始使用双连字符。

(2) /*…*/(正斜杠-星号对):这些注释字符可与要执行的代码处在同一行,也可另起一行,甚至在可执行代码内。从开始注释对(/*)到结束注释对(*/)之间的全部内容均视为注释部分。对于多行注释,必须使用开始注释字符对(/*)开始注释,使用结束注释字符对(*/)结束注释。注释行上不应出现其他注释字符。

3.5.7 函数

编程语言中的函数是用于封装经常执行的逻辑的子例程。任何代码若必须执行函数所包含的逻辑,都可以调用该函数,而不必重复所有的函数逻辑。Microsoft SQL Server 2008 支持内置函数和用户定义函数2种函数类型。

用户定义函数是由1个或多个 Transact-SQL 语句组成的子程序,可用于封装代码以便重新使用。Microsoft SQL Server 2008 允许用户创建自己的用户定义函数。可使用 CREATE FUNCTION 语句创建,使用 ALTER FUNCTION 语句修改,以及使用 DROP FUNCTION 语句删除用户定义函数。每个完全合法的用户定义函数名必须唯一。

为了使用户对数据库进行查询和修改时更加方便,Microsoft SQL Server 2008 提供了丰富的具有执行某些运算功能的内置函数,可分为行集函数、聚分函数、排名函数和标量函数4大类,如表3-11所示。

表3-11 Microsoft SQL Server 2008 提供的内置函数分类

函数	说明
行集函数	返回可在 SQL 语句中像表一样可使用的对象
聚合函数	对一组值进行运算,但返回一个汇总值
排名函数	对分区中的每一行均返回一个排名值
标量函数	对单一值进行运算,然后返回单一值。只要表达式有效,即可使用标量函数

这里主要介绍比较常用的几类内置函数,如聚合函数、标量函数(包括字符串函数、数学函数、日期时间函数、系统函数)以及其他函数。

1) 聚合函数

聚合函数对集合中的数值进行计算,并返回单个计算结果。聚合函数通常和 SELECT 语句中的 GROUP BY 子句一起使用。Transact-SQL 提供下列聚合函数:

(1) AVG([ALL | DISTINCT] 表达式):计算表达式中各项的平均值。其中,ALL 表示对所有值求平均,DISTINCT 表示排除表达式中的重复值项。

(2) SUM([ALL | DISTINCT] 表达式):计算表达式中所有值项的和,它忽略 NULL 值项。

(3) MAX([ALL | DISTINCT] 表达式):返回表达式中的最大值项。

(4) MIN([ALL | DISTINCT] 表达式):返回表达式中的最小值项。

(5) COUNT({[ALL | DISTINCT] 表达式} | *)):返回一个集合中的项数,返回值为整型。

(6) COUNT_BIG({[ALL | DISTINCT] 表达式} | *)):返回一个集合中的项数,返回值为长整型。

(7) CHECKSUM_AGG([ALL | DISTINCT] 表达式):返回一个集合的校验和。

(8) STDEV(表达式):返回表达式中所有数值的统计标准偏差。

(9) STDEVP(表达式):返回表达式中所有数值的填充统计标准偏差。

(10) VAR(表达式):返回表达式中所有数值的统计方差。

(11) VARP(表达式):返回表达式中所有数值的填充统计方差。

（12）GROUPING(表达式)：指示是否聚合 GROUP BY 列表中的指定列表达式。在结果集中，如果 GROUPING 返回 1 则指示聚合；返回 0 则指示不聚合。如果指定了 GROUP BY，则 GROUPING 只能用在 SELECT、HAVING 和 ORDER BY 子句中。

2）字符串函数

字符串函数实现对字符串的操作和运算。Microsoft SQL Server 2008 提供的字符串函数如表 3-12 所列。

表 3-12 字符串函数

函 数	说 明
ASCII(character_expression)	返回字符表达式中最左侧的字符的 ASCII 代码值
CHAR(integer_expression)	将 integer_expression 转换为字符。对于控制字符可以使用 CHAR 函数输入，例如，CHAR(9)表示制表符，CHAR(10)表示换行符，CHAR(13)表示回车符
CHARINDEX(character_expression1, character_expression2[start_location])	返回指定的表达式 character_expression1 在表达式 expression2 中的开始位置；其中参数 start_location 指出在表达式 character_expression2 中开始搜索的起始位置，如 start_location 的值为 0、-1 或者默认值，搜索则从表达式 character_expression2 的起始位置开始；返回值类型为 int
DIFFERENCE(character_expression1, character_Expression2)	比较 2 个字符串表达式的差异，返回值为 0~4
LEFT(character_expression, integer_expression)	返回字符串表达式 character_expression 中左边 integer_expression 个字符；返回值类型为 varchar
LEN(string_expression)	返回字符串的长度，并包括字符串尾部的空格；返回值类型为 int
LOWER(character_expression)	将 character_expression 中所有大写字母转换成小写字母
LTRIM(character_expression)	将 character_expression 中的前导空格删除
NCHAR(integer_expression)	返回 integer_expression 所代表的 Unicode 字符
PATINDEX('% pattern% ',expression)	返回 expression 中 pattern 首次出现的位置
REPLACE('string_expression1','string_expression2','string_expression3')	将字符串表达式 string_expression1 中所有 string_expression2 字符串替换为 string_expression3
QUOTENAME('character_string'['quote_character'])	给字符串 character_string 添加上定界符，以构成 SQL Server 中有效的定界标识符
REPLICATE(character_expression, integer_expression)	将 character_expression 重复 integer_expression 次，组成一个字符串
REVERSE(character_expression)	将 character_expression 中字符逆向排列组成字符串
RIGHT(character_expression, integer_expression)	返回 character_expression 中右边 integer_expression 个字符
RTRIM(character_expression)	将字符串表达式 character_expression 中的尾部空格删除
SOUNDEX(character_expression)	返回一个 4 字符代码，说明字符串读音的相似性
SPACE(integer_expression)	返回 1 个由空格组成的字符串，空格为 integer_expression 个；如果 integer_expression 的值为负，返回 NULL

3）数学函数

数学函数对数字表达式进行数学运算并返回运算结果。数学函数可对 Microsoft SQL Server 2008 系统提供的数字数据(decimal、integer、float、real、money、smallmoney、smallint 和 tinyint)进行处理。默认情况下,对 float 数据类型数据的内置运算的精度为 6 个小数位。默认情况下,传递到数学函数的数字将被解释为 decimal 数据类型。可用 CAST 或 CONVERT 函数将数据类型更改为其他数据类型,如 float 类型。Microsoft SQL Server 2008 提供的数学函数如表 3-13 所列。

表 3-13　数学函数

函　数	说　明
ABS(numeric_expression)	求 numeric_expression 表达式的绝对值
ACOS(float_expression)	求 float_expression 表达式的反余弦
ASIN(float_expression)	求 float_expression 表达式的反正弦
ATAN(float_expression)	求 float_expression 表达式的反正切
ATN2(float_expression1,float_expression2)	求 float_expression1/float_expression2 的反正切
CEILING(numeric_expression)	求大于或等于 numeric_expression 表达式的最小整数
COS(float_expression)	求 float_expression 表达式的余弦
COT(float_expression)	求 float_expression 表达式的余切
DEGREES(numeric_expression)	将弧度 numeric_expression 转换为度
EXP(float_expression)	求 float_expression 表达式的指数
FLOOR(numeric_expression)	求小于或等于 float_expression 表达式的最大整数
LOG(float_expression)	求 float_expression 表达式的自然对数
LOG10(float_expression)	求 float_expression 表达式以 10 为底的对数
PI()	表示 π,值为 3.14159265358979
POWER(numeric_expression,y)	求 numeric_expression 的 y 次方
RADIANS(numeric_expression)	将度 numeric_expression 转换为弧度
RAND([seed])	返回 0~1 之间的随机浮点数,可以用整数 seed 来指定初值
ROUND(numeric_expression, length[, function])	求表达式 numeric_expression 的四舍五入值和截断值,四舍五入或截断后保留的位数由 length 指定;function 参数说明 ROUND 函数执行的操作,数据类型必须是 tinyint、smallint 或 int;当 fnuction 的数值为 0 或默认时,执行四舍五入操作,否则执行截断操作
SIGN(numeric_expression)	求表达式 numeric_expression 的符号值
SIN(float_expression)	求表达式 float_expression 的正弦
SQUARE(float_expression)	求表达式 float_expression 的平方
SQRT(float_expression)	求表达式 float_expression 的平方根
TAN(float_expression)	求表达式 float_expression 的正切

像 ABS、CEILING、DEGRESS、FLOOR、POWER、RADIANS 和 SIGN 函数,返回值的数据类型和输入值的数据类型相同。而三角函数和其他函数,包括 EXP、LOG、LOG10、SQUARE 和 SQRT,将输入值的数据类型转换成 float 类型,并且返回值为 float 类型。

4）日期时间函数

日期时间函数用于处理输入的日期和时间数值,并返回1个字符串、数字或者日期时间数值。Microsoft SQL Server 2008 提供的日期时间函数如表3－14所列。

表3－14 日期时间函数

函 数	说 明
DATEDD(datepart,number,date)	返回 datetime 类型数值,其值为 date 值加上 datepart 和 number 参数指定的时间间隔
DATEDIFF(datepart,startdate,enddate)	返回 startdate 和 enddate 间的时间间隔,其单位由 datepart 参数决定
DATENAME(datepart,date)	返回 date 参数对应的字符串,其格式由 datepart 确定
DATEPART(datepart,date)	返回 date 参数对应的整数值,其格式由 datepart 确定
DAY(date)	返回 date 参数的日数,返回值数据类型为 int
GETDATE()	按照 SQL Server 规定的格式返回系统当前的日期和时间
GETUTCDATE()	返回 datetime 类型数值,其值表示当前的格林尼治时间
MONTH(date)	返回 date 参数的月份,返回值数据类型为 int
YEAR(date)	返回 date 参数的年份,返回值数据类型为 int

在日期时间函数中,datepart 参数指定了时间的单位。Microsoft SQL Server 2008 中,datepart 的取值如表3－15所列。

表3－15 datepart 取值

datepart 取值	缩写	datepart 取值	缩写
year	yy, yyyy	week	wk, ww
quarter	qq, q	hour	hh
month	mm, m	minute	mi, n
dayofyear	dy, y	second	ss, s
day	dd, d	millisecond	ms

5）系统函数

系统函数返回有关 Microsoft SQL Server 2008 的设置和对象等信息。SQL Server 为 DBA 和用户提供了一系列系统函数。通过调用这些系统函数可以获得有关服务器、用户、数据库状态等系统信息。例如,HOST_NAME()返回运行 SQL Server 的计算机的名字。更多函数参见联机帮助。

6）其他常用函数

（1）ISDATE（ expression ）:用于判断指定表达式是否为一个合法的日期。如果输入 expression 是 datetime 或 smalldatetime 数据类型的有效日期或时间值,则返回1;否则,返回0。

（2）ISNULL（ check_expression , replacement_value ）:判断 check_expression 的值是否为空,如果是,则返回 replacement_value 的值;否则,返回 check_expression 的值。

（3）ISNUMERIC（ expression ）:确定表达式是否为有效的数值类型。

（4）PRINT(字符串表达式）:向客户端返回用户定义消息。

（5）CAST（ expression AS data_type [（length ）]）:将一种数据类型的表达式转换

为另一种数据类型的表达式。

(6) CONVERT (data_type [(length)] , expression [, style]):将一种数据类型的表达式转换为另一种数据类型的表达式。但 CONVERT 比 CAST 的功能更加强大。

3.5.8 控制流语句

一般结构化程序设计语言的基本结构有顺序结构、条件分支结构和循环结构。Transact-SQL 语言也提供了类似的功能。Transact-SQL 提供称为控制流的特殊关键字,用于控制 Transact-SQL 语句、语句块和存储过程的执行流。这些关键字可用于 Transact-SQL 语句、批处理和存储过程中。

控制流语句就是用来控制程序执行流程的语句,使用控制流语句可以在程序中组织语句的执行流程,提高编程语言的处理能力。Microsoft SQL Server 2008 提供的控制流语句如表 3-16 所列。

表 3-16 控制流语句

控制流语句	说 明	控制流语句	说 明
BEGIN…END	定义语句块	RETURN	无条件退出语句
GOTO	无条件跳转语句	WAITFOR	延迟语句
CASE	分支语句	WHILE	循环语句
IF…ELSE	条件处理语句,如果条件成立,执行 IF 语句;否则,执行 ELSE 语句	BREAK	跳出循环语句
		CONTINUE	重新开始循环语句

1) BEGIN…END 语句

BEGIN…END 语句用于将多个 Transact-SQL 语句组合为一个逻辑块。在执行时,该逻辑块作为一个整体被执行。其语法如下:

```
BEGIN
  {sql_statement | statement_block}
END
```

其中:{sql_statement|statement_block} 是任何有效的 Transact-SQL 语句或以语句块定义的语句分组。任何时候当控制流语句必须执行一个包含 2 条或 2 条以上 Transact-SQL 语句的语句块时,都可以使用 BEGIN 和 END 语句。它们必须成对使用,任何 1 条语句均不能单独使用。此外,BEGIN…END 语句可以嵌套使用。

下面几种情况经常要用到 BEGIN…END 语句:①WHILE 循环需要包含语句块;②CASE 函数的元素需要包含语句块;③IF 或 ELSE 子句需要包含语句块。上述情况下,如果只有 1 条语句,则不需要使用 BEGIN…END 语句。

2) IF…ELSE 语句

使用 IF…ELSE 语句,可以有条件地执行语句。其语法格式如下:

```
IF  <布尔表达式>
  <Transact-SQL 语句或用语句块定义的语句分组>
[ELSE
  <Transact-SQL 语句或用语句块定义的语句分组>]
```

其中:<布尔表达式>可以返回 TRUE 或 FALSE。如果<布尔表达式>中含有 SELECT

语句,则必须用圆括号将 SELECT 语句括起来。

IF…ELSE 语句的执行方式:如果布尔表达式的值为 TRUE,则执行 IF 后面的语句块;否则,执行 ELSE 后面的语句块。

在 IF…ELSE 语句中,IF 和 ELSE 后面的子句都允许嵌套,嵌套层数不受限制。

3) CASE 语句

使用 CASE 语句可以进行多个分支的选择。CASE 具有 2 种格式:

(1) 简单 CASE 格式:将某个表达式与一组简单表达式进行比较以确定结果。其语法格式如下:

```
CASE  <输入表达式>
    WHEN  <when 表达式>  THEN  <结果表达式>
    …
    WHEN  <when 表达式>  THEN  <结果表达式>
    [ ELSE  <else 结果表达式>]
END
```

简单 CASE 格式的执行方式:当 <输入表达式> = <when 表达式> 的取值为 TRUE,则返回相应的 <结果表达式>;否则,返回 <else 结果表达式>。如果没有 ELSE 子句,则返回 NULL。

【例 3.5】 显示作者所在州的情况。

```
USE pubs
GO
SELECT au_fname, au_lname,
    CASE state
        WHEN 'CA' THEN 'California'
        WHEN 'KS' THEN 'Kansas'
        WHEN 'TN' THEN 'Tennessee'
        WHEN 'MI' THEN 'Michigan'
        WHEN 'IN' THEN 'Indiana'
        WHEN 'MD' THEN 'Maryland'
    END AS StateName
FROM pubs.dbo.authors WHERE au_fname LIKE 'M% '
```

执行结果如下:

```
au_fname        au_lname        StateName
------------------------------------------------------------
Marjorie        Green           California
Michael         O'Leary         California
Meander         Smith           Kansas
Morningstar     Greene          Tennessee
Michel          DeFrance        Indiana
```

(2) 搜索 CASE 格式:计算一组布尔表达式以确定结果。其语法格式如下:

```
CASE
    WHEN  <布尔表达式> THEN  <结果表达式>
```

```
    ...
    WHEN  <布尔表达式> THEN  <结果表达式>
   [ ELSE  <else 结果表达式>
END
```

搜索 CASE 格式的执行方式:如果<布尔表达式>的值为 TRUE,则返回 THEN 后面的<结果表达式>,然后跳出 CASE 语句;否则,继续测试下一个 WHEN 后面的<布尔表达式>。如果所有的 WHEN 后面的<布尔表达式>均为 FALSE,则返回 ELSE 后面的<else 结果表达式>。没有 ELSE 子句时,返回 NULL。

【例 3.6】 采用"优、良、中、差、不及格"5 级打分制来显示学生成绩表的情况。

```
USE StudentMIS
SELECT StuNo AS 学号,CNo AS 课程号,
  CASE
     WHEN Score>=90 THEN '优'
     WHEN Score>=80 THEN '良'
     WHEN Score>=70 THEN '中'
     WHEN Score>=60 THEN '差'
     ELSE '不及格'
  END
  AS '成绩等级'
FROM StudentMIS.dbo.SC
```

执行结果如下:

```
学号         课程号        成绩等级
-----------------------------------------------------------
41050001     050218         良
41050001     050264         良
41050036     050218         优
41050048     050218         中
41050050     050115         不及格
```

4) WHILE 语句

WHILE 语句可以设置重复执行 SQL 语句或语句块的条件。只要指定的条件为真,就重复执行语句。可以使用 BREAK 和 CONTINUE 关键字在循环内部控制 WHILE 循环中语句的执行。其语法格式如下:

```
WHILE  <布尔表达式>
BEGIN
   <Transact-SQL 语句或用语句块定义的语句分组>
   [ BREAK ]
   [ CONTINUE ]
   <Transact-SQL 语句或用语句块定义的语句分组>
END
```

其中:BREAK 导致从最内层的 WHILE 循环中退出。将执行出现在 END 关键字后面的任何语句,END 关键字为循环结束标记。CONTINUE 使 WHILE 循环重新开始执行,忽略 CONTINUE 关键字后面的任何语句。

WHILE 语句的执行方式:如果布尔表达式的值为 TRUE,则反复执行 WHILE 语句后面的语句块;否则,将跳过后面的语句块。

【例 3.7】 求从 1 加到 100 的和。

```
DECLARE @ sum int,@ i int
SET @ i = 0
SET @ sum = 0
WHILE @ i < =100
    BEGIN
    SET @ sum = @ sum +@ i
    SET @ i =@ i +1
END
PRINT  '1 ~100 的和为:' + CAST(@ sum AS char(25))
```

执行结果:

```
1 ~100 的和为 5050
```

5) GOTO 语句

GOTO 语句可以实现无条件的跳转。其语法格式如下:

```
GOTO 语句标号
```

GOTO 语句的执行方式:遇到 GOTO 语句后,直接跳转到"语句标号"处继续执行,而 GOTO 后面的语句将不被执行。

6) RETURN 语句

使用 RETURN 语句,可以从查询或过程中无条件退出。可在任何时候用于从过程、批处理或语句块中退出,而不执行位于 RETURN 之后的语句。其语法格式如下:

```
RETURN [整数值]
```

7) WAITFOR 语句

使用 WAITFOR 语句,可以在指定的时间或过一定时间后执行语句块、存储过程或者事务。其语法格式如下:

```
WAITFOR { DELAY <'时间'> |TIME <'时间'>}
```

DELAY 指示 SQL Server 一直等到指定的时间过去,最长可达24h。'时间'是要等待的时间。可以按 datetime 数据可接受的格式指定'时间',也可以用局部变量指定此参数。不能指定日期,因此在 datetime 值中不允许有日期部分。TIME 指示 SQL Server 等待到指定时间。

【例 3.8】 下面的 SQL 语句指定在 15:30:00 时执行一个语句:

```
BEGIN
    WAITFOR TIME '15:30:00'
    PRINT  '现在是 15:30:00'
END
```

执行后,等计算机上的时间到了 15:30:00 时,出现下面结果:现在是 15:30:00。

8) TRY…CATCH 语句

TRY…CATCH 语句实现类似于 Java 和 C 语言中的异常处理。Transact-SQL 语句或用语句块定义的语句分组可以包含在 TRY 中,如果 TRY 内部发生错误,就会将控制传递给 CATCH 中包含的另一个语句分组。其语法如下：

```
BEGIN TRY
    <Transact-SQL 语句或用语句块定义的语句分组>
END TRY
BEGIN CATCH
    <Transact-SQL 语句或用语句块定义的语句分组>
END CATCH
```

在 CATCH 模块中,可以使用下面的函数来实现错误处理:

ERROR_NUMBER():返回错误号。

ERROR_MESSAGE():返回错误消息的完整文本。

ERROR_SEVERITY():返回错误严重性。

ERROR_STATE():返回错误状态号。

ERROR_LINE():返回导致错误的例程中的行号。

ERROR_PROCEDURE():返回出现错误的存储过程或触发器的名称。

3.6 小结

本章简要介绍了 Microsoft SQL Server 2008 的组件及其功能。重点介绍了 Microsoft SQL Server Management Studio 使用。如果想要使用某个 Microsoft SQL Server 2008 服务器所提供的资源,首先必须要保证相关的服务已启动,并已经成功登录。Microsoft SQL Server 2008 支持 3 种验证模式,即 Windows 身份验证模式、SQL Server 身份验证模式和混合验证模式。Windows 验证模式是使用 Windows 的验证机制;混合验证模式则是使用 Windows 和 SQL Server 验证 2 种方法的结合。Windows 验证模式适用于 Windows 组,它适用于命名管道的 RPC 网络库。混合验证模式适用于所有的网络库。

在此基础上,介绍了如何使用 Microsoft SQL Server Management Studio 和 Transact-SQL 语句 2 种方式来创建、修改和删除数据库,这是建立表、视图等数据库对象的基础。创建一个数据库,仅仅是创建了一个空壳,它是以 model 数据库为模板创建的,因此其初始大小不会小于 model 数据库的大小。在创建数据库时,同时会创建事务日志。事务日志是在一个文件上预留的存储空间,在修改写入数据库之前,事务日志会自动记录对数据库对象所做的所有修改。

最后介绍了 Transact-SQL 程序设计基础,包括 Microsoft SQL Server 2008 标识符命名规范、Microsoft SQL Server 2008 支持的数据类型、变量、运算符、控制流语句、函数等,为后续章节的学习打下了良好的基础。利用 Transact-SQL 语言所提供的功能,用户可以方便地进行数据库及其对象的创建、管理和维护工作。

习 题

1. 简述 Microsoft SQL Server 2008 的组件及其功能。

2. Microsoft SQL Server Management Studio 的功能有哪些?
3. 如何进行服务器的注册?
4. 数据库的存储结构分为哪2种?其含义分别是什么?
5. Microsoft SQL Server 2008 的系统数据库有哪些,各自的作用是什么?
6. 简述如何利用 SQL 语句增加、修改和删除数据库。
7. Transact-SQL 和 SQL 的关系是什么?
8. 数据定义语言的类型和作用是什么?
9. 数据操纵语言的类型和作用是什么?
10. 数据控制语言的类型和作用是什么?
11. Transact-SQL 的标识符必须遵循哪些原则?
12. Transact-SQL 语言主要由哪几部分组成?各部分的功能是什么?

第4章　关系数据库标准语言SQL

SQL是关系数据库的标准语言，功能强大、易学易用。SQL的结构化是指SQL利用结构化的语句（STATEMENT）和子句（CLAUSE）来使用和管理数据库，语句是Microsoft SQL Server 2008中最小可以执行的单位，语句可以由多个子句组成，如“SELECT”子句、“FROM”子句；SQL主要用来查询数据库信息，广义的查询还包括创建数据库、给用户指派权限等功能；SQL是在对应的服务器提供的解释或编译环境下运行的，因此不能脱离运行环境独立运行。例如，操作SQL Server数据库的Transact-SQL语言就不能脱离SQL Server环境运行。SQL不仅具有丰富的查询功能，还具有数据定义和数据控制功能，是集数据定义语言（DDL）、数据查询语言（DQL）、数据操纵语言（DML）、数据控制语言（DCL）于一体的关系数据语言。

SQL功能强大，但完成核心功能只有9个动词，如表4-1所列。

表4-1　SQL的动词

SQL功能	动　词
数据定义	CREATE、DROP、ALTER
数据查询	SELECT
数据操纵	INSERT、UPDATE、DELETE
数据控制	GRANT、REVOTE

本章主要介绍SQL的发展过程、基本特点、DDL、DQL、DML、DCL、视图、存储过程和触发器。

4.1　SQL的3级模式结构

数据库的体系结构分为3级，SQL也支持这3级模式结构，如图4-1所示，其中，外模式对应视图，模式对应基本表，内模式对应存储文件。

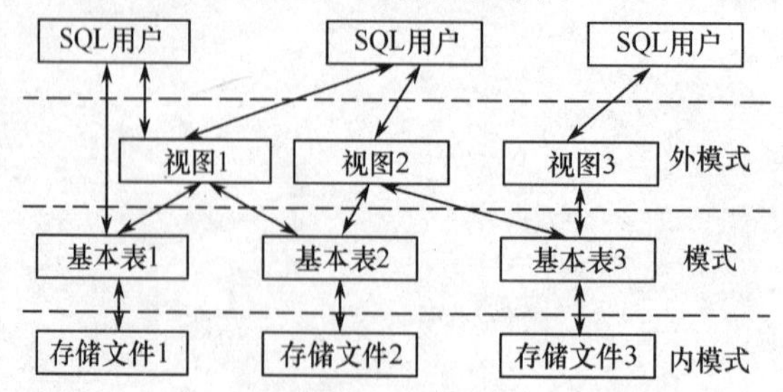

图4-1　SQL支持的数据库三级模式结构

基本表是模式的基本内容。实际存储在数据库中的表对应一个实际存在的关系。

视图是外模式的基本单位,用户可以通过视图使用数据库中基于基本表的数据。视图是从其他表(包括其他视图)中导出的表,它仅是一种逻辑定义保存在数据字典中,本身并不独立存储在数据库中,因此视图是一种虚表。

存储模式是内模式的基本单位。1 个基本表对应 1 个或多个存储文件,1 个存储文件可以存放 1 个或多个基本表,1 个基本表可以有若干个索引,索引同样存放在存储文件中。存储文件的存储结构对用户来说是透明的。

下面将介绍 SQL 的基本语句。各厂商的 DBMS 实际使用的 SQL,为保持其竞争力,与标准 SQL 都有所差异及扩充。因此,具体使用时,应参阅实际系统的参考手册。

4.2 SQL 的数据定义

通过 SQL 的数据定义功能,可以完成数据库、基本表、视图以及索引的创建和修改。通过 CREATE、DROP、ALTER 3 个核心动词完成数据定义功能,如表 4-2 所列。

表 4-2 SQL 的数据定义语句

动 词	功 能	
CREATE	CREATE DATABASE	创建数据库
	CREATE TABLE	创建表
	CREATE VIEW	创建视图
	CREATE INDEX	创建索引
DROP	DROP DATABASE	删除数据库
	DROP TABLE	删除表
	DROP VIEW	删除视图
	DROP INDEX	删除索引
ALTER	ALTER TABLE	修改表

注意:SQL 语句只要求语句的语法正确就可以,但是语句中不能出现全角标点符号。SQL 不区分大小写,本书中关键字使用大写,用户定义的标识符使用小写。

创建数据库的基本命令在第 3 章中已经介绍,这里不再重复。由于视图的定义与查询操作有关,因此本节只介绍基本表和索引的数据定义。

4.2.1 基本表的定义

一个基本表由 2 部分组成:一部分是由各列名构成的表的结构,即表结构;另一部分是具体存放的数据,称为数据记录。在创建基本表时,只需要定义表结构,包括表名、列名、列的数据类型和约束条件等。

SQL 使用 CREATE TABLE 语句定义基本表,其基本格式如下:

```
CREATE TABLE <基本表名>
(<列名1>    <列数据类型>    [列完整性约束],
<列名2>    <列数据类型>    [列完整性约束],
…
```

```
[表级完整性约束])
```

说明：

(1)“< >”中的内容是必选项，“[ ]”中的内容是可选项。本书以下各章节也遵循该约定。

(2) <基本表名>规定所定义的基本表的名字，1 个数据库中不允许有 2 个基本表同名。

(3) <列名>规定该列（属性）的名称，1 个表中不能有 2 列同名。

(4) <列数据类型>规定该列的数据类型，参见第 3 章介绍的 Microsofit SQL Server 2008 数据类型。

(5) [列完整性约束]是指对某一列设置的约束条件，该列上的数据必须满足该约束。常见的有如下 6 种：

① 主键约束：PRIMARY KEY。

② 默认值约束：DEFAULT <常量表达式>。

③ 单值约束（唯一性约束）：UNIQUE，即该列值不能存在相同的。

④ 外键约束：REFERENCES <父表名>(<主键>)。

⑤ 检查约束：CHECK(<逻辑表达式>)，用于对该列的取值做限制。

⑥ 非空/空值约束：NOT NULL/ NULL，表明该列值是否可以为空，默认为空值。

(6) [表级完整性约束]是应用到多个列的完整性约束条件，规定了关系主键、外键和用户自定义完整性约束。一般有如下 4 种：

① 主键约束：PRIMARY KEY（列名，……）。

② 外键约束：FOREIGN KEY（列名）REFERENCES <父表名>（参照主键）。

③ 单值约束（唯一性约束）：UNIQUE（列名，……）。

④ 检查约束：CHECK(<逻辑表达式>)。

列完整性约束与表级完整性约束基本上相同，但在写法上有一些差别，表级完整性约束可以一次涉及多列。

【例 4.1】 建立学生信息表 student，由学号 id、姓名 name、性别 sex、出生日期 birthday、籍贯 address 共 5 个属性组成，其中学号作为主键，且自动增加 1，姓名值不能为空，性别的默认值为“男”。SQL 语句如下：

```
CREATE TABLE student(
    id int IDENTITY(1,1) NOT NULL, --自动编号 IDENTITY(起始值,递增量)
    name nvarchar(64) NOT NULL,
    sex nvarchar(4) DEFAULT '男',
    birthday DATE,
    address nvarchar(256) NULL,
CONSTRAINT [PK_student] PRIMARY KEY (id));
```

执行后，数据库中就建立了一个名为 student 的表，在 Microsoft SQL Server Management Studio 中显示如图 4-2 所示，不过此时还没有记录，此表的定义及各约束条件都自动存放进数据字典中。

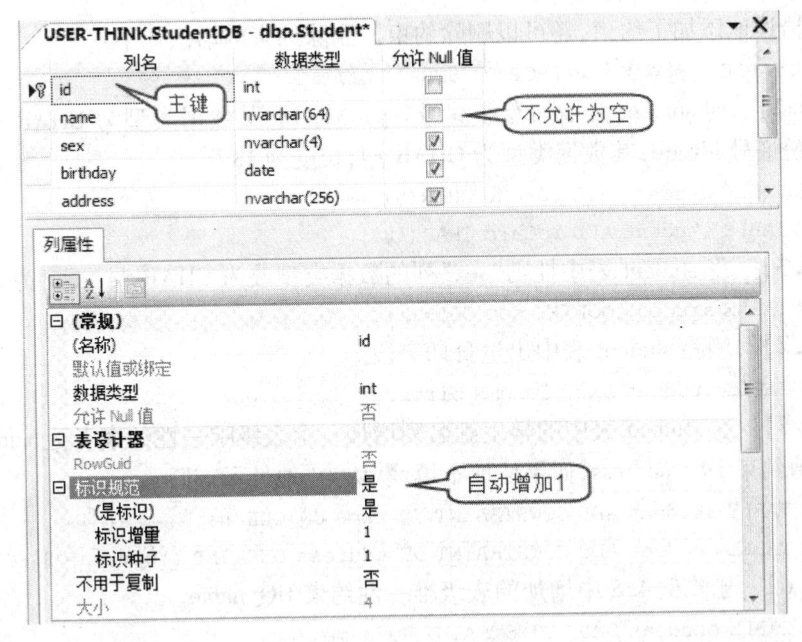

图 4-2　student 表的定义

4.2.2　基本表的修改与删除

1）基本表的修改

在数据库的实际应用中，随着应用环境和需求的变化，经常需要修改基本表的结构，包括修改属性列的类型精度，增加新的属性列或删除属性列，增加新的约束条件或删除原有的约束条件。SQL 通过 ALTER TABLE 命令对基本表进行修改。其一般格式如下：

```
ALTER TABLE <基本表名>
[ADD <新列名> <列数据类型> [列完整性约束]]
[DROP COLUMN <列名>]
[MODIFY <列名> <新的数据类型>]
[ADD CONSTRAINT <表级完整性约束>]
[DROP CONSTRAINT <表级完整性约束>]
```

其中：

ADD：一个基本表增加新列，但新列的值必须允许为空（除非有默认值）。

DROP COLUMN：删除表中原有的一列。

MODIFY：修改表中原有列的数据类型。通常，当该列上有列完整性约束时，不能修改该列。

ADD CONSTRAINT、DROP CONSTRAINT：添加表级完整性约束和删除表级完整性约束。增加新的约束条件的语法如下：

```
ALTER TABLE <基本表名> ADD CONSTRAINT 约束名 约束类型 具体的约束说明
```

其中，约束名的命名规则推荐采用约束类型_约束字段。例如，主键（Primary Key）约束，如 PK_id；唯一（Unique Key）约束，如 UQ_name；默认值（Default Key）约束，如 DF_ address；检查（Check Key）约束，如 CK_birthday；外键（Foreign Key）约束，如 FK_ specNo。

如果错误地添加了约束,还可以删除约束。删除约束的语法如下:

```
ALTER TABLE <基本表名> DROP CONSTRAINT 约束名
```

【例 4.2】 向 student 表增加专业编号“specNo”列,其数据类型为 CHAR 型,长度为 5;增加身份证号 idCard,其数据类型为 CHAR 型,长度为 18。

```
ALTER TABLE student ADD specNo CHAR(5)
ALTER TABLE student ADD idCard CHAR(18)
```

【例 4.3】 将 student 表中性别“sex”列的数据类型改为 CHAR 型,长度为 2。

```
ALTER TABLE student MODIFY sex CHAR(2)
```

【例 4.4】 删除 student 表中出生日期字段。

```
ALTER TABLE student DROP COLUMN birthday
```

【例 4.5】 在 student 表中的学生姓名列增加一个表级唯一性约束 UQ_name,地址列增加默认值约束 DF_ address,如果地址不填,默认为“地址不详”。

```
ALTER TABLE student ADD CONSTRAINT UQ_name UNIQUE(name)
ALTER TABLE student ADD CONSTRAINT DF_address DEFAULT ('地址不详') FOR address
```

【例 4.6】 删除例 4.5 中增加的表级唯一性约束 UQ_name。

```
ALTER TABLE student DROP CONSTRAINT UQ_name
```

2) 基本表的删除

当数据库中某个基本表不再使用时,可以将其删除。当一个基本表被删除后,该表中的所有数据连同该表建立的索引都会被删除。但由该表导出的视图定义仍然存在数据字典中,只是无法使用。删除基本表的基本格式如下:

```
DROP TABLE <基本表名>
```

【例 4.7】 删除 student 表。

```
DROP TABLE student
```

4.2.3 索引的建立和删除

基本表建立并存放数据后,就会在计算机上形成物理文件。当用户需要查询基本表当中的数据时,DBMS 就会顺序遍历整个基本表来查找用户所需要的数据,称为全扫描。如果基本表当中的数据非常多,则 DBMS 会在顺序扫描上花费很长时间,这样将影响了查询效率。为改善查询性能,可建立索引。

索引是根据表中 1 列或若干列按照一定顺序建立的列值与记录行之间的对应关系表。索引属于物理存储的路径概念,而不是用户使用的逻辑概念。建立在多个列上的索引称为复合索引。

正如汉语字典中的汉字按页存放一样,Microsoft SQL Server 2008 中的数据记录也是按页存放的,每页容量一般为 4KB。为了加快查找的速度,汉语字(词)典一般都有按拼音、笔画、偏旁部首等排序的目录(索引),可以选择按拼音或笔画查找方式,快速查找到需要的字(词)。同理,Microsoft SQL Server 2008 允许用户在表中创建索引,指定按某列预先排序,从而可以大大提高数据库的检索速度,改善数据库性能。

索引的类型包括唯一索引、主键索引、聚集索引和非聚集索引。

(1) 唯一索引。唯一索引不允许 2 行具有相同的索引值。如果现有数据中存在重复的键值,则大多数数据库都不允许将新创建的唯一索引与表一起保存。当新数据将使表中的键值重复时,数据库也拒绝接受此数据。例如,如果在 student 表中的姓名(name)列上创建了唯一索引,则所有学生的姓名不能重复。

提示:创建了唯一约束,将自动创建唯一索引。尽管唯一索引有助于找到信息,但为了获得最佳性能,建议使用主键约束或唯一约束。

(2) 主键索引。在数据库关系图中为表定义一个主键将自动创建主键索引,主键索引是唯一索引的特殊类型。主键索引要求主键中的每个值是唯一的。当在查询中使用主键索引时,它还允许快速访问数据。

(3) 聚集索引。聚集索引是指索引项的顺序与表中记录的物理存放顺序一致。由于聚集索引规定数据在表中的物理存储顺序,因此 1 个表只能包含 1 个聚集索引。例如,汉语字(词)典默认按拼音排序编排字典中的每页页码。拼音字母 a,b,c,d,…,x,y,z 就是索引的逻辑顺序,而页码 1,2,3,…,就是物理顺序。默认按拼音排序的字典,其索引顺序和逻辑顺序是一致的,即拼音顺序较后的字(词)对应的页码也较大。如拼音"ma"对应的字(词)页码就比拼音"ba"对应的字(词)页码靠后。但聚集索引可以包含多个列(组合索引),就像电话簿按姓氏和名字进行组织一样。聚集索引对于那些经常要搜索范围值的列特别有效。使用聚集索引找到包含第 1 个值的行后,便可以确保包含后续索引值的行在物理相邻。使用聚集索引能极大地提高查询性能。

(4) 非聚集索引。非聚集索引是指数据存储在一个地方,索引存储在另一个地方,索引带有指针指向数据的存储位置。索引中的项目按索引键值的顺序存储,而表中的信息按另一种顺序存储。如果在表中未创建聚集索引,则无法保证这些行具有任何特定的顺序。例如,按笔画排序的索引就是非聚集索引,笔画数为 1 的字(词)对应的页码可能比笔画数为 3 画的字(词)对应的页码大(靠后)。

提示:Microsoft SQL Server 2008 中,1 个表只能创建 1 个聚集索引、多个非聚集索引。聚集索引比非聚集索引有更快的数据访问速度。设置某列为主键,该列就默认为聚集索引。

表 4-3 中给出了聚集索引和非聚集索引使用的原则,读者可以根据实际情况综合分析使用。

表 4-3 索引的使用原则

索引分类	列经常被分组排序	返回某范围内的数据	极少不同值的列	小数目的不同值的列	大数目的不同值的列	频繁更新的列	外键列	主键列	频繁修改索引列
聚集索引	应使用	应使用	不使用	应使用	不使用	不使用	应使用	应使用	不使用
非聚集索引	应使用	不使用	不使用	不使用	应使用	应使用	应使用	应使用	应使用

1) 建立索引

在 SQL 语言中,使用 CREATE INDEX 语句建立索引。其一般格式如下:

```
CREATE [UNIQUE] [CLUSTERED|NONCLUSTERED] INDEX <索引名>
ON <基本表名> (<列名> [<次序>][,<列名> [<次序>]]…);
```

其中:

（1）UNIQUE：表示唯一索引，可选，规定索引的每一个索引值只对应于表中唯一的记录。

（2）CLUSTERED：规定此索引为聚集索引。省略 CLUSTERED 则表示创建的索引为非聚集索引。

（3）<次序>：建立索引时指定列名的索引表是 ASC（升序）或 DESC（降序）。若不指定，默认为升序。

（4）本语句建立的索引的排列方式：先以第 1 个列名值排序；若该列值有相同的记录，则按下一列名排序。

【例 4.8】 在 student 表的身份证（idCard）属性列上创建一个非聚集索引。

```
CREATE INDEX IDX_idCard ON student(idCard ASC);
```

【例 4.9】 在 student 表的姓名（name）属性列上创建一个唯一性的聚集索引。

```
CREATE UNIQUE CLUSTERED INDEX IDX_name ON student(name ASC);
```

2）删除索引

虽然索引能提高查询效率，加强行的唯一性，但过多或不当的索引会导致系统低效。用户在表中每加进一个索引，数据库就要做更多的工作。带索引的表在数据库中需要更多的存储空间，操纵数据的命令需要更长的处理时间，因为它们需要对索引进行更新。过多的索引甚至会导致索引碎片，降低系统效率。因此不必要的索引应及时删除。删除索引的格式如下：

```
DROP INDEX <索引名> ON <基本表名>
```

本语句将删除定义的索引，同时该索引在数据字典中的描述也将被删除。

【例 4.10】 删除 student 表的索引 IDX_idCard。

```
DROP INDEX IDX_idCard ON student;
```

4.3 SQL 数据查询

SQL 数据查询是 SQL 中最重要、最丰富，也是最灵活的内容。建立数据库的目的就是为了查询数据。关系代数的运算在关系数据库中主要由 SQL 数据查询来体现。SQL 提供 SELECT 语句进行数据库的查询，完成单表查询、多表查询、统计、分组、排序等功能。其基本格式如下：

```
SELECT <列名或表达式 A1>,<列名或表达式 A2>,…,<列名或表达式 An>
FROM <表名或视图名 R1>,<表名或视图名 R2>,…<表名或视图名 Rm>
WHERE P;
```

查询基本结构包括了 3 个子句：SELECT、FROM、WHERE。

（1）SELECT 子句对应关系代数中的投影运算，用于列出查询结果的各属性。

（2）FROM 子句对应关系代数中的广义笛卡儿乘积，用于列出被查询的关系，即基本表或视图。

（3）WHERE 子句对应关系代数中的选择谓词，这些谓词涉及 FROM 子句中的关系的属性，用于指出连接、选择等运算要满足的查询条件。

SQL 数据查询的基本结构如下：

```
SELECT A1, A2, …, An FROM R1, R2, …, Rm WHERE P
```

在关系代数中等价于 $\pi_{A_1,A_2,\cdots,A_n}(\sigma_P(R_1 \times R_2 \times \cdots \times R_m))$，其运算的过程：首先构造 FROM 子句中的关系的广义笛卡儿乘积；然后根据 WHERE 子句中的谓词进行关系代数中的选择运算；最后把结果投影到 SELECT 子句中的属性上。

另外，SQL 数据查询除了 3 个子句，还有 ORDER BY 子句和 GROUP BY 子句，以及 DISTINCT、HAVING 等短语。

SQL 数据查询的一般格式如下：

```
SELECT [ALL | DISTINCT] <列名或表达式> [别名1] [,<列名或表达式> [别名2]]…
FROM <表名或视图名> [表别名1] [,<表名或视图名> [表别名2]]…
[WHERE <条件表达式>]
[GROUP BY <列名>[, <列名>…][HAVING <条件表达式>]]
[ORDER BY <列名> [ASC|DESC] [, <列名> [ASC|DESC]…]
```

参数说明如下：

(1) ALL | DISTINCT：选 DISTINCT，则每组重复元组只输出 1 条元组；选 ALL，则所有重复元组全部输出，默认为 ALL。

(2) GROUP BY <列名>[, <列名>…]：根据列名分组，由 HAVING <条件表达式>对组进行筛选，实现分类汇总查询。

(3) ORDER BY <列名> [ASC|DESC] [, <列名> [ASC|DESC]…：指定将查询结果按<列名>中指定的列进行升序(ASC)或降序(DESC)排列，对第 1 指定列值相同的元组再按第 2 指定列排序，以此类推。

一般格式的含义：从 FROM 子句指定的关系(基本表或视图)中，取出满足 WHERE 子句条件的元组，最后按 SELECT 的查询项形成结果表。若有 ORDER BY 子句，则结果按指定的列的次序排列。若有 GROUP BY 子句，则将指定的列中相同值的元组都分在一组，并且若有 HAVING 子句，则将分组结果中去掉不满足 HAVING 条件的元组。

由于 SELECT 语句涉及的内容较多，可以组合成非常复杂的查询语句。对于初学者来说，想要熟练地掌握和运用 SELECT 语句必须要下一番工夫。下面将以教务管理系统为例，通过实例介绍 SELECT 语句的功能。

教务管理数据库中包括 3 个基本表：

学生信息表：Student (StuNo, StuName, Sex, Age, MajorNo, Address)，如图 4-3 所示，各字段分别表示学号、姓名、性别、年龄、专业编号、籍贯，Student 表中 StuNo 为主键。

USER-THINK.StudentMIS - dbo.Student

StuNo	StuName	Sex	Age	MajorNo	Address
41050001	张英	女	21	S009	河北
41050036	叶斌	男	22	S008	山西
41050048	张强	男	21	S008	北京
41050050	李娜	女	20	S009	湖南
41050056	孙浩	男	22	S008	上海

图 4-3　学生信息表 Student

课程表：Course (CNo, CName, Credit, ClassHour)，如图 4-4 所示，各字段分别表示课程号、课程名、学分、学时数，Course 表中 CNo 为主键。

学习成绩表：SC(StuNo, CNo, Score)，如图 4-5 所示，各字段分别表示学号、课程号、成绩。SC 表中 StuNo 和 CNo 合起来为主键。

USER-THINK.StudentMIS - dbo.Course

CNo	CName	Credit	ClassHour
050115	通信原理	4	64
050118	信号与系统	3	48
050218	数据库技术及…	2	32
050264	计算机网络	2	32

图 4－4　课程表 Course

USER-THINK.StudentMIS - dbo.SC

StuNo	CNo	Score
41050001	050218	88.50
41050001	050264	87.00
41050036	050218	92.00
41050048	050218	76.00
41050050	050115	86.00
41050056	050115	90.00
41050056	050264	82.00

图 4－5　学生成绩表 SC

4.3.1　单表无条件查询

单表无条件查询是指只含有 SELECT 子句和 FROM 子句的查询，且 FROM 子句仅涉及 1 个表。由于这种查询不包含查询条件，所以它不会对所查询的关系进行水平分割，适合于记录很少的查询。

1）查询表中的若干列

选择表中的全部列或部分列，即关系代数中的投影运算。

【例 4.11】　查询 Student 表中所有学生的学号、姓名、年龄，结果只显示该 3 列的内容。

```
SELECT StuNo, StuName, Age FROM Student
```

【例 4.12】　查询 Student 表中所有学生的全部内容，结果如图 4－3 所示。

```
SELECT StuNo, StuName, Sex, Age, MajorNo,Address FROM Student
```

说明：当所查询的列是表的所有属性时，可以使用“＊”来代表全部列，因此等价于：

```
SELECT * FROM Student
```

这 2 种方法的区别是前者的列顺序可根据 SELECT 的列名显示查询结果，而后者只能按表中的顺序显示。

2）DISTINCT 保留字的使用

当查询的结果只包含表中的部分列时，结果中可能会出现重复列，使用 DISTINCT 保留字可以使重复列值只保留 1 个。

【例 4.13】　查询 Student 表中学生的性别，分别如图 4－6 和图 4－7 所示。

	Sex
1	女
2	男
3	男
4	女
5	男

图 4－6　查询 Student 表中所有学生的性别

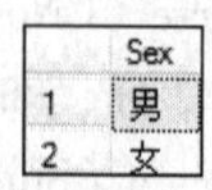

	Sex
1	男
2	女

图 4－7　取消 Student 表中重复性别的结果

```
SELECT Sex FROM Student
SELECT DISTINCT Sex FROM Student
```

3）查询列中含有运算的表达式

SELECT 子句的目标列中可以包含带有"+"、"-"、"×"、"/"的算术运算表达式，其运算对象为常量或元组的属性。

【例 4.14】 查询 Student 表中所有学生的学号、姓名和出生年份，如图 4-8 所示。

```
SELECT StuNo, StuName, 2010 - Age FROM Student
```

SQL 显示查询结果时，使用属性名作为列标题。用户通常不容易理解属性名的含义，要使这些列标题能更好地便于用户理解，可以为列标题设置别名。将例 4.14 的 SELECT 语句改为：

```
SELECT StuNo 学号, StuName 姓名, 2010 - age 出生年份 FROM Student
```

或

```
SELECT StuNo AS 学号, StuName AS 姓名, 2010 - age AS 出生年份 FROM Student
```

查询结果如图 4-9 所示。

	StuNo	StuName	(无列名)
1	41050001	张英	1989
2	41050036	叶斌	1988
3	41050048	张强	1989
4	41050050	李娜	1990
5	41050056	孙浩	1988

图 4-8　例 4.14 查询结果（未使用别名）

	学号	姓名	出生年份
1	41050001	张英	1989
2	41050036	叶斌	1988
3	41050048	张强	1989
4	41050050	李娜	1990
5	41050056	孙浩	1988

图 4-9　例 4.14 查询结果（使用别名）

4）查询列中含有字符串常量

【例 4.15】 查询 Course 表中每门课程的课程名和学分，查询结果如图 4-10 所示。

```
SELECT CName, '学分' AS 学分, Credit FROM Course
```

这种书写方式可以使查询结果增加一个原关系里不存在的字符串常量列，元组在该列上的每个值就是字符串常量。

	CName	学分	Credit
1	通信原理	学分	4
2	信号与系统	学分	3
3	数据库技术及应用	学分	2
4	计算机网络	学分	2

图 4-10　例 4.15 查询结果

5）查询列中含有聚合函数

为了增强查询功能，SQL 提供了许多聚合函数。Microsoft SQL Server 2008 提供的聚合函数见第 3 章，尽管各实际 DBMS 提供的聚合函数不尽相同，但基本都提供表 4-4 中所列的聚合函数。

表 4-4　SQL 中常用的聚合函数

聚合函数	功　能
COUNT([DISTINCT | ALL] *)	统计查询结果中的元组个数
COUNT([DISTINCT | ALL] <列名>)	统计查询结果中 1 列中值的个数
MAX([DISTINCT | ALL] <列名>)	计算查询结果中 1 列值中的最大值
MIN([DISTINCT | ALL] <列名>)	计算查询结果中 1 列值中的最小值
SUM([DISTINCT | ALL] <列名>)	计算查询结果中 1 列值的总和
AVG([DISTINCT | ALL] <列名>)	计算查询结果中 1 列值中的平均值

说明：

(1) 除 COUNT(*)外,其他集函数都会先去掉空值再计算。

(2) 在 <列名> 前加入 DISTINCT 保留字,会将查询结果的列去掉重复值再计算。

【例 4.16】 COUNT 函数的使用。

```
SELECT COUNT(*) FROM Student          --统计学生表中的记录数:5。
SELECT COUNT (Sex) FROM Student       --统计学生的性别(去掉空值):5。
SELECT COUNT (DISTINCT Sex) FROM Student    --统计学生的性别种类数:2。
```

【例 4.17】 查询 SC 表中学生的平均成绩、最高分、最低分,结果如图 4-11 所示。

```
SELECT AVG(Score) AS 平均成绩,MAX(Score) AS 最高分,MIN(Score) 最低分 FROM SC
```

6) 返回前部数据数据语句

在 SELECT 语句中使用 TOP n 或 TOP n PERCENT,选取查询结果的前 *n* 行或前百分之 *n* 的数据。

【例 4.18】 查询 Student 表中学生的前 2 条记录,结果如图 4-12 所示。

```
SELECT TOP 2 * FROM Student
```

	平均成绩	最高分	最低分
1	85.928571	92.00	76.00

图 4-11　例 4.17 查询结果

	StuNo	StuName	Sex	Age	MajorNo	Address
1	41050001	张英	女	21	S009	河北
2	41050036	叶斌	男	22	S008	山西

图 4-12　例 4.18 查询结果

4.3.2 单表有条件查询

一般的,数据库每个表中的数据量都非常大,显示表中所有的行是不现实的,也没有必要。因此,在查询时根据查询条件对表进行水平分割,这可以使用 WHERE 子句实现。查询条件中常用的运算符如表 4-5 所列。

表 4-5　查询条件中常用的运算符

查询条件	运　算　符	功　能
比较	=,>,<,>=,<=,!=,<>,!>,!<	
确定范围	BETWEEN AND, NOT BETWEEN AND	判断属性值是否在某个范围内
确定集合	IN, NOT IN	判断属性值是否在一个集合内
字符匹配	LIKE:%(匹配多个字符),_(匹配单个字符),[ ](匹配某区间数据),NOT LIKE	判断字符串是否匹配
空值	IS NULL, IS NOT NULL	判断属性值是否为空
多重条件	AND, OR	

但 WHERE 子句中不能用聚合函数作为条件表达式。如果查询条件是索引字段,则查询效率会大大提高,因此在查询条件中应尽可能地利用索引字段。

【例 4.19】 查询 Student 表中籍贯是"北京"或"上海"的学生信息,如图 4-13 所示。

```
SELECT * FROM Student WHERE Address='北京' OR Address='上海'
```

也可以使用下面的语句来表示:

```
SELECT * FROM Student WHERE Address IN ('北京','上海')
```

【例 4.20】 从 SC 表中查询考试成绩在 85~95 之间的学生学号,如图 4-14 所示。

	StuNo	StuName	Sex	Age	MajorNo	Address
1	41050048	张强	男	21	S008	北京
2	41050056	孙浩	男	22	S008	上海

图 4-13 例 4.19 查询结果

```
SELECT StuNo, Score FROM SC WHERE Score BETWEEN 85 AND 90
```

上述语句也可以使用比较运算符表示:

```
SELECT StuNo, Score FROM SC WHERE Score > =85 AND Score < =90
```

除了使用比较运算符,SQL 也提供了一种简单的模式匹配功能用于字符串比较,可以使用 LIKE 和 NOT LIKE 来实现"="和"< >"的比较功能,但前者还可以支持模糊查询条件。例如,不知道学生的全名,但知道学生姓王,因此就能查询出所有姓王的学生情况。通配符可以出现在字符串的任何位置,但通配符出现在字符串首时查询效率会变慢。

【例 4.21】 查询 Student 表中姓"孙"的学生的学号、姓名、年龄,结果如图 4-15 所示。

```
SELECT StuNo, StuName, Age FROM Student WHERE StuName LIKE '孙%'
```

	StuNo	Score
1	41050001	88.50
2	41050001	87.00
3	41050050	86.00
4	41050056	90.00

图 4-14 例 4.20 查询结果

	StuNo	StuName	Age
1	41050056	孙浩	22

图 4-15 例 4.21 查询结果

4.3.3 分组查询和排序查询

前面介绍 SQL 的一般格式时,已经知道 GROUP BY 子句和 ORDER BY 子句是分别用于分组和排序操作的。下面将详细介绍如何使用 SQL 的分组和排序功能。

1) 分组查询

含有 GROUP BY 子句的查询称为分组查询。GROUP BY 子句把 1 个表按某一指定列(或某些列)上的值相等的原则分组,然后再对每组数据进行规定的操作。分组查询一般和查询列的聚合函数一起使用,当使用 GROUP BY 子句后所有的聚合函数都将是对每一个组进行运算,而不是对整个查询结果进行运算。

【例 4.22】 查询 SC 表中每一门课程的平均成绩,如图 4-16 所示。

在 SC 关系表中记录着学生选修的每门课程和相应的考试成绩。由于 1 门课程可以有若干名学生学习,SELECT 语句执行时首先把 SC 表的全部记录按相同课程号划分成组,即每一门课程有 1 组学生和相应的成绩;然后再对各组执行 AVG(Score)。因此,查询的结果就是分组检索的结果。

```
SELECT CNo, AVG(Score) AS 平均成绩 FROM SC GROUP BY CNo
```

在分组查询中,HAVING 子句用于分完组后对每一组进行条件判断,这种条件判断一般与 GROUP BY 子句有关。HAVING 是分组条件,只有满足条件的分组才被选出来。

【例 4.23】 查询 SC 表中被 2 人及 2 人以上选修的每一门课程的平均成绩、最高分、最低分,查询结果如图 4-17 所示。

```
SELECT CNo, AVG(Score) AS 平均成绩, MAX(Score) AS 最高分, MIN(Score) AS 最低分
FROM SC GROUP BY CNo HAVING COUNT(*) > =2
```

在本例中,SELECT 语句执行时首先按 CNo 把表 SC 分组;然后对各组的记录执行 AVG(Score)、MAX(Score)、MIN(Score)聚合函数;最后根据 HAVING 子句的条件表达式 COUNT(*)>=2 过滤出组中记录数在 2 条以上的分组。

	CNo	平均成绩
1	050115	88.000000
2	050218	85.500000
3	050264	84.500000

图 4-16 例 4.22 查询结果

	CNo	平均成绩	最高分	最低分
1	050115	88.000000	90.00	86.00
2	050218	85.500000	92.00	76.00
3	050264	84.500000	87.00	82.00

图 4-17 例 4.23 查询结果

GROUP BY 是写在 WHERE 子句后面的,当 WHERE 子句默认时,它跟在 FROM 子句后面。上面 2 个例子都是 WHERE 子句默认的情况。此外,一旦使用 GROUP BY 子句,则 SELECT 子句中只能包含 2 种目标列表达式:要么是聚合函数,要么是出现在 GROUP BY 后面的分组字段。

同样是设置查询条件,但 WHERE 与 HAVING 的功能是不同的,不要混淆。WHERE 所设置的查询条件是检索的每一个记录都必须满足的,是作用于整个基本表或视图,从中选择满足条件的元组,而 HAVING 设置的查询条件是针对成组记录的,而不是针对单个记录的。也就是说,WHERE 用在聚合函数计算之前对记录进行条件判断,HAVING 用在计算聚合函数之后对组记录进行条件判断。

2)排序查询

SELECT 子句的 ORDER BY 子句可使输出的查询结果按照要求的顺序排列。由于是控制输出结果,因此 ORDER BY 子句只能用于最终的查询结果。

有了 ORDER BY 子句后,SELECT 语句的查询结果表中各元组将按照要求的顺序排列:首先按第 1 个 <列名> 值排列;前一个 <列名> 值相同者,再按下一个 <列名> 值排列,以此类推。列名后面有 ASC,则表示该列名值以升序排列;有 DESC,则表示该列名值以降序排列。省略不写,默认为升序排列。

【例 4.24】 查询 Student 表中所有学生的基本信息,并按年龄升序排列,年龄相同按学号降序排列,查询结果如图 4-18 所示。

```
SELECT * FROM Student ORDER BY Age, StuNo DESC
```

如果排序字段在索引字段内,并且排序字段的顺序和定义索引的顺序一致,则会极大地提高查询效率,反之,则降低查询效率。

	CNo	平均成绩	最高分	最低分
1	050115	88.000000	90.00	86.00
2	050218	85.500000	92.00	76.00
3	050264	84.500000	87.00	82.00

图 4-18 例 4.24 查询结果

4.3.4 多表查询

在数据库中通常存在着多个相互关联的表,用户常需要同时从多个表中找出自己想要的数据,这就要涉及多个数据表的查询。SQL 提供了关系代数中连接、笛卡儿积、并、交、差 5 种运算功能,下面分别进行介绍。

1）连接查询

连接查询是指2个或2个以上的关系表或视图的连接操作来实现的查询。SQL提供了一种简单的方法把几个关系连接到一个关系中，即在FROM子句中列出每个关系，然后在SELECT子句和WHERE子句中引用FROM子句中的关系的属性，而WHERE子句中用来连接2个关系的条件称为连接条件。连接查询主要包括等值连接查询、非等值连接查询、自身连接查询、内连接查询和外连接查询等。

（1）等值连接查询与非等值连接查询。等值连接查询与非等值连接查询是最常用的连接查询方法，是通过2个关系表中具有共同性质的列的比较，将2个关系表中满足比较条件的记录组合起来作为查询结果。用来连接2个表的条件称为连接条件或连接谓词。其一般格式如下：

[<表名1>.]<列名1> <比较运算符> [<表名2>.]<列名2>

其中比较运算符主要包括：=、>、<、> =、< =、! =、< >等。当连接运算符为“ =”时，称为等值连接；否则，称为非等值连接。

【例4.25】 查询籍贯为“上海”的学生的学号、选修的课程号和相应的考试成绩。

该查询需要同时从Student表和SC表中找出所需的数据，因此使用连接查询实现，结果如图4－19所示。Student. StuNo = SC. StuNo是2个关系的连接条件，Student表和SC表中的记录只有满足这个条件才连接。Address = '上海'是连接以后关系的查询条件，它和连接条件必须同时成立。

```
SELECT Student.StuNo, CNo, Score FROM Student, SC WHERE Student.StuNo =
SC.StuNo AND Address = '上海'
```

在进行多表连接查询时，SELECT子句和WHERE子句中的属性名前都加上表名前缀，以避免二义性问题。

	StuNo	CNo	Score
1	41050056	050115	90.00
2	41050056	050264	82.00

图4－19 例4.25查询结果

由于2个表中有相同的属性名，存在属性的二义性问题，应注意SELECT和WHERE后面的StuNo属性之前的“Student.”和“SC.”。SQL通过在属性前面加上表名及一个小圆点来解决这个问题，表示该属性来自这个关系。而CNo和Score来自SC表不存在二义性，DBMS会自动判断，因此表名及小圆点可省略。

连接运算中有：自然连接和笛卡儿积连接2种特殊情况。

在等值连接中，目标列可能出现重复的列，例如：

```
SELECT Student.*, SC.* FROM Student, SC WHERE Student.StuNo = SC.StuNo AND
Address = '上海'
```

结果如图4－20所示。

	StuNo	StuName	Sex	Age	MajorNo	Address	StuNo	CNo	Score
1	41050056	孙浩	男	22	S008	上海	41050056	050115	90.00
2	41050056	孙浩	男	22	S008	上海	41050056	050264	82.00

图4－20 等值连接可能出现重复列

这里Student. StuNo和SC. StuNo是2个重复列，而在下面的语句中去掉了重复属性列，这种去掉重复属性列，只保留所有不重复属性列的等值连接称为自然连接。

```
SELECT Student.StuNo, StuName, Sex, Age, MajorNo, Address, CNo, Score FROM
Student, SC WHERE Student.StuNo = SC.StuNo
```

还有一种特殊的连接运算,它不带连接条件,称为笛卡儿积连接,例如:

```
SELECT Student.StuNo,CNo,Score FROM Student,SC
```

2 个表的笛卡儿积连接会产生大量没有意义的元组,并且这种操作要消耗大量的系统资源,一般很少使用。而例4.25 中的查询在理论上就是经过一个乘积运算的扫描过程,同时进行投影和选择。

以上的例子是2 个表的连接,同样可以进行2 个以上的连接。若有 m 个关系表进行连接则一定会有($m-1$)个连接条件。

【例4.26】 查询籍贯为“上海”的学生的姓名、选修的课程名称和相应的考试成绩。

该查询需要同时从 Student、Course 和 SC 这3 个表中找出所需的数据,因此用3 个关系的连接查询,结果如图4-21 所示。

```
SELECT StuName, CName, Score FROM Student, SC, Course
WHERE Student.StuNo = SC.StuNo AND SC.CNo = Course.CNo AND Address = '上海'
```

(2)自身连接。查询一个关系与自身进行的连接称为自身连接。SQL 允许为 FROM 子句中的关系 R 的每一次出现定义一个别名。这样在 SELECT 子句和 WHERE 子句中的属性前面就可以加上“别名.<属性名>”。在自身连接中,必须为表指定2 个别名,使之在逻辑上成为2 张表。

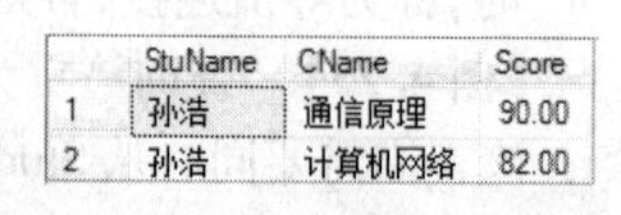

	StuName	CName	Score
1	孙浩	通信原理	90.00
2	孙浩	计算机网络	82.00

图4-21 例4.26 查询结果

【例4.27】 查询籍贯相同的2 个学生的基本信息,结果如图4-22 所示。

```
SELECT A.*, B.StuName FROM Student A, Student B WHERE A.Address = B.Address
```

	StuNo	StuName	Sex	Age	MajorNo	Address	StuName
1	41050001	张英	女	21	S009	河北	张英
2	41050036	叶斌	男	22	S008	山西	叶斌
3	41050048	张强	男	21	S008	北京	张强
4	41050050	李娜	女	20	S009	湖南	李娜
5	41050056	孙浩	男	22	S008	上海	孙浩

图4-22 例4.27 查询结果

该列中要查询的内容属于表 Student。上面的语句将表 Student 分别取2 个别名 A、B。这样 A、B 相当于内容相同的2 个表。将 A 和 B 中籍贯相同的元组进行连接,经过投影就得到了满足要求的结果。

(3)内连接查询。在通常的连接操作中,只有满足查询条件(WHERE 条件或 HAVING 条件)和连接条件的元组才能作为结果输出,这样的连接称为内连接(INNER JOIN)。所以内连接除了可以使用前面介绍的等值连接表示外,也可以使用 INNER JOIN 关键字将多个关系表连接起来,使用 ON 子句给出查询条件,同时列出这些表中与连接条件相匹配的数据记录。

前面介绍的例4.25 可以使用以下的等效语句(为了简化语句,Student 表使用了别名 S,可以使用 AS,也可以删除 AS,效果一样):

```
SELECT S.StuNo,CNo,Score FROM Student AS S INNER JOIN SC ON S.StuNo = SC.StuNo
AND Address = '上海'
```

前面介绍的例4.26 可以使用以下的等效语句:

```
SELECT StuName, CName, Score FROM Student S INNER JOIN SC ON S.StuNo =
SC.StuNo INNER JOIN Course C ON SC.CNo = C.CNo AND Address = '上海'
```

(4) 外连接查询。与内连接不同，外连接(OUTER JOIN)生成的结果集不仅包含符合连接条件的数据记录，而且还包含左表(左外连接时的表)、右表(右外连接时的表)中所有的数据记录。外连接分为左外连接(LEFT OUTER JOIN)和右外连接(RIGHT OUTER JOIN)2 种类型。

左外连接是指将左表中的所有数据分别与右表中的每条数据进行连接组合，返回的结果除内部连接的数据外，还包含左表中不符合条件的数据，并在右表的相应列中添加 NULL 值。

【例 4.28】 用左外连接查询籍贯为“上海”的学生的姓名、选修的课程号和相应的考试成绩，结果如图 4－23 所示。

```
SELECT StuName,CNo,Score FROM Student AS S LEFT OUTER JOIN SC ON S.StuNo =
SC.StuNo AND Address ='上海'
```

从结果可以看出，以 Student 表为主的左连接，将不满足查询条件的“张英”、“叶斌”、“张强”和“李娜”也列了出来。

右外连接是指将右表中的所有数据分别与左表中的每条数据进行连接组合，返回的结果除内部连接的数据外，还包含右表中不符合条件的数据，并在左表的相应列中添加 NULL 值。

【例 4.29】 用右外连接查询籍贯为“上海”的学生的姓名、选修的课程号和相应的考试成绩，结果如图 4－24 所示。

```
SELECT StuName,CNo,Score FROM Student AS S RIGHT OUTER JOIN SC ON S.StuNo =
SC.StuNo AND Address ='上海'
```

	StuName	CNo	Score
1	张英	NULL	NULL
2	叶斌	NULL	NULL
3	张强	NULL	NULL
4	李娜	NULL	NULL
5	孙浩	050115	90.00
6	孙浩	050264	82.00

图 4－23 左外连接查询

	StuName	CNo	Score
1	NULL	050218	88.50
2	NULL	050264	87.00
3	NULL	050218	92.00
4	NULL	050218	76.00
5	NULL	050115	86.00
6	孙浩	050115	90.00
7	孙浩	050264	82.00

图 4－24 右外连接查询

(5) 交叉连接。对 2 个表作交叉联接的结果集相当于“乘法”，2 个集合进行笛卡儿积运算，使用关键字 CROSS JOIN。

【例 4.30】 用交叉连接查询学生的姓名、选修的课程号和相应的考试成绩，结果记录数是 35。

```
SELECT StuName,CNo,Score FROM Student CROSS JOIN SC
```

(6)并操作。SQL 使用 UNION 运算符把查询的结果并起来，并且去掉重复的元组，如果要保留所有重复，则必须使用 UNION ALL。并操作要求：每个 SELECT 查询返回的列数和列的顺序必须一致；每列的数据类型必须一一对应并且是兼容的，即关系模式完全一致。

【例 4.31】 查询籍贯是“上海”的学生以及姓“张”的学生基本信息，结果如图 4－25 所示。

```
SELECT * FROM Student WHERE Address ='上海'
UNION
```

```
SELECT * FROM Student WHERE StuName LIKE '张%'
```

	StuNo	StuName	Sex	Age	MajorNo	Address
1	41050001	张英	女	21	S009	河北
2	41050048	张强	男	21	S008	北京
3	41050056	孙浩	男	22	S008	上海

图 4-25　例 4.31 查询结果

可以用多条件查询来实现,该查询等价于:

```
SELECT * FROM Student WHERE Address = '上海' OR StuName LIKE '张%'
```

(7)交操作。SQL 使用 INTERSECT 把同时出现在 2 个查询的结果取出实现交操作,并且会去掉重复的元组,如果要保留所有重复,则必须使用 INTERSECT ALL。在交操作中要求参与运算的前后查询结果的关系模式完全一致。

【例 4.32】　查询年龄大于 18 岁且姓张的学生的基本信息,结果如图 4-26 所示。

```
SELECT * FROM Student WHERE Age >20
INTERSECT
SELECT * FROM Student WHERE StuName LIKE '张%'
```

	StuNo	StuName	Sex	Age	MajorNo	Address
1	41050001	张英	女	21	S009	河北
2	41050048	张强	男	21	S008	北京

图 4-26　例 4.32 查询结果

可以用多条件查询来实现,该查询等价于:

```
SELECT * FROM Student WHERE Age >20 AND StuName LIKE '张%'
```

4.3.5　嵌套查询

在 SQL 中,一个 SELECT-FROM-WHERE 语句称为一个查询块。将一个查询块嵌套在另一个查询块的 WHERE 子句或 HAVING 子句的条件中的查询称为嵌套查询,又称为子查询。这也是涉及多表的查询,其中外层查询称为父查询,内层查询称为子查询。子查询中还可以嵌套其他子查询,即允许多层嵌套查询,其执行过程是由里向外的,每一个子查询是在上一级查询处理之前完成的。这样上一级的查询就可以利用已完成的子查询的结果。注意,子查询中不能使用 ORDER BY 子句,ORDER BY 子句只能对最终查询结果进行排序。

嵌套查询可以将一系列简单的查询组合成复杂的查询,SQL 的查询功能就变得更加丰富多彩,一些原来无法实现的查询也因有多层嵌套的子查询而迎刃而解。

1) 返回单值的子查询

在很多情况下子查询返回的检索信息是单一的值,这类子查询看起来就像常量一样,因此经常把这类子查询的结果与父查询的属性用比较运算符来连接。

	StuNo	Score
1	41050001	88.50
2	41050036	92.00
3	41050048	76.00

图 4-27　例 4.33 查询结果

【例 4.33】　查询选修了"数据库技术及应用"的学生的学号和相应的考试成绩,结果如图 4-27 所示。

```
SELECT StuNo,Score FROM SC WHERE CNo = (SELECT CNo FROM Course WHERE CName = '数据库技术及应用')
```

本例括号中的查询块是子查询,括号外的查询块是父查询。本查询的执行过程:先执行子查询,在 Course 表中查询获得“数据库技术及应用”的课程号;然后执行父查询,在 SC 表中根据课程号为“050218”查得学生的学号和成绩。显然,子查询的结果用于父查询建立查询条件。

前面在介绍条件查询时,曾经提到了如何使用 IN 进行查询。实际上,对于在父查询中需要判断某个属性的值与子查询结果中某个值相等的这类查询可以用 IN 进行查询。该例使用“IN”子句实现如下:

```
SELECT StuNo,Score FROM SC WHERE CNo IN (SELECT CNo FROM Course WHERE CName =
'数据库技术及应用')
```

该语句表示父查询只需要判断所给出来的查询条件是否在子查询所返回的数据集之中,因此不论子查询返回多少记录,父查询之中只需要用 IN 判断所查询的条件是否在返回集当中,若在返回集中,则作为父查询的结果。

该例也可以用连接查询来等效实现:

```
SELECT StuNo,Score FROM SC, Course WHERE SC.CNo = Course.CNo and CName ='数据
库技术及应用'
```

注意:只有当连接查询投影列的属性来自于一个关系表时,才能用嵌套查询等效实现;若连接查询投影列的属性来自于多个关系表,则不能用嵌套查询实现。

【例 4.34】 查询考试成绩大于总平均分的学生学号。

```
SELECT DISTINCT StuNo FROM SC WHERE Score > (SELECT AVG(Score) FROM SC)
```

在嵌套查询中,若能确切知道内层查询返回的是单值,才可以直接使用关系运算符进行比较。

2)返回多值的子查询

实际应用的嵌套查询中,子查询返回的结果往往是一个集合,这时就不能简单地用比较运算符连接子查询和父查询,可以使用 ALL、ANY 等谓词来解决,其运算关系见表 4-6。

表 4-6 带有 ALL 和 ANY 谓词的运算

谓词	运算功能
> ANY	只要大于子查询结果中的某个值即可
< ANY	只要小于子查询结果中的某个值即可
> = ANY	只要大于或等于子查询结果中的某个值即可
< = ANY	只要小于或等于子查询结果中的某个值即可
= ANY	只要等于子查询结果中的某个值即可
! =ANY 或 < > ANY	只要不等于子查询结果中的某个值即可
> ALL	必须大于子查询结果中的所有值
< ALL	必须小于子查询结果中的所有值
> = ALL	必须大于或等于子查询结果中的所有值
< = ALL	必须小于或等于子查询结果中的所有值
= ALL	必须小于或等于所有结果
! = ALL 或 < > ALL	必须不等于子查询结果中的所有值

【例 4.35】 查询成绩至少比选修了“050218”号课程的一个学生成绩低的学生学号。

```
SELECT StuNo FROM SC WHERE CNo < > '050218' AND Score < ANY (SELECT Score FROM
SC WHERE CNo ='050218')
```

ANY 运算符表示至少 1 个或某一个,因此使用"<ANY"就可表示至少比某集合其中 1 个少的含义。实际上,比最大的值小就等价于"<ANY",该例子可用聚合函数 MAX 来等效表示。

```
SELECT StuNo FROM SC WHERE CNo < > '050218' AND Score < (SELECT MAX(Score)
FROM SC WHERE CNo ='050218')
```

【例 4.36】 查询其他专业中比"S009"号专业所有学生年龄都要小的学生名单,结果如图 4-28 所示。

```
SELECT * FROM Student WHERE MajorNo < > 'S009' AND Age >ALL (SELECT Age FROM
Student WHERE MajorNo ='S009')
```

	StuNo	StuName	Sex	Age	MajorNo	Address
1	41050036	叶斌	男	22	S008	山西
2	41050056	孙浩	男	22	S008	上海

图 4-28　例 4.35 查询结果

ALL 运算符表示所有或每个,因此使用">ALL"就可表示至少比某集合所有都大的含义。实际上,比最大的值大就等价于">ALL",该例子可用聚合函数 MAX 来等效表示。

```
SELECT * FROM Student WHERE MajorNo < > 'S009' AND Age > (SELECT MAX(Age) FROM
Student WHERE MajorNo ='S009')
```

对于在父查询中需要判断某个属性的值与子查询结果中某个值相等的这类查询可以用 IN 进行查询,其实可以用"=ANY"来代替 IN。所以例 4.33 也可以使用以下语句代替。这也证明了 SQL 的魅力,同一个功能可以通过多种方法实现。

```
SELECT StuNo,Score FROM SC WHERE CNo = ANY (SELECT CNo FROM Course WHERE CName
='数据库技术及应用')
```

3)相关子查询

前面介绍的子查询都不是相关子查询,不相关子查询比较简单,在整个过程中只求值 1 次并把结果用于父查询,即子查询不依赖于父查询。而更复杂的情况是子查询要多次求值,子查询的查询条件依赖于父查询,每次要对子查询中的外部元组变量的某一项赋值,这类子查询称为相关子查询。

在相关子查询中经常使用 EXISTS 谓词。EXISTS 表示存在量词,含有 EXISTS 谓词的子查询不返回任何数据,只返回逻辑的"真"或"假"。当子查询的结果不为空集时,返回逻辑"真";否则,返回逻辑"假"。NOT EXISTS 则与 EXISTS 查询结果相反。使用存在量词 NOT EXISTS 后,若内层查询结果为空,则外层的 WHERE 子句返回真值;否则,返回假值。

【例 4.37】 查询选修了"数据库技术及应用"的学生的学号。

```
SELECT StuNo FROM SC WHERE EXISTS (SELECT * FROM Course WHERE SC.CNo =
Course.CNo AND CName ='数据库技术及应用')
```

该查询的执行过程:首先取外层查询中 SC 表的第 1 个元组,根据它与内层查询相关的属性值(即 CNo 值)处理内层查询,若 WHERE 字句返回值为真(即内层查询结果非空),则取此元组放入结果表;然后再检查 SC 表的下一个元组;重复这一过程,直至 SC 表全部检查完毕为止。本例中的查询也可使用含 IN 谓词的非相关子查询完成,读者自己可给出相应的 SQL 语句。

一些带 EXISTS 或 NOT EXISTS 的谓词的子查询不能被其他形式的子查询等价替换,但所有带 IN 谓词、比较运算符、ANY 和 ALL 谓词的子查询都能用带 EXISTS 谓词的子查询等价替换。由于带 EXISTS 量词的相关子查询只关心内层查询是否有返回值,并不需要查具体值,因此其效率并不一定低于不相关子查询,甚至有时是最高效的方法。

4.4 SQL 的数据操纵

SQL 的数据操纵功能主要包括插入(INSERT)、删除(DELETE)和更新(UPDATE)3 个方面。借助相应的数据操纵语句可以对基本表中的数据进行更新,包括向基本表中插入数据、修改基本表中原有数据和删除基本表的某些数据。

4.4.1 插入数据

基本表建立后就可以往表中插入数据,SQL 中数据插入使用 INSERT 语句。INSERT 语句有插入单个元组和插入多个元组 2 种插入形式。

1) 插入单个元组

插入单个元组的 INSERT 语句的格式如下:

```
INSERT INTO <基本表名>[(<列名1>, <列名2>,…, <列名n>)]
VALUES(<列值1>,<列值2>,…,<列值n>)
```

其中:<基本表名>指定要插入元组的表的名字;<列名1>,<列名2>,…,<列名n>为要添加列值的列名序列;VALUES 后则一一对应要添加列的输入值。若列名序列省略,则新插入的记录必须在指定表每个属性列上都有值;若列名序列都省略,则新记录在列名序列中未出现的列上取空值(NULL)。所有不能取空值的列(标记为 NOT NULL 的列)必须包括在列名序列中。各列值要与表中字段的数据类型保持一致。

【例 4.38】 在 Course 课程表中插入一条课程记录(课程号:050116;课程名:C 语言;学分:3;学时:48)。

```
INSERT INTO Course (CNo, CName ,Credit ,ClassHour) VALUES('050116','C 语言',
3,48)
```

若插入数据的顺序与表中列的顺序一致,且表中每个列都赋值,则可以省略列名,表示如下:

```
INSERT INTO Course VALUES('050116','C 语言',3,48)
```

【例 4.39】 在 SC 成绩表中插入一个学生成绩记录(41050001,050116)。

```
INSERT INTO SC(StuNo, CNo) VALUES('41050001','050116')
```

该例中只对 SC 表的 2 个属性列指定了值,那么其余属性列的值就为空值(NULL),即该记录成绩属性列 Score 上为 NULL。

2) 插入多个元组

插入多个元组的 INSERT 语句的格式如下:

```
INSERT INTO <基本表名>[(<列名1>,<列名2>,…,<列名n>)] <子查询>
```

这种形式可将子查询的结果集一次性插入基本表中。如果列名序列省略,则子查询所得到的数据列必须和要插入数据的基本表的数据列完全一致;如果列名序列给出,则子查询结果与列名序列要一一对应。

【例 4.40】 如果已建有课程平均分表 Course_AVG(CNo, Average),其中 Average 表示每门课程的平均分,向 Course_AVG 表中插入每门课程的平均分记录。

```
INSERT INTO Course_AVG (CNo, Average)
SELECT CNo,AVG(Score) FROM SC GROUP BY CNo
```

执行该命令,首先将从 SC 表中查询每门课程的平均成绩,然后将查询结果插入到 Course_AVG 表中。

4.4.2 修改数据

SQL 中修改数据使用 UPDATE 语句,用以修改满足指定条件元组的指定列值。满足指定条件的元组可以是 1 个元组,也可以是多个元组。UPDATE 语句的一般格式如下:

```
UPDATE <基本表名>
SET <列名1> = <表达式1>[,<列名2> = <表达式2>][,…n]
[WHERE <条件>]
```

其中:列名 1、列名 2、…是要修改的列的名称;表达式 1、表达式 2、…是要赋予的新值;WHERE <条件>是可选的,如省略,则更新指定表中的所有元组的对应列。其功能是对指定基本表中满足条件的元组,用表达式的值作为对应列的新值进行更新。

1) 按指定条件修改元组

【例 4.41】 将学号为“41050001”的学生的姓名改为“张颖”。

```
UPDATE Student SET StuName = '张颖' WHERE StuNo = '41050001'
```

【例 4.42】 将所有选修“050218”号课程的学生成绩加 2 分。

```
UPDATE SC SET Score = Score + 2 WHERE CNo = '050218'
```

WHERE 条件中同样可以使用更加复杂的子查询。

【例 4.43】 将所有选修“计算机技术及应用”课程的学生成绩加 3 分。

```
UPDATE SC SET Score = Score + 3 WHERE CNo IN (SELECT CNo FROM Course WHERE CName =
'计算机技术及应用')
```

2) 修改表中所有元组的值

【例 4.44】 将所有学生的成绩加 1 分。

```
UPDATE SC SET Score = Score + 1
```

由于省略了 WHERE <条件>,则所有元组的成绩都将被修改。

4.4.3 删除数据

SQL 提供了 DELETE 语句用于删除每一个表中的 1 条或多条记录。要注意区分 DELETE语句与 DROP 语句。DROP 是数据定义语句,作用是删除表或索引的定义。当删除表定义时,连同表所对应的数据都被删除;DELETE 是数据操纵语句,只是删除表中的相关记录,表的结构、约束、索引等并没有被删除。DELETE 语句的一般格式如下:

```
DELETE FROM <表名> [WHERE <条件>]
```

其中:WHERE <条件>是可选的,如不选,则删除表中全部记录。

【例 4.45】 删除所有选修“050218”号课程的选课信息。

```
DELETE FROM SC WHERE CNo = '050218'
```

此查询会将课程号为“050218”的所有选课记录全部删除。

WHERE 条件中同样可以使用复杂的子查询。

【例 4.46】 删除成绩不及格的学生的基本信息。

```
DELETE FROM Student WHERE StuNo IN (SELECT StuNo FROM SC WHERE Score < 60)
```

注意,DELETE 语句 1 次只能从 1 个表中删除记录,而不能从多个表中删除记录。要删除多个表的记录,就要写多个 DELETE 语句。

要删除全部数据记录,在 Microsoft SQL Server 2008 还有 1 条语句,其一般格式如下:

```
TRUNCATE TABLE <表名>
```

该语句与 DELETE 语句的主要区别如下:

(1) DELETE 语句每次删除 1 行,并在事务日志中为所删除的每行记录 1 项。TRUNCATE TABLE 语句通过释放存储表数据所用的数据页来删除数据,并且只在事务日志中记录页的释放。

(2) 使用 TRUNCATE TABLE 语句新行标识所用的计量值重置为该列的种子。如果想要保留标识计数值,应使用 DELETE 语句。

(3) 对于由外键约束引用的表,不能使用 TRUNCATE TABLE 语句,而应使用 DELETE 语句。由于 TRUNCATE TABLE 语句不记录在日志中,所以它不能激活触发器。

4.5 视 图

在 4.1 节中就已经介绍了视图是虚表,数据库中只存储视图的定义,而不存储视图对应的数据,这些数据仍存储在原来的基本表中。由于视图是外模式的基本单位,从用户观点来看,视图和基本表是一样的。实际上视图是从若干个基本表或视图导出来的表,因此当基本表的数据发生变化时,相应的视图数据也会随之改变。视图定义后,可以和基本表一样被用户查询、删除和更新,但通过视图来更新基本表中的数据要有一定的限制。视图的维护由数据库管理系统自动完成。

4.5.1 定义视图

SQL 语言使用 CREATE VIEW 命令建立视图,其基本格式如下:

```
CREATE VIEW <视图名>[(<列名>[,<列名>]…)]
AS (子查询)
[WITH CHECK OPTION]
```

其中:(1) 列名序列为所建视图包含的列的名称序列,可省略。当列名序列省略时,直接使用子查询 SELECT 子句里的各列名作为视图列名。下列情况不能省略列名序列:

① 视图列名中有常数、聚合函数或表达式;

② 视图列名中有从多个表中选出的同名列;

③ 需要在视图中为某个列启用更合适的新列名。

(2) 子查询可以是任意复杂的 SELECT 语句,但通常不能使用 DISTINCT 短语和 OR-

DER BY 子句。

(3) WITH CHECK OPTION 是可选项,该选项表示对所建视图进行 INSERT、UPDATE 和 DELETE 操作时,让系统检查该操作的数据是否满足子查询中 WHERE 子句里限定的条件,若不满足,则系统拒绝执行。

【例 4.47】 建立 2010 级学生的视图。

```
CREATE VIEW Student2010
AS
SELECT StuNo, StuName, Sex, Age FROM Student WHERE StuNo LIKE '_10% '
```

本例中省略了视图 Student2010 的列名,这意味着该视图列名及顺序与 SELECT 子句中一样。数据库管理系统执行 CREATE VIEW 语句的结果只是把对视图的定义存储在数据字典中,并不执行其中的 SELECT 语句。只在对视图查询时,才按视图的定义从基本表中将数据查询出来。像这种视图是从单个基本表导出,且只是去掉了基本表的某些行和某些列,但保留了主键,这类视图称为行列子视图。

该语句执行后,系统将生成如图 4-29 所示的一个虚表。

	StuNo	StuName	Sex	Age
1	41050001	张英	女	21
2	41050036	叶斌	男	22
3	41050048	张强	男	21
4	41050050	李娜	女	20
5	41050056	孙浩	男	22

图 4-29 视图 Student2010 中的数据

由于篇幅所限,前面给出的例子中 Student 表中的学生都是 2010 级,所以这里也是 5 条记录,事实上,学生编号不仅保证了每条记录的唯一性,即实体完整性,同时还含包含了一些其他信息,如第 1 位的 4 表示本科中国学生,6 表示本科留学生,第 2 位和第 3 位表示年级,如 2008 级则为“08”,第 4 位表示所在学院,后面 4 位为顺序号。

【例 4.48】 建立 2010 级学生的视图,并要求进行修改和插入操作时仍需保证该视图只有 2010 级的学生。

```
CREATE VIEW Student2010Check
AS SELECT StuNo, StuName, Sex, Age FROM Student WHERE StuNo LIKE '_10% '
WITH CHECK OPTION
```

【例 4.49】 由 Student、Course 和 SC 这 3 个表,定义一个学生成绩视图,其属性包括学号、姓名、课程名和成绩。

```
CREATE VIEW SC_Score(学号, 姓名, 课程名, 成绩)
AS ELECT S.StuNo, StuName, CName, Score FROM Student AS S, Course AS C, SC WHERE
S. StuNo = SC. StuNo and C.CNo = SC.CNo
```

本例中因为给视图的列定义了更合适的新名字,所以明确指明了组成视图的属性列。同时,视图可以建立在多个基本表上。另外,视图也可以建立在基本表与视图上,这里就不一一列举。

4.5.2 删除视图

删除视图即删除视图的定义,SQL 中删除视图使用 DROP VIEW 语句。其基本格式如下:

```
DROP VIEW <视图名>
```

【例 4.50】 删除视图 Student2010。

```
DROP VIEW Student2010
```

本例将从数据字典中删除视图 Student2010 的定义。1 个视图被删除后，由此视图导出的其他视图也将失效，用户应该使用 DROP VIEW 语句将它们逐一删除。

4.5.3 查询视图

当定义视图后，用户就可对视图进行查询操作。从用户角度来说，查询视图与查询基本表是一样的，但视图是不实际存在于数据库中的虚表，所以 DBMS 执行对视图的查询实际是根据视图的定义转换成等价的对基本表的查询。

【例 4.51】 在例 4.47 定义的视图 Student2010 中查找年龄大于 21 岁的学生基本信息

```
SELECT StuNo, StuName, Sex, Age FROM Student2010 WHERE Age > 21
```

本例在执行时 DBMS 会转化为下列执行语句：

```
SELECT StuNo, StuName, Sex, Age FROM Student WHERE StuNo LIKE '_10% ' AND Age >21
```

因此，DBMS 对某 SELECT 语句进行处理时，若发现被查询对象是视图，则 DBMS 将进行下述操作：

(1) 从数据字典中取出视图的定义；

(2) 把视图定义的子查询和本 SELECT 语句定义的查询相结合，生成等价的对基本表的查询(此过程称为视图的消解)；

(3) 执行对基本表的查询，把查询结果(作为本次对视图的查询结果)向用户显示。

由上例可以看出，当对一个基本表进行复杂的查询时，可以先对基本表建立一个视图，然后只需对此视图进行查询，这样就不必再书写复杂的查询语句，而将一个复杂的查询转换成一个简单的查询，从而简化了查询操作。

4.5.4 更新视图

视图更新是指对视图进行插入(INSERT)、删除(DELETE)和修改(UPDATE)操作。同查询视图一样，由于视图是虚表，所以对视图的更新实际是转换成对基本表的更新。此外，用户通过视图更新数据不能保证被更新的元组必定符合原来 AS <子查询> 的条件。因此，在定义视图时，若加上子句 WITH CHECK OPTION，则在对视图更新时，系统将自动检查原定义时的条件是否满足。若不满足，则拒绝执行该操作。

1) 插入数据

与基本表的插入操作一样，也使用 INSERT 语句向视图中添加数据。由于视图是一个虚表，不存储数据，所以对视图插入数据，实际上是对基本表插入数据。

【例 4.52】 在 2010 级学生视图 Student2010Check 中插入 1 条记录，该学生信息如下：

(41050008,宋江,男,22)

```
INSERT INTO Student2010Check VALUES('41050008','宋江','男',22)
```

该语句执行时将转换成对 Student 表的插入：

```
INSERT INTO Student VALUES('41050008','宋江','男',22)
```

系统将自动检查学号是否满足要求 2010 这个要求，否则无法插入数据。

2）修改数据

可使用 UPDATE 语句通过视图对基本表的数据进行修改。

【例 4.53】 将视图 Student2010Check 中学号为“41050008”的学生的年龄改为21岁。

```
UPDATE Student2010Check SET Age =21 WHERE StuNo = '41050008'
```

该语句执行时将转换成对 Student 表的修改：

```
UPDATE Student SET Age =21 WHERE StuNo LIKE '_10% ' AND StuNo = '41050008'
```

3）删除数据

可使用 DELETE 语句删除视图中的数据，即删除基本表中的数据。

【例 4.54】 将视图 Student2010Check 中姓名为“宋江”的学生记录删除。

```
DELETE FROM Student2010Check WHERE StuName = '宋江'
```

该语句执行时将转换成对 Student 表的删除操作：

```
DELETE FROM Student WHERE StuNo LIKE '_10% ' AND StuName = '宋江'
```

视图更新实际是转换成对基本表的更新，但并非所有视图更新都能转换成有意义的对基本表的更新。为了能正确执行视图更新，各 DBMS 对视图更新都有若干规定，由于各系统实现方法上的差异，这些规定也不尽相同。

视图更新的一般限制：通常对于由一个基本表导出的视图，若从基本表去掉除码外的某些列和行，则允许更新；若多表连接得到的视图，则不允许更新；若视图的列是由库函数或计算列构成，则不能更新；若视图定义中含有 DISTINCT、GROUP BY 等子句，则不允许更新。

4.5.5 视图的作用

视图作为数据库中的一个重要的概念，具有许多优点，主要包括以下几个方面：

(1) 简化了用户的操作。视图机制使用户把注意力集中在自己所关心的数据上。这种视图所表达的数据逻辑结构相比基本表而言，更易被用户所理解。而对视图的操作实际上是把对基本表(尤其是多个基本表)的操作隐藏起来，极大地简化了用户的操作。

(2) 提供了一定程度的逻辑独立性。当数据库重新构造时，数据库的整体逻辑结构将发生改变。如果用户程序是通过视图来访问数据库的，视图相当于用户的外模式，只需要修改用户的视图定义，来保证用户的外模式不变，因此用户的程序不必改变。

(3) 有利于数据的保密。视图使用户能从多种角度看待同一数据，对于不同的用户定义不同的视图，而只授予用户访问自己视图的权限，这样用户就只能看到与自己有关的数据，而无法看到其他用户数据。

4.6 存储过程

存储过程是 SQL 语句和可选控制流语句的预编译集合，以一个名称存储并作为一个单元处理。存储过程存储在数据库内，可由应用程序通过一个调用执行，而且允许用户声明变量、有条件执行以及其他强大的编程功能。存储过程在数据库开发过程以及数据库维护和管理等任务中有非常重要的作用。

在 Microsoft SQL Server 2008 中,存储过程分为系统存储过程、用户自定义存储过程以及扩展存储过程 3 类。系统存储过程主要存放在 master 数据库中,并以“sp_”为前缀名。系统存储过程主要是从系统表中获取信息,从而为系统管理员管理 SQL Server 提供支持。用户自定义存储过程是由用户创建的、存放在用户创建的数据库中,并能完成某一特定功能,本节主要介绍用户自定义存储过程。扩展存储过程是指数据库实例可以动态加载和运行的动态链接库(DLL)。

存储过程包括程序流、逻辑以及对数据库的查询。它们可以接收参数、输出参数、返回单个或多个结果集以及返回值。可以出于任何使用 SQL 语句的目的来使用存储过程,它具有以下优点:

(1) 执行速度快。存储过程在创建时即在服务器上进行编译,所以执行时比单个 SQL 语句快,而且能减少网络通信的负担。

(2) 模块化的程序设计。可以从自己的存储过程内引用其他存储过程,这可以简化一系列复杂语句。

(3) 减少网络通信量。可以在单个存储过程中执行一系列 SQL 语句。有了存储过程后,在网络上只要 1 条语句就能执行 1 个存储过程。

(4) 保证系统安全性。通过隔离和加密的方法提高了数据库的安全性,通过授权可以让用户只能执行存储过程而不能直接访问数据库对象。

存储过程与视图之间的关系如表 4-7 所列。

表 4-7　存储过程与视图之间的关系

对比项目	视　图	存 储 过 程
语句	只能是 SELECT 语句	可以包含程序流、逻辑以及 SELECT 语句
输入、返回结果	不能接收参数,只能返回结果集	可以有输入、输出参数,也可以有返回值
典型应用	多个表的连接查询	完成某个特定的较复杂的任务

4.6.1　创建存储过程

要使用存储过程,首先要创建一个存储过程。可以使用 Transact-SQL 语句的 CREATE PROCEDURE 语句,也可以使用 Microsoft SQL Server Management Studio 来完成。使用 Microsoft SQL Server Management Studio 创建容易理解,较为简单。用 Transact-SQL 语句较为快捷。当创建存储过程时,需要确定存储过程的 3 个组成部分:

(1) 所有的输入参数及执行的输出结果。

(2) 被执行的针对数据库的操作语句,包括调用其他存储过程的语句。

(3) 返回给调用者的状态值,以指明调用是否成功。

1) 使用 Microsoft SQL Server Management Studio 创建

使用 Microsoft SQL Server Management Studio 创建存储过程的操作步骤如下:

(1) 打开 Microsoft SQL Server Management Studio 并连接到目标服务器,在“对象资源管理器”窗口中找到“数据库”结点,打开要创建存储过程的数据库(如 StudentMIS)。

(2) 展开“可编程性”结点,然后右击“存储过程”项,在打开的快捷菜单中,执行“新建存储过程”命令。此时,右侧窗口显示了 CREATE PROCEDURE 语句的框架,可以修改要创建的存储过程的名称，然后加入存储过程所包含的 SQL 语句，如图 4－30 所示。

(3) 在模板中输入完成后，单击工具栏上的“执行”按钮，可以立即执行 SQL 语句以创建存储过程，也可以单击“保存”按钮保存该存储过程的 SQL 语句。

2) 使用 Transact-SQL 语句创建

创建存储过程的 CREATE PROCEDURE 语句的语法如下：

```
CREATE PROC[EDURE] procedure_name [ ; number ]
[ { @ parameter data_type }
[VARYING ] [ = default ] [ OUTPUT ] ] [ , … n ]
[WITH { RECOMPILE | ENCRYPTION | RECOMPILE , ENCRYPTION } ]
[FOR REPLICATION] AS sql_statement [ … n ]
```

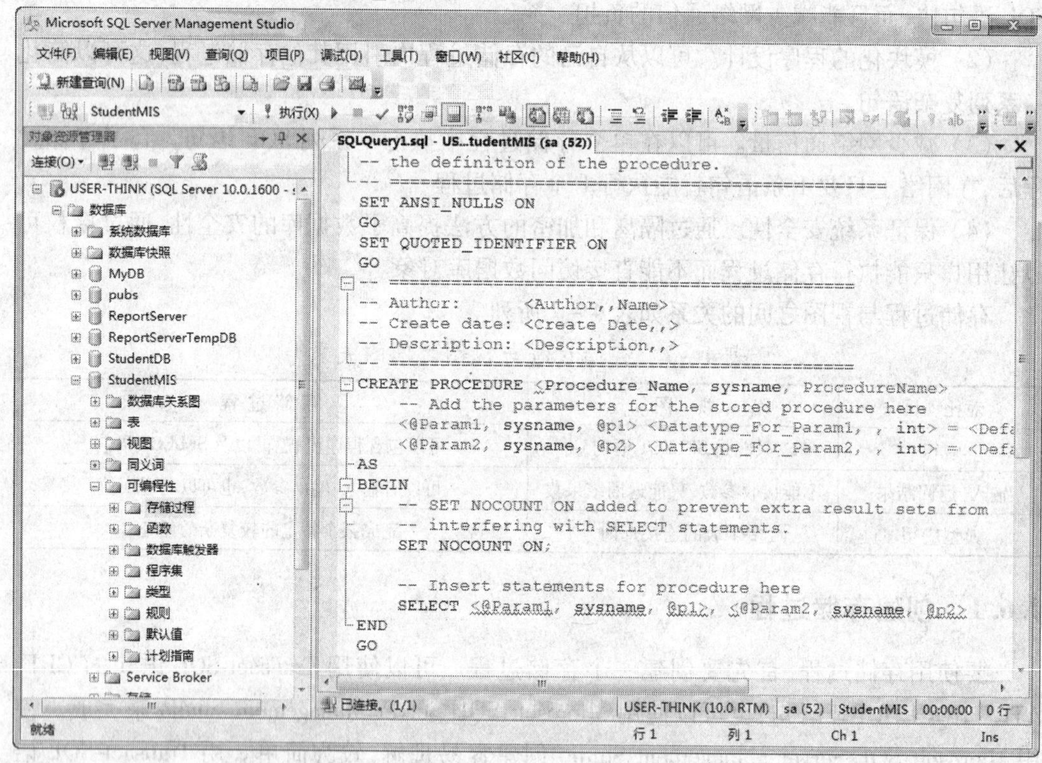

图 4－30 新建存储过程

其中各参数含义如下：

(1) procedure_name：新存储过程的名称，必须符合标识符命名规则。

(2) number：是可选的整数，用来对同名的过程分组，以便用一条 DROP PROCEDURE 语句即可将同组的过程一起删除。例如，名为 student 的应用程序使用的存储过程可以命名为 studentProc；1、studentProc；2 等。DROP PROCEDURE studentProc 语句将删除整个组。如果名称中包含分隔标识符，则数字不应包含在标识符中，只应在 procedure_name 前后使用适当的分隔符。

(3) @ parameter：过程中的参数。在 CREATE PROCEDURE 语句中可以声明 1 个或多个参数。用户必须在执行过程时提供每个所声明参数的值（除非定义了该参数的默认值)。存储过程最多可以有2100个参数。

(4) data_type:参数的数据类型。所有数据类型均可以用作存储过程的参数。不过,cursor数据类型只能用于OUTPUT参数。如果指定的数据类型为cursor,也必须同时指定VARYING和OUTPUT关键字。

(5) VARYING:指定作为输出参数支持的结果集(由存储过程动态构造,内容可以变化)。仅适用于游标参数。

(6) default:参数的默认值。如果定义了默认值,不必指定该参数的值即可执行过程。默认值必须是常量或NULL。

(7) OUTPUT:表明参数是返回参数。该选项的值可以返回给EXEC[UTE]。使用OUTPUT参数可将信息返回给调用过程。

(8) {RECOMPILE | ENCRYPTION | RECOMPILE, ENCRYPTION}:RECOMPILE表明SQL Server不会缓存该过程的计划,该过程将在运行时重新编译。ENCRYPTION表示SQL Server加密syscomments表中包含CREATE PROCEDURE语句文本的条目。

(9) FOR REPLICATION:指定不能在订阅服务器上执行为复制创建的存储过程。

(10) sql_statement:过程中要包含的任意数目和类型的Transact-SQL语句。

创建存储过程时应该注意以下几点:

(1) 存储过程的最大容量为128MB。

(2) 用户定义的存储过程只能在当前数据库中创建(临时过程除外,临时过程总是在tempdb中创建)。

(3) 在单个批处理中,CREATE PROCEDURE语句不能与其他Transact-SQL语句组合使用。

(4) 存储过程可以嵌套使用,在一个存储过程中可以调用其他的存储过程。嵌套的最大深度不能超过32层。

(5) 存储过程如果创建了临时表,则该临时表只能用于该存储过程,而且当存储过程执行完毕后,临时表自动被删除。

【例4.55】 下面创建一个简单的存储过程studentProc,查询某籍贯某学生的情况。

```
USE StudentMIS
GO
CREATE PROCEDURE studentProc
@ name varchar(8), @ address varchar(20)
AS SELECT * FROM Student WHERE StuName = @ name AND Address = @ address
GO
```

4.6.2 执行存储过程

执行存储过程使用EXECUTE语句,其完整语法格式如下:

```
[ EXEC[ UTE ] {
[ @ return_status = ]
{ procedure_name [ ;number ] | @ procedure_name_var }
[ [ @ parameter = ] { value | @ variable [ OUTPUT ] | [ DEFAULT ] }] [ ,…n ]
[ WITH RECOMPILE ]}
```

其中各参数含义如下：

(1) @ return_status:一个可选的整型变量,用于保存存储过程的返回状态。这个变量用于 EXECUTE 语句前,必须在批处理、存储过程或函数中声明过。

(2) procedure_name:调用的存储过程名称。

(3) number:是可选的整数,用于将相同名称的过程进行组合,使得它们可以用一句 DROP PROCEDURE 语句除去。

(4) @ procedure_name_var:局部定义变量名,代表存储过程名称。

(5) @ parameter:存储过程参数,在 CREATE PROCEDURE 语句中定义。参数名称前必须加上符号@。

(6) value:存储过程中参数的值。

(7) @ variable:用来保存参数或返回参数的变量。

(8) OUTPUT:指定存储过程必须返回一个参数。该存储过程的匹配参数也必须由关键字 OUTPUT 创建。使用游标变量作参数时使用该关键字。

(9) DEFAULT:根据过程的定义,提供参数的默认值。

(10) WITH RECOMPILE:强制编译新的计划。

在调用存储过程时,有 2 种传递参数的方法:第 1 种是在传递参数时,使传递的参数和定义时的参数顺序一致,对于使用默认值的参数可以用 DEFAULT 代替;第 2 种传递参数的方法是采用参数名字引导的形式(如@ name = '张强'),此时,各个参数的顺序可以任意排列。

例如,要执行例 4.55 的存储过程,使用如下语句:

```
EXECUTE studentProc @ name = '张强',@ address = '北京' --参数由参数名标识
或 EXECUTE studentProc '张强', '北京' --参数以位置标识
```

存储过程在执行后都会返回 1 个整型值。如果执行成功,则返回 0;否则返回 -1 ~ -99 之间的数值。也可以使用 RETURN 语句来指定一个返回值。

4.6.3 存储过程的修改

1) 使用 Microsoft SQL Server Management Studio 修改

使用 Microsoft SQL Server Management Studio 修改存储过程较简单,步骤如下:

(1) 打开 Microsoft SQL Server Management Studio 并连接到目标服务器,在“对象资源管理器”窗口中找到“数据库”结点,然后选择存储过程所在的数据库(如 StudentMIS)。

(2) 依次展开“可编程性”结点和“存储过程”结点,然后右击要修改的存储过程名,如 studentProc,在弹出的快捷菜单中,执行“修改”命令,则会在右侧窗口打开查询编辑器,显示该存储过程原来的代码。

(3) 修改代码后,重新执行,保存即可。

2) 使用 Transact-SQL 语句修改

修改存储过程的 ALTER PROCEDURE 语句的语法如下:

```
ALTER PROC[EDURE] procedure_name [ ; number ]
[ { @ parameter data_type }
[ VARYING ] [ = default ] [ OUTPUT ] ] [ , …n ]
```

```
[ WITH { RECOMPILE | ENCRYPTION | RECOMPILE , ENCRYPTION } ]
[ FOR REPLICATION ] AS sql_statement [ …n ]
```

参数与 CREATE PROCEDURE 语句的参数描述一致。

4.6.4 存储过程的删除

1）使用 Microsoft SQL Server Management Studio 删除

使用 Microsoft SQL Server Management Studio 删除存储过程的步骤如下：

（1）打开 Microsoft SQL Server Management Studio 并连接到目标服务器，在“对象资源管理器”窗口中找到“数据库”结点，然后选择存储过程所在的数据库（如 StudentMIS）。

（2）依次展开“可编程性”结点和“存储过程”结点，然后右击要删除的存储过程名，如 studentProc，在弹出的快捷菜单中，执行“删除”命令，则会弹出“删除对象”窗口，单击确定按钮，即可删除。

2）使用 Transact-SQL 语句删除

使用 DROP PROCEDURE 语句可以在当前数据库中删除 1 个或多个存储过程，其语法如下：

```
DROP PROC[EDURE ] procedure_name [ , …n ]
```

【例 4.56】 要删除 studentProc 存储过程，可以使用如下代码：

```
DROP PROC studentProc
```

4.6.5 存储过程的查看

可以使用系统存储过程 sp_helptext 来查看存储过程的定义信息，例如，要查看 studentProc 存储过程的定义信息，可以执行下面的 SQL 语句：

```
EXEC sp_helptext studentProc
```

4.7 触发器

触发器是一种特殊类型的存储过程，它在指定表中的数据发生变化时自动生效，唤醒并调用触发器以响应对表的 INSERT、UPDATE 或 DELETE 语句。触发器可以查询其他表，并可以包含复杂的 Transact-SQL 语句，用于实施完整性和强制执行业务规则。

触发器具有如下优点：

（1）触发器可通过数据库中的相关表实现级联更改。通过级联引用完整性约束可以更有效地执行这些更改。

（2）触发器可以强制比用 CHECK 约束定义的约束更为复杂的约束。与 CHECK 约束不同，触发器可以引用其他表中的列。例如，触发器可以使用另一个表中的 SELECT 比较插入或更新的数据，以及执行其他操作，如修改数据或显示用户定义错误信息。

（3）触发器也可以评估数据修改前后的表状态，并根据其差异采取对策。

（4）1 个表中的多个同类触发器（INSERT、UPDATE 或 DELETE）允许采取多个不同的对策，以响应同一个修改语句。

（5）确保数据规范化。使用触发器可以维护非正规化数据库环境中的记录级数据的完整性。

4.7.1 创建触发器

在 Microsoft SQL Server 2008 中,创建触发器可以使用 Transact-SQL 语句的 CREATE TRIGGER 语句,也可以使用 Microsoft SQL Server Management Studio 来完成,本书只介绍使用 Transact-SQL 语句创建触发器的语法,使用 Microsoft SQL Server Management Studio 的创建请读者自学完成。

在创建触发器前,应该考虑到下列问题:

(1) CREATE TRIGGER 语句必须是批处理中的第 1 个语句。将该批处理中随后的其他所有语句解释为 CREATE TRIGGER 语句定义的一部分。

(2) 创建触发器的权限默认分配给表的所有者,且不能将该权限转给其他用户。

(3) 触发器为数据库对象,其名称必须遵循标识符的命名规则。

(4) 虽然触发器可以引用当前数据库以外的对象,但只能在当前数据库中创建触发器。

(5) 虽然不能在临时表或系统表上创建触发器,但是触发器可以引用临时表。不应引用系统表,而应使用信息架构视图。

(6) 在含有用 DELETE 或 UPDATE 操作定义的外键的表中,不能定义 INSTEAD OF 和 INSTEAD OF UPDATE 触发器。

(7) 虽然 TRUNCATE TABLE 语句类似没有 WHERE 子句(用于删除行)的 DELETE 语句,但它并不会引发 DELETE 触发器,因为 TRUNCATE TABLE 语句没有记录。

触发器可以由 CREATE TRIGGER 语句创建,其语法如下:

```
CREATE TRIGGER trigger_name ON { table | view }
[ WITH ENCRYPTION ]
{
  { FOR | AFTER | INSTEAD OF } { [DELETE] [,] [INSERT] [,] [UPDATE] }
  [ WITH APPEND ] [ NOT FOR REPLICATION ] AS
  [ { IF UPDATE ( column ) [ { AND | OR } UPDATE ( column ) ] [ …n ]
  | IF ( COLUMNS_UPDATED ( ) { bitwise_operator } updated_bitmask )
  { comparison_operator } column_bitmask [ …n ]
  } ]
  sql_statement [ …n ]
}
```

其中各参数含义如下:

(1) trigger_name:触发器的名称。

(2) table | view:在其上执行触发器的表或视图,有时称为触发器表或触发器视图。

(3) WITH ENCRYPTION:加密 syscomments 表中包含 CREATE TRIGGER 语句的条目。

(4) AFTER:指定触发器只有在触发 SQL 语句中指定的所有操作都已成功执行后才激发。所有的引用级联操作和约束检查也必须成功完成后才能执行此触发器。如果仅指定 FOR 关键字,则 AFTER 是默认设置。不能在视图上定义 AFTER 触发器。

（5）INSTEAD OF：指定执行触发器而不是执行触发 SQL 语句，从而替代触发语句的操作。

（6）{[DELETE][,][INSERT][,][UPDATE]}：指定在表或视图上执行哪些数据修改语句时将激活触发器的关键字。当向表中插入或更新记录时，INSERT 或者 UPDATE 触发器被执行。一般情况下，这 2 种触发器常用来检查插入或者修改后的数据是否满足要求。DELETE 触发器通常用于下面的情况：①防止那些确实要删除，但是可能会引起数据一致性问题的情况，一般是那些用作其他表的外部键记录；②用于级联删除操作。

（7）WITH APPEND：指定应该添加现有类型的其他触发器。

（8）NOT FOR REPLICATION：表示当复制进程更改触发器所涉及的表时，不应执行该触发器。

（9）AS：触发器要执行的操作。

（10）sql_statement：触发器的条件和操作。

IF 子句说明了触发器条件中的列值被修改时才触发触发器。判断列是否被修改，有如下 2 种办法：

（1）UPDATE（column）：参数为表或者视图中的列名称，说明这一列的数据是否被 INSERT 或者 UPDATE 操作修改过。如果修改过，则返回 TRUE；否则，返回 FALSE。

（2）COLUMNS_UPDATED（）{bitwise_operator} updated_bitmask）{comparison_operator} column_bitmask [⋯n]：COLUMNS_UPDATED()检测指定列是否被 INSERT 或 UPDATE 操作修改过。它返回 varbinary 位模式，表示插入或更新了表中的那些列。COLUMNS_UPDATED 函数以从左到右的顺序返回位，最左边的为最不重要的位。最左边的位表示表中的第 1 列；向右的下一位表示第 2 列，依此类推。如果在表上创建的触发器包含 8 列以上，则 COLUMNS_UPDATED 返回多个字节，最左边的为最不重要的字节。在 INSERT 操作中 COLUMNS_UPDATED 将对所有列返回 TRUE 值，因为这些列插入了显式值或隐性(NULL)值。bitwise_operator 是用于比较运算的位运算符。updated_bitmask 是整型位掩码，表示实际更新或插入的列。例如，表 t1 包含列 C1、C2、C3、C4 和 C5。假定表 t1 上有 UPDATE 触发器，若要检查列 C2、C3 和 C4 是否都有更新，指定值 14（对应二进制数为 01110）；若要检查是否只有列 C2 有更新，指定值 2（对应二进制数为 00010）。comparison_operator 是比较运算符。使用等号（=）检查 updated_bitmask 中指定的所有列是否都实际进行了更新。使用大于号（>）检查 updated_bitmask 中指定的任一列或某些列是否已更新。column_bitmask 是要检查列的整型位掩码，用来检查是否已更新或插入了这些列。

创建触发器时需要指定的选项：触发器的名称，必须遵循标识符的命名规则；在其上定义触发器的表；触发器何时激发；激活触发器的数据修改语句，有效选项为 INSERT、UPDATE 或 DELETE；多个数据修改语句可激活同一个触发器，例如，触发器可由 INSERT 或 UPDATE 语句激活；执行触发操作的编程语句。

【例 4.57】 为 StudentMIS 数据库中的 Student 表创建 1 个 INSERT 触发器，触发器名为 tr_student_ins，在插入记录时，该触发器被触发，并自动显示表中的内容。

```
USE StudentMIS
```

```
GO
/*如果触发器 tr_student_ins 存在,则删除*/
IF EXISTS (SELECT name FROM sysobjects WHERE name = 'tr_student_ins' AND type
= 'TR')
DROP TRIGGER tr_student_ins
GO
/*创建触发器 tr_student_ins*/
CREATE TRIGGER tr_student_ins ON Student FOR INSERT AS
SELECT * FROM Student
GO
```

【例 4.58】 为 StudentMIS 数据库中的 Student 表创建一个名为名为 tr_student_del 的 DELETE 触发器,因为 SC 表中包含学生的学号和成绩,如果还存在 1 个 Student 表,其中包含学生的学号和姓名,它们之间以学号相关联。如果要删除 Student 表中的 1 条记录,则与该记录的学号对应的学生成绩也应该删除。

```
USE StudentMIS
GO
/*如果触发器 tr_student_del 存在,则删除*/
IF EXISTS (SELECT name FROM sysobjects WHERE name = 'tr_student_del' AND type
= 'TR')
DROP TRIGGER tr_student_del
GO
/*创建触发器 tr_student_del*/
CREATE TRIGGER tr_student_del ON Student FOR DELETE AS
DELETE FROM SC WHERE SC.StuNo = deleted.StuNo
GO
```

此时,要删除 Student 表中的记录,则 SC 表中对应的记录也被删除。如果使用 SELECT 语句来查询 SC 表,将看到对应的记录已经被删除。

4.7.2 inserted 表和 deleted 表

触发器执行时会产生 inserted 表和 deleted 表 2 个临时表。它们的结构和触发器所在的表的结构相同,Microsoft SQL Server 2008 自动创建和管理这些表。可以使用这 2 个临时的驻留内存的表测试某些数据修改的效果及设置触发器操作的条件,然而,不能直接对表中的数据进行更改。

deleted 表用于存储 DELETE 和 UPDATE 语句所影响的行的副本。在执行 DELETE 或 UPDATE 语句时,行从触发器表中删除,并传输到 deleted 表中。deleted 表和触发器表通常没有相同的行。

inserted 表用于存储 INSERT 和 UPDATE 语句所影响的行的副本。在一个插入或更新事务处理中,新建行被同时添加到 inserted 表和触发器表中。inserted 表中的行是触发器表中新行的副本。

在对具有触发器的表(触发器表)进行操作时,操作过程如下:

(1) 执行 INSERT 操作:插入到触发器表中的新行插入到 inserted 表中。

(2) 执行 DELETE 操作:从触发器表中删除的行插入到 deleted 表中。

(3) 执行 UPDATE 操作:先从触发器表中删除旧行,然后再插入新行。其中被删除的旧行插入到 deleted 表中,插入的新行插入到 inserted 表中。

4.7.3 修改触发器

修改触发器可以使用 ALTER TRIGGER 语句。其语法如下:

```
ALTER TRIGGER trigger_name ON ( table | view )
[ WITH ENCRYPTION ]
{ ( FOR | AFTER | INSTEAD OF ) { [ DELETE ] [ , ] [ INSERT ] [ , ] [ UPDATE ] }
[ NOT FOR REPLICATION ] AS sql_statement [ …n ] } |
{ ( FOR | AFTER | INSTEAD OF ) { [ INSERT ] [ , ] [ UPDATE ] }
[ NOT FOR REPLICATION ]
AS { IF UPDATE ( column ) [ { AND | OR } UPDATE ( column ) ] [ …n ]
 | IF ( COLUMNS_UPDATED ( ) { bitwise_operator } updated_bitmask ) { comparison_
operator }
column_bitmask [ …n ] } sql_statement [ …n ] }
```

各参数含义和 CREATE TRIGGER 语句相同,这里不再介绍。

4.7.4 删除触发器

可以使用 DROP TRIGGER 语句来删除触发器。其语法如下:

```
DROP TRIGGER { trigger_name } [ ,…n ]
```

其中:trigger_name 是要删除的触发器名称,而 n 表示可以指定多个触发器的占位符。例如,要删除 tr_student_ins 触发器,则可以执行下面的 SQL 语句:

```
DROP TRIGGER tr_student_ins
```

4.8 数据控制

4.8.1 数据控制简介

由于数据库管理系统是一个多用户系统,为了控制用户对数据的存储权限,保持数据的共享及安全性,SQL 语言提供了一系列的数据控制功能,主要包括安全性控制、完整性控制、并发控制和恢复。这里仅作简要说明,在第 6 章将详细介绍。

1) 完整性控制

数据的完整性是指数据的正确性和相容性。完整性控制的主要目的是防止语义上不正确的数据进入数据库。关系数据库系统中的完整性约束包括实体完整性、参照完整性和用户定义完整性。而完整性约束条件的定义主要是通过 CREATE TABLE 语句中的 [CHECK] 子句来完成。

2) 并发控制和恢复

数据库作为共享资源,允许多个应用程序并行地存取数据。并发控制指的是当多个用户并行地操作数据库时,需要通过并发控制对它们加以协调、控制,以保证并发操作的正确执行,并保证数据库的一致性;恢复指的是当发生各种类型的故障,使数据库处于不一致的状态时,将数据恢复到某一正确的状态的功能。

3）安全性控制

数据的安全性是指保护数据库,以防止非法使用造成数据的泄露和破坏。保证数据安全性的主要方法是通过对数据库存取权限的控制来防止非法用户使用数据库中的数据,即限定不同用户操作不同的数据对象。

存取权限控制包括权限的授予、检查和撤销。权限授予和撤销命令由数据库管理员使用。系统在用户对数据库操作前,先核实相应用户是否有权在相应数据上进行所要求的操作。

这里主要讨论 SQL 语言的安全控制功能。

4.8.2 授权

SQL 用 GRANT 语句向用户授予操作权限,GRANT 语句的一般格式如下:

```
GRANT <权限>[,<权限>]…
      ON <对象类型> <对象名>[,<对象类型> <对象名>]…
      TO <用户>[,<用户>]…
      [WITH GRANT OPTION];
```

说明:

(1) 该语句的作用是将对指定操作对象的指定操作权限授予指定的用户。发出该 GRANT 语句的可以是 DBA,也可以是该数据库的创建者,也可以是已经拥有该权限的用户。

(2) 对不同类型的操作对象有不同的操作权限,常见的操作权限如表 4－8 所列。

表 4－8　不同对象类型允许的操作权限

对象	对象类型	操作权限
属性列	TABLE	SELECT、INSERT、UPDATE、DELETE、ALL PRIVILEGES
视图	TABLE	SELECT、INSERT、UPDATE、DELETE、ALL PRIVILEGES
基本表	TABLE	SELECT、INSERT、UPDATE、DELETE、ALTER、INDEX、ALL PRIVILEGES(前面权限的总和)
数据库	DATABASE	CREATE TABLE

用户权限定义中数据对象范围越小,授权就越灵活。有的系统可精细到字段级,而有的系统只能对关系授权。授权粒度越细,系统定义与检查权限的开销也会相应地增大。关系数据库中授权的数据对象横向粒度有数据库、表、属性列等。

接受权限的用户可以是 1 个或多个具体用户,也可以是 PUBLIC,即全体用户。

(3) 如果指定了 WITH GRANT OPTION 子句,则获得某种权限的用户还可以把这种权限再授予其他的用户,但不允许循环授权。如果没有指定 WITH GRANT OPTION 子句,则获得某种权限的用户只能使用该权限,但不能传播该权限。

(4) GRANT 语句可以 1 次向 1 个用户授权,也可以 1 次向多个用户授权,还可以 1 次完成多个同类对象的授权,甚至 1 次可以完成对基本表、视图和属性列这些不同对象的授权,但因为对象类型不同,授予关于 DATABASE 的权限必须与授予关于 TABLE 的权限分开。

【例 4.59】 将查询 Student 表的权限授予用户 user1。

```
GRANT SELECT ON TABLE Student TO user1
```

【例 4.60】 将修改学生姓名、查询 Student 表的权限授予用户 user2 和 user3。

```
GRANT UPDATE(StuName),SELECT ON Student TO user2,user3
```

对属性列授权时必须指明相应属性列的名称。

4.8.3 收回权限

数据库管理员(DBA)和数据库拥有者(DBO)可以通过 REVOKE 语句将其他用户的操作授权收回。REVOKE 语句的一般格式如下:

```
REVOKE <权限>[,<权限>]…
    ON <对象类型> <对象名>[,<对象类型> <对象名>]…
    FROM <用户>[,<用户>]…[CASCADE | RESTRICT];
```

【例 4.61】 将用户 user1 查询 Student 表的权限收回。

```
REVOKE SELECT ON TABLE Student FROM user1
```

【例 4.62】 将所有用户对 Student 表查询的权限收回。

```
REVOKE SELECT ON TABLE Student FROM PUBLIC
```

4.9 小 结

SQL 是关系数据库的标准语言,不仅具有丰富的查询功能还具有数据定义和数据控制功能,是集数据定义语言(DDL)、数据查询语言(DQL)、数据操纵语言(DML)、数据控制语言(DCL)于一体的关系数据语言。SQL 功能强大、易学易用。

本章主要介绍 SQL 语言的发展过程、基本特点,以及 DDL、DQL、DML、DCL。

SQL 数据查询可以分为单表查询和多表查询。多表查询的实现方式有连接查询和子查询,其中子查询可分为相关子查询和非相关子查询。在查询语句中可以利用表达式、函数,以及分组操作 GROUP BY、HAVING 和排序操作 ORDER BY 等进行处理。查询语句是 SQL 的重要语句,要加强学习和训练。

SQL 数据定义包括对基本表、视图、索引的创建和删除。SQL 数据操纵包括数据的插入、删除、修改等操作。SQL 还提供了一系列的数据控制功能,主要包括安全性控制、完整性控制、并发控制和恢复。

本章还介绍了视图、存储过程以及触发器等高级议题,在掌握 DDL、DQL、DML 的基础上,深入学习这些内容。视图是从若干个基本表或视图导出来的虚表,提供了一定程度的数据逻辑独立性,并可增加数据的安全性,封装了复杂的查询,简化了用户的使用。存储过程是 SQL 语句和可选控制流语句的预编译集合,以一个名称存储并作为一个单元处理。触发器则是一种特殊的存储过程,在对表执行 INSERT、DELETE 和 UPDATE 操作时自动执行。存储过程和触发器在数据库开发过程以及数据库维护和管理等任务中有非常重要的作用。使用存储过程和触发器可以有效地检查数据的有效性、完整性和一致性。

习　题

1. 名词解释：基本表、视图、索引、相关子查询、联接查询、嵌套查询、存储过程、触发器。

2. 试说明视图、索引、存储过程、触发器的作用。

3. SQL 语言的 4 大基本功能是什么？

4. SQL 的中文全称是__________。

5. SQL 语言只一种综合性的功能强大的语言。除了具有数据查询和数据操纵功能之外，还具有__________和__________功能。

6. SQL 语言支持关系数据库的 3 级模式结构，其中外模式对应于__________，模式对应于__________，内模式对应于__________。

7. 建立索引的目的是__________。

8. 在字符匹配中__________可以代表任意单个字符。

9. 用 ORDER BY 子句可以对查询结果按照 1 个或多个属性列降序或升序排序，其默认值是__________。

10. SQL 的数据控制功能包括事务管理功能和数据保护功能，其中数据保护功能包括__________、__________、__________、__________。

11. 在 SQL 的结构中__________有对应的物理存储，而__________没有对应的物理存储。

12. 对于本章例子教务管理系统使用的 3 个基本表：

```
Student (StuNo, StuName, Sex, Age, MajorNo,Address )
Course (CNo, CName, Credit, ClassHour, Teacher)
SC(StuNo, CNo, Score)
```

试用 SQL 查询语句练习本章例子程序的基础上，完成下列查询：

(1) 使用 INSERT 语句分别向 Student 表、Course 表和 SC 表插入 20 条数据。

(2) 查询“王老师”所授课程的课程号和课程名。

(3) 在表 SC 中查询成绩为空值的学生学号和课程号。

(4) 查询姓名以“张”开头的所有学生的姓名和年龄。

(5) 查询选修课程包含“王老师”所授课程的学生学号。

(6) 在表 Course 中统计开设课程的教师人数。

(7) 查询年龄大于 20 岁的男学生的学号和姓名。

(8) 查询学号为 41050001 学生所学课程的课程名与任课教师名。

(9) 查询至少选修“王老师”老师所授课程中一门课程的女学生姓名。

(10) 查询“叶斌”同学不学的课程的课程号。

(11) 查询至少选修两门课程的学生学号。

(12) 查询全部学生都选修课程的课程号与课程名。

(13) 选修“数据库技术及应用”课程的女学生的平均年龄。

(14) 查询“王老师”所授课程的每门课程的平均成绩。

(15) 统计每个学生选修课程的门数。

(16) 查询年龄大于男学生平均年龄的女学生姓名和年龄。

(17) 将选修“数据库技术及应用”课程的学生成绩提高10%。

(18) 创建一个视图 sc_view,包括 StuNo、StuName、CName、Credit、ClassHour、Teacher、Score。

13. 用 SQL 语句建立下面 4 个表,要求每个表定义主码,相关表定义外码:

```
S(SNO,SNAME,STATUS,CITY)
P(PNO,PNAME,COLOR,WEIGHT)
J(JNO,JNAME,CITY)
SPJ(SNO,PNO,JNO,QTY)
```

14. 创建一个存储过程,用于查询订单信息,包括订单日期、客户名称、定购的书籍名称、单价、数量和总价。

15. 创建一个触发器,用于在向 author 表修改或者插入数据时,检查 telephone 字段的长度不大于13位(必须为区号+电话号码的格式,如0471-11111111)。

第5章 关系数据库规范化理论

数据库设计的一个最基本的问题是怎样建立一个合理的数据库模式，使数据库系统无论是在数据存储方面，还是在数据操作方面都具有较好的性能。怎样的数据模式才是最佳的，标准是什么，将是本章要讨论的问题。

本章首先说明关系规范化的提出；接着引入函数依赖和范式等基本概念；然后介绍关系模式等价性判定和模式分解的方法；最后简要介绍两种数据依赖的概念。

5.1 关系规范化的提出

为使数据库设计合理可靠、简单实用，长期以来，形成了关系数据库设计理论，即规范化理论。它是根据现实世界存在的数据依赖而进行的关系模式的规范化处理，从而得到一个合理的数据库设计效果。

5.1.1 问题的提出

在关系数据库系统中，关系模型包括一组关系模式，各个关系是相互关联的，而不是完全独立的。如何设计一个适合的关系模式，既提高系统的运行效率，减少数据冗余，又方便快捷，是数据库系统设计成败的关键。那么，什么样的关系模式才是好的关系模式？下面通过一个实例来进行分析。

【例5.1】 设计一个学校教学管理的的数据库，要求：①1个系有多名学生，1名学生只属于1个系；②1个系只有1名负责人；③1名学生可以选修多门课程，每门课程可有多名学生选修；④每名学生学习每一门课程仅有1个成绩。采用单一的关系模式设计为R(U)，其中U由属性学号(StuNo)、姓名(StuName)、系名(DName)、系负责人(MName)、课程名(CName)、成绩(Score)组成的属性集合。若将这些信息设计成一个关系，则关系模式如下：

SCD = (StuNo, StuName, DName, MName, CName, Score)

选定此关系的主键为(StuNo, CName)。

在此关系模式中填入一部分数据，则可得到该关系模式的实例，如表5-1所列。

分析表5-1不难看出，该关系存在着如下问题：

1) 数据冗余

在这个关系中，每个系名和系负责人存储的次数等于该系的学生人数乘以每个学生选修的课程门数，同时学生的姓名也要重复存储多次，每一个课程名均对选修该门课程的学生重复存储。

表 5-1　关系模式 SCD 的实例

StuNo	StuName	DName	MName	CName	Score
41050002	武松	计算机系	鲁达	计算机网络	80
41050002	武松	计算机系	鲁达	数据结构	85
41050002	武松	计算机系	鲁达	C 语言	88
41050018	华荣	通信工程系	秦明	通信原理	75
41050018	华荣	通信工程系	秦明	信号与系统	80
41050018	华荣	通信工程系	秦明	数据库技术	85
41050020	李忠	通信工程系	秦明	信号与系统	82

2）插入异常

由于主键中元素的属性值不能取空值，如果新分配来一位教师或新成立一个系，则系负责人及新系名就无法插入，必须招生后才能插入；如果一门课程无人选修或一门课程列入计划但目前不开课，也无法插入。

3）修改异常

如果更换系负责人，则需要修改多个元组。如果仅部分修改，部分不修改，就会造成数据的不一致性。同样情形，如果一个学生转系，则对应此学生的所有元组都必须修改；否则，也出现数据的不一致性。

4）删除异常

如果某系的所有学生全部毕业，又没有在读生及新生，当从表中删除毕业学生的选课信息时，则连同此系的信息将全部丢失。同样，如果所有学生都退选某一门课程，则该课程的相关信息也同样丢失了。

由此可知，上述学校教学管理的数据库关系尽管看起来能满足一定的需求，但存在的问题很多，因而它并不是一个合理的关系模式。

5.1.2　解决的方法

不合理的关系模式最突出的问题是数据冗余，而数据冗余的产生有着较为复杂的原因，虽然关系模式充分地考虑到文件之间的相互关联而有效地处理了多个文件间的联系所产生的冗余问题，但在关系本身内部数据之间的联系还没有得到充分的解决。正如例 5.1 所示，同一关系模式中各个属性之间存在着某种联系，如学生与系之间存在依赖关系的事实，才使得数据出现大量冗余，引发各种操作异常。关系模式中，各属性之间相互依赖、相互制约的联系称为数据依赖。

关系系统中数据冗余产生的重要原因在于对数据依赖的处理，从而影响到关系模式本身的结构设计。解决数据间的依赖关系常采用对关系的分解来消除不合理的部分，以减少数据冗余，解决插入异常、修改异常和删除异常的问题。在例 5.1 中，将教学关系分解为 3 个关系模式来表达，即学生基本信息（StuNo，StuName，DName）、院系信息（DName，MName）及学生选课信息（StuNo，CName，Score）。

对教学关系进行分解后，极大地解决了插入异常、删除异常等问题，数据冗余也得到了控制。但同时，改进后的关系模式也会带来新的问题，如当查询某个系的学生成绩时，就需要将2个关系连接后进行查询,增加了查询时关系的连接开销。此外,必须说明的是,不是任何分解都是有效的。有时分解不但解决不了实际问题,反而会带来更多的问题。

那么,什么样的关系模式需要分解,分解关系模式的理论依据又是什么,分解后是否能完全消除上述的问题,下面几节将加以讨论。

5.1.3 关系模式规范化

由上面的讨论可知,在关系数据库的设计中,不是随便一种关系模式设计方案都"合适",更不是任何一种关系模式都可以投入应用的。由于数据库中的每一个关系模式的属性之间需要满足某种内在的必然联系,设计一个好的数据库的根本方法是先要分析和掌握属性间的语义关联,然后再依据这些关联得到相应的设计方案。在理论研究和实际应用中,人们发现,属性间的关联表现为一个属性子集对另一个属性子集的"依赖"关系。数据依赖是同一关系中属性间的相互依赖和相互制约。数据依赖包括函数依赖、多值依赖和连接依赖。基于对这3种依赖关系在不同层面上的具体要求,人们又将属性之间的这些关联分为若干等级,这就形成了关系的规范化。由此看来,解决关系数据库冗余问题的基本方案就是分析研究属性之间的联系,按照每个关系中属性间满足某种内在语义条件,以及相应运算当中表现出来某些特定要求,也就是按照属性间联系所处的规范等级来构造关系。由此产生的一整套有关理论称为关系数据库的规范化理论。

5.2 函数依赖的基本概念

数据依赖包括函数依赖、多值依赖和连接依赖。函数依赖是数据依赖的一种,函数依赖反映了同一关系中属性间一一对应的约束。函数依赖是关系规范化的理论基础。

5.2.1 函数依赖

定义5.1 设$R(U)$是一个属性集U上的关系模式,X和Y是U的子集。若对于$R(U)$的任意一个可能的关系r,r中不存在2个元组在X上的属性值相等,而在Y上的属性值不等,则称"X函数确定Y"或"Y函数依赖于X",记作$X \to Y$。

另外一种更加直观的定义如下:设$R = R(A_1, A_2, \cdots, A_n)$是一个关系模式($A_1, A_2, \cdots, A_n$是$R$的属性),$X \in \{A_1, A_2, \cdots, A_n\}$,$Y \in \{A_1, A_2, \cdots, A_n\}$,即$X$和$Y$是$R$的属性子集,$T_1$、$T_2$是$R$的2个任意元组,即$T_1 = T_1(A_1, A_2, \cdots, A_n)$,$T_2 = T_2(A_1, A_2, \cdots, A_n)$,如果当$T_1(X) = T_2(X)$成立时,总有$T_1(Y) = T_2(Y)$,则称"$X$函数确定$Y$"或"$Y$函数依赖于$X$",记作$X \to Y$。

函数依赖和其他数据依赖一样是语义范畴的概念,只能根据数据的语义来确定函数依赖。例如,在关系模式SCD=(学号,姓名,年龄,系名,系负责人,课程名,成绩),存在以下函数依赖集:

F={学号→姓名, 学号→年龄, 学号→系名, 系名→系负责人, (学号,课程名)→成绩}

知道了学生的学号,可以唯一地查询到其对应的姓名、年龄等,因而,可以说"学号函数确定了姓名或年龄",记作"学号→姓名"、"学号→年龄"等。这里的唯一性并非只有1个元组,而是指任何元组,只要它在X(学号)上相同,则在Y(姓名或年龄)上的值也相同。如果满足不了这个条件，就不能说它们是函数依赖。例如，学生姓名与年龄的关系，如果没有同名人的情况，则函数依赖“姓名→年龄”成立；如果允许有相同的名字，则“年龄”就不再依赖于“姓名”。

特别需要注意的是，函数依赖不是指关系模式 R 中某个或某些关系满足的约束条件，而是指 R 的一切关系均要满足的约束条件。

5.2.2 函数依赖的 3 种基本情形

当 $X \to Y$ 成立时，则称 X 为决定因素，称 Y 为依赖因素。当 Y 不函数依赖于 X 时，记为 $X \not\to Y$。

如果 $X \to Y$，且 $Y \to X$，则记其为 $X \leftrightarrow Y$。

函数依赖可以分为以下 3 种基本情形：

1）平凡函数依赖与非平凡函数依赖

定义 5.2 在关系模式 $R(U)$ 中，对于 U 的子集 X 和 Y，如果 $X \to Y$，但 Y 不是 X 的子集，则称 $X \to Y$ 是非平凡函数依赖。若 Y 是 X 的子集，则称 $X \to Y$ 是平凡函数依赖。

例如，在关系模式 SC（学号，课程名，成绩）中，（学号，课程名）→成绩是非平凡的函数依赖，而（学号，课程名）→学号和（学号，课程名）→课程名则是平凡的函数依赖。

对于任一关系模式，平凡函数依赖都是必然成立的，它不反映新的语义，因此，若不特别声明，本书总是讨论非平凡函数依赖。

2）完全函数依赖与部分函数依赖

定义 5.3 在关系模式 $R(U)$ 中，如果 $X \to Y$，并且对于 X 的任何一个真子集 X'，都有 $X' \not\to Y$，则称 Y 完全函数依赖于 X，记作 $X \xrightarrow{F} Y$。若 $X \to Y$，但 Y 不完全函数依赖于 X，则称 Y 部分函数依赖于 X，记作 $X \xrightarrow{P} Y$。

如果 Y 对 X 部分函数依赖，X 中的“部分”就可以确定对 Y 的关联，从数据依赖的观点来看，X 中存在“冗余”属性。

例如，在关系模式 SCD 中，（学号，课程名）→成绩是完全函数依赖，而（学号，课程名）→系名是部分函数依赖。

3）传递函数依赖

定义 5.4 在关系模式 $R(U)$ 中，如果 $X \to Y$，$Y \to Z$，且 $Y \not\to X$，则称 Z 传递函数依赖于 X，记作 $X \xrightarrow{T} I$。

例如，在关系模式 SCD 中，学号→系名，系名→系负责人，所以学号$\xrightarrow{T}$系负责人。

传递函数依赖定义中之所以要加上条件 $Y \not\to X$，是因为如果 $Y \to X$，则 $X \leftrightarrow Y$，这实际上是 Z 直接依赖于 X，而不是传递函数依赖了。

按照函数依赖的定义可知，如果 Z 传递依赖于 X，则 Z 必然函数依赖于 X，如果 Z 传递依赖于 X，说明 Z 是“间接”依赖于 X，从而表明 X 和 Z 之间的关联较弱，表现出间接的弱数据依赖。因而也是产生数据冗余的原因之一。

5.2.3 码的函数依赖

定义 5.5 设 K 为关系模式 $R(U,F)$ 中的属性或属性集合。若 $K \to U$，则 K 称为 R 的

一个超码(Super Key)。

定义 5.6 设 K 为关系模式 $R(U,F)$ 中的属性或属性集合。若 $K \xrightarrow{F} U$,则 K 称为 R 的一个候选码。候选码一定是超码,而且是“最小”的超码,即 K 的任意一个真子集都不再是 R 的超码。候选码有时也称为候选键。

若关系模式 R 有多个候选码,则选定其中一个作为主码。

组成候选码的属性称为主属性,不包含在任何候选码中的属性称为非主属性。

在关系模式中,最简单的情况,单个属性是码,称为单码;最极端的情况,整个属性组都是码,称为全码。

定义 5.7 关系模式 R 中属性或属性组 X 并非 R 的码,但 X 是另一个关系模式的码,则称 X 是 R 的外部码,也称为外码。

码是关系模式中的一个重要概念。候选码能够唯一地标识关系的元组,是关系模式中一组最重要的属性;另外,主码又和外码一起提供了一个表示关系间联系的手段。

5.3 关系模式的规范化

关系数据库中的关系必须满足一定的规范化要求,对于不同的规范化程度可用范式来衡量。范式是符合某一种级别的关系模式的集合,是衡量关系模式规范化程度的标准,达到的关系才是规范化的。目前主要有 6 种范式:第 1 范式、第 2 范式、第 3 范式、BC 范式、第 4 范式和第 5 范式。满足最低要求的称为第 1 范式,简称为 1NF。在第 1 范式基础上进一步满足一些要求的为第 2 范式,简称为 2NF。其余以此类推。各种范式之间的关系如下。

$1NF \supset 2NF \supset 3NF \supset BCNF \supset 4NF \supset 5NF$

关系模式的规范化主要解决的问题是关系中数据冗余及由此产生的操作异常。而从函数依赖的观点来看,即是消除关系模式中产生数据冗余的函数依赖。

通常把某一关系模式 R 为第 n 范式简记为 $R \in n\mathrm{NF}$。

范式的概念最早是由 E. F. Codd 提出的。1971 年至 1972 年,他先后提出了 1NF、2NF、3NF 的概念。1974 年,Codd 又和 Boyee 共同提出了 BCNF 的概念,即 BC 范式。1976 年 Fagin 提出了 4NF 的概念,后来又有人提出了 5NF 的概念。在这些范式中,最重要的是 3NF 和 BCNF,它们是进行规范化的主要目标。将一个低一级范式的关系模式分解为若干个满足高一级范式关系模式的集合的过程称为规范化。

5.3.1 第 1 范式

定义 5.8 如果关系模式 R 中每个属性值都是一个不可分解的数据项,则称该关系模式满足第 1 范式,简称 1NF,记为 $R \in 1\mathrm{NF}$。

第 1 范式规定了一个关系中的属性值必须是“原子”的,它排斥了属性值为元组、数组或某种复合数据的可能性,使得关系数据库中所有关系的属性值都是“最简形式”。一般而言,每一个关系模式都必须满足第 1 范式,1NF 是对关系模式的起码要求。

例如,前面提到的关系模式 SCD =(学号,姓名,系名,系负责人,课程名,成绩),如果成绩不可再分，则符合第 1 范式；若成绩是由平时成绩和试卷成绩 2 部分组成，则该关系模式就不符合第 1 范式，需要将成绩分成平时成绩和试卷成绩 2 项才能满足第 1 范式。即表示为 SCD =（学号，姓名，系名，系负责人，课程名，平时成绩，试卷成绩）。此时虽然满足了第 1 范式的要求，但仍存在着数据冗余、插入异常和删除异常等问题。主要原因是存在如下的函数依赖（主码是（学号，课程名））：

（学号，课程名）$\xrightarrow{F}$ 平时成绩，（学号，课程名）$\xrightarrow{F}$试卷成绩；

学号→姓名，（学号，课程名）$\xrightarrow{P}$姓名；

学号→系名，（学号，课程名）$\xrightarrow{P}$系名；

学号$\xrightarrow{T}$系负责人，（学号，课程名）$\xrightarrow{P}$系负责人。

由此可见，在 SCD 中，既存在完全函数依赖，又存在部分函数依赖和传递函数依赖。所以还需要对关系模式进行分解，使它达到更高的范式，从而避免数据操作中出现的各种异常情况。

5.3.2　第 2 范式

定义 5.9　如果一个关系模式 $R \in 1NF$，且它的所有非主属性都完全函数依赖于 R 的任一候选码，则称 R 符合第 2 范式，记为 $R \in 2NF$。

在关系模式 SCD =（学号，姓名，系名，系负责人，课程名，成绩）中，主码是（学号，课程名），姓名、系名、系负责人均为非主属性，经过上面的分析，知道该关系模式中存在非主属性对主码的部分函数依赖，所以关系模式 SCD 不符合第 2 范式，如图 5－1 所示。

为了消除这些部分函数依赖，可以采用投影分解法转换成符合 2NF 的关系模式。分解时遵循的原则是“一事一地”，让 1 个关系只描述 1 个实体或者实体间的联系。因此 SCD 分解为 2 个关系模式：

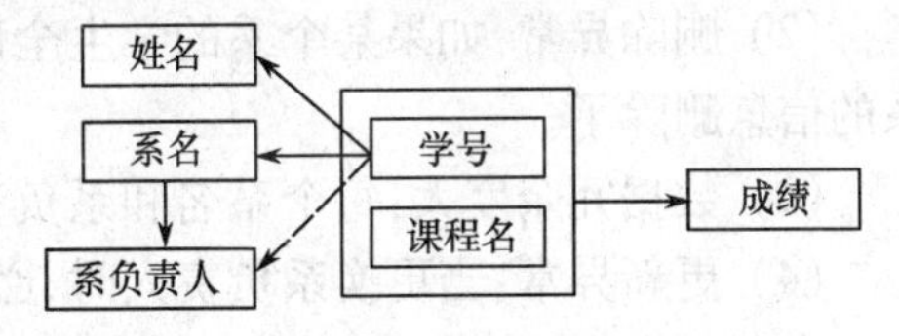

图 5－1　SCD 关系模式的函数依赖

SD（学号，姓名，系名，系负责人），描述学生实体，主码为“学号”；

SC（学号，课程名，成绩），描述学生选课实体，主码为“（学号，课程名）”。

表 5－2 为关系 SD 的实例，表 5－3 为关系 SC 的实例。

表 5－2　关系模式 SD 的实例

StuNo	StuName	DName	MName
41050002	武松	计算机系	鲁达
41050018	华荣	通信工程系	秦明
41050020	李忠	通信工程系	秦明

表 5－3　关系模式 SC 的实例

StuNo	CName	Score
41050002	计算机网络	80
41050002	数据结构	85
41050002	C 语言	88
41050018	通信原理	75
41050018	信号与系统	80
41050018	数据库技术	85
41050020	信号与系统	82

显然，在分解后的关系模式中，非主属性都完全函数依赖于码，因而符合 2NF。从而使上述 3 个问题在一定程度上得到部分的解决。

（1）在 SD 关系中可以插入尚未选课的学生。

(2) 删除学生选课情况涉及的是SC关系,如果1名学生所有的选课记录全部删除,只是SC关系中没有关于该学生的记录,不会牵涉SD关系中关于该学生的记录。

(3) 由于学生选课情况与学生基本情况是分开存储在2个关系中的,因此不论该学生选多少门课程,他的"系名"和"系负责人"值都只存储了1次。这就极大地降低了数据冗余程度。

(4) 如果学生从计算机系转到通信工程系,只需修改SD关系中该学生元组的"系名"和"系负责人"值,由于"系名"和"系负责人"并未重复存储,因此简化了修改操作。

2NF就是不允许关系模式的属性之间有这样的依赖:设X是码的真子集,Y是非主属性,则有$X \to Y$。显然,码只包含一个属性的关系模式,如果属于1NF,那么它一定属于2NF,因为它不可能存在非主属性对码的部分函数依赖。

上例中的SC关系和SD关系都属于2NF。可见,采用投影分解法将一个1NF的关系分解为多个2NF的关系,可以在一定程度上减轻原1NF关系中存在的插入异常、删除异常、数据冗余等问题。

但是将一个1NF关系分解为多个2NF的关系,并不能完全消除关系模式中的各种异常情况和数据冗余。也就是说,属于2NF的关系模式并不一定是一个好的关系模式。

例如,满足2NF的关系模式SD(学号,姓名,系名,系负责人)中有下列函数依赖。

学号→系名,系名→系负责人,学号$\xrightarrow{T}$系负责人

由上可知,系负责人传递函数依赖于学号,即SD中存在非主属性对码的传递函数依赖,SD关系中仍然存在插入异常、删除异常和数据冗余的问题。

(1) 插入异常:当一个系没有招生时,有关该系的信息无法插入。

(2) 删除异常:如果某个系的学生全部毕业了,在删除该系学生信息的同时也把这个系的信息删除了。

(3) 数据冗余度大:每个系名和系负责人的存储次数等于该系的学生人数。

(4) 更新异常:当更换系负责人时,必须同时更新该系所有学生的系负责人属性值。

之所以存在这些问题,是由于在关系模式SD中存在着非主属性对主码的传递函数依赖。为此,对关系模式SCD还需进一步简化,消除传递函数依赖。

5.3.3 第3范式

定义5.10 如果一个关系模式$R \in$ 2NF,且所有非主属性都不传递函数依赖于任何候选码,则称R符合第3范式,记为$R \in$ 3NF。

关系模式SD出现上述问题的原因是非主属性系负责人传递函数依赖于学号,所以SD不符合3NF。为了消除该传递函数依赖,可以采用投影分解法,把SD分解为2个关系模式:

S(学号,姓名,系名),描述学生实体,主码为"学号";

D(系名,系负责人),描述系实体,主码为"系名"。

表5-4为关系S的实例,表5-5为关系D的实例。

显然,在分解后的2个关系模式S和D中,既没有非主属性对主码的部分函数依赖,也没有非主属性对主码的传递函数依赖,因此满足3NF,解决了2NF中存在的4个问题。

(1) 不存在插入异常。当一个新系没有学生时,有关该系的信息可以直接插入到关

系 D 中。

(2) 不存在删除异常。如果某个系的学生全部毕业了,在删除该系学生信息时,可以只删除学生关系 S 中的相关学生记录,而不影响关系 D 中的数据。

(3) 数据冗余降低。每个系负责人只在关系 D 中存储 1 次,与该系学生人数无关。

(4) 不存在更新异常。当更换系负责人时,只需修改关系 D 中 1 个系负责人的属性值,从而不会出现数据的不一致现象。

表 5-4　关系模式 S 的实例

StuNo	StuName	DName
41050002	武松	计算机系
41050018	华荣	通信工程系
41050020	李忠	通信工程系

表 5-5　关系模式 D 的实例

DName	MName
计算机系	鲁达
通信工程系	秦明

可见,采用投影分解法将一个 2NF 的关系分解为多个 3NF 的关系,可以在一定程度上解决原 2NF 关系中存在的插入异常、删除异常、数据冗余度大、更新异常等问题。

但是将 1 个 2NF 关系分解为多个 3NF 的关系后,只是限制了非主属性对码的依赖关系,而没有限制主属性对码的依赖关系。如果发生这种依赖,仍有可能存在数据冗余、插入异常、删除异常、更新异常等问题。

这时,需要对 3NF 进一步规范化,这就需要使用 BCNF 范式。

5.3.4　BCNF 范式

定义 5.11　关系模式 $R \in 1NF$,对任何非平凡的函数依赖 $X \to Y(Y \not\subseteq X)$,$X$ 均包含码,则称 R 符合 BCNF 范式,记为 $R \in BCNF$。

由 BCNF 的定义可以看到,每个 BCNF 的关系模式都具有如下 3 个性质:

(1) 所有非主属性都完全函数依赖于每个候选码。

(2) 所有主属性都完全函数依赖于每个不包含它的候选码。

(3) 没有任何属性完全函数依赖于非码的任何一组属性。

BCNF 是从 1NF 直接定义而成的,可以证明,如果 $R \in BCNF$,则 $R \in 3NF$。

如果关系模式 $R \in BCNF$,由定义可知,R 中不存在任何属性传递函数依赖于或部分函数依赖于任何候选码,所以必定有 $R \in 3NF$。但是,如果 $R \in 3NF$,R 未必属于 BCNF。

例如,在关系模式 SC(学号,姓名,课程名,成绩)中,如果姓名是唯一的,该关系模式存在 2 个候选码:(学号,课程名)和(姓名,课程名)。模型 SC 只有 1 个非主属性成绩,对 2 个候选码(学号,课程名)和(姓名,课程名)都是完全函数依赖,并且不存在对 2 个候选码的传递函数依赖。因此 $SC \in 3NF$。但是当学生如果退选了课程,元组被删除也失去学生学号与姓名的对应关系,因此仍然存在删除异常的问题;并且由于学生选课很多,姓名也将重复存储,造成数据冗余。

出现以上问题的原因在于主属性姓名部分依赖于候选码(学号,课程名),因此关系模式还需要继续分解,转换成更高一级的 BCNF 范式,以消除数据库操作中的异常现象。

3NF 和 BCNF 是以函数依赖为基础的关系模式规范化程度的测度。

如果一个关系数据库中的所有关系模式都属于 BCNF,那么在函数依赖范畴内它已实现了模式的彻底分解，达到了最高的规范化程度，消除了插入异常和删除异常。

在信息系统的设计中，普遍采用的是“基于 3NF 的系统设计”方法，就是由于 3NF 是无条件可以达到的，并且基本解决了“异常”的问题，因此这种方法目前在信息系统的设计中仍然被广泛地应用。

如果仅考虑函数依赖这一种数据依赖，属于 BCNF 的关系模式已经很完美了。但如果考虑其他数据依赖，例如，多值依赖，属于 BCNF 的关系模式仍存在问题，不能算作完美的关系模式。

5.3.5 多值依赖与第 4 范式

在关系模式中，数据之间是存在一定联系的，而对这种联系处理的适当与否直接关系到模式中数据冗余的情况。函数依赖是一种基本的数据依赖，通过对函数依赖的讨论和分解，可以有效地消除模式中的冗余现象。函数依赖实质上反映的是“多对一”联系，在实际应用中还会有“一对多”形式的数据联系，诸如此类的不同于函数依赖的数据联系也会产生数据冗余，从而引发各种数据异常现象。本节就讨论数据依赖中“一对多”现象及其产生的问题。

1）问题的引入

先看下述例子：

【例 5.2】 设有一个课程安排关系 CTB(C, T, B)，如表 5－6 所列。

表 5－6 课程安排

课程名称 *C*	任课教师 *T*	选用教材名称 *B*
通信原理	宋江	《通信原理》上、下册（北邮版）
	晁盖	《通信原理》（国防版）
计算机网络	卢俊义	计算机网络（高教版）
	吴用	计算机网络——自顶向下的设计方法
	华荣	计算机网络与因特网

在这里的课程安排具有如下语义：

（1）“通信原理”课程可以由 2 名教师担任，同时有 2 本教材可以选用。

（2）“计算机网络”课程可以由 3 名教师担任，同时有 3 本教材可以选用。

把上表变换成一张规范化的 2 维表 CTB，如表 5－7 所列。

表 5－7 关系 CTB

课程名称 *C*	任课教师 *T*	选用教材名称 *B*
通信原理	宋江	《通信原理》上、下册（北邮版）
通信原理	宋江	《通信原理》（国防版）
通信原理	晁盖	《通信原理》上、下册（北邮版）
通信原理	晁盖	《通信原理》（国防版）
计算机网络	卢俊义	计算机网络（高教版）
计算机网络	卢俊义	计算机网络——自顶向下的设计方法

（续）

课程名称 C	任课教师 T	选用教材名称 B
计算机网络	卢俊义	计算机网络与因特网
计算机网络	吴用	计算机网络(高教版)
计算机网络	吴用	计算机网络——自顶向下的设计方法
计算机网络	吴用	计算机网络与因特网
计算机网络	华荣	计算机网络(高教版)
计算机网络	华荣	计算机网络——自顶向下的设计方法
计算机网络	华荣	计算机网络与因特网

很明显,关系模式 CTB 具有唯一候选码(C, T, B),即全码,因而 CTB $\in$ BCNF。但这个关系表是数据高度冗余的,且存在插入、删除和修改操作复杂的问题。

通过仔细分析关系 CTB,可以发现它有如下特点:

(1) 属性集$\{C\}$与$\{T\}$之间存在着数据依赖关系,在属性集$\{C\}$与$\{B\}$之间也存在着数据依赖关系,而这 2 个数据依赖都不是“函数依赖”,当属性子集$\{C\}$的一个值确定之后,另一属性子集$\{T\}$就有一组值与之对应。例如,当课程名称的一个值“通信原理”确定之后,就有一组任课教师值“宋江”、“晁盖”与之对应。对于$\{C\}$与$\{B\}$的数据依赖也是如此,显然,这是一种“一对多”的情形。

(2) 属性集$\{T\}$和$\{B\}$也有关系,这种关系是通过$\{C\}$建立起来的间接关系。

如果属性 X 与 Y 之间依赖关系具有上述特征,就不为函数依赖关系所包容,需要引入新的概念予以刻画与描述,这就是多值依赖的概念。

2) 多值依赖

定义 5.12 设有关系模式 $R(U)$,X、Y 是属性集 U 中的 2 个子集,而 r 是 $R(U)$ 中任意给定的一个关系。如果有下述条件成立,则称 Y 多值依赖于 X,记为 $X \rightarrow\rightarrow Y$:

(1) 对于关系 r 在 X 上的一个确定的值(元组),都有 r 在 Y 中一组值与之对应。

(2) Y 的这组对应值与 r 在 $Z = U - X - Y$ 中的属性值无关。

此时,如果 $X \rightarrow\rightarrow Y$,但 $Z = U - X - Y \neq \varnothing$,则称为非平凡多值依赖,否则称为平凡多值依赖。平凡多值依赖的一个常见情形是 $U = X \cup Y$,此时 $Z = \varnothing$,多值依赖定义中关于 $X \rightarrow\rightarrow Y$ 的要求总是满足的。

由定义可以得到多值依赖具有如下性质:

(1) 在 $R(U)$ 中 $X \rightarrow\rightarrow Y$ 成立的充分必要条件是 $X \rightarrow\rightarrow U - X - Y$ 成立。

必要性可以从上述分析中得到证明。事实上,交换 s 和 t 的 Y 值所得到的元组和交换 s 和 t 中的 $Z = U - X - Y$ 值得到的 2 个元组是一样的。充分性类似可证。

(2) 在 $R(U)$ 中如果 $X \rightarrow Y$ 成立,则必有 $X \rightarrow\rightarrow Y$。

事实上,此时,如果 s、t 在 X 上的投影相等,则在 Y 上的投影也必然相等,该投影自然与 s 和 t 在 $Z = U - X - Y$ 的投影与关。

(3) 传递性:若 $X \rightarrow\rightarrow Y$,$Y \rightarrow\rightarrow Z$,则 $X \rightarrow\rightarrow Z - Y$。

性质(1)表明多值依赖具有某种“对称性质”:只要知道了 R 上的一个多值依赖

$X \to\to Y$,就可以得到另一个多值依赖 $X \to\to Z$,而且 X、Y 和 Z 是 U 的分割。性质(2)说明多值依赖是函数依赖的某种推广,函数依赖是多值依赖的特例。

3）第4范式

定义5.13 关系模式 $R \in 1NF$,对于 $R(U)$ 中的任意2个属性子集 X 和 Y,如果非平凡的多值依赖 $X \to\to Y (Y \not\subseteq X)$, X 都含有候选码,则称 R 符合第4范式,记为 $R(U) \in 4NF$。

关系模式 $R(U)$ 上的函数依赖 $X \to Y$ 可以看作多值依赖 $X \to\to Y$,如果 $R(U)$ 属于第4范式,此时 X 就是超键,所以 $X \to Y$ 满足BCNF。因此,由4NF的定义,就可以得到下面2点基本结论:

(1) 4NF中可能的多值依赖都是非平凡的多值依赖。

(2) 4NF中所有的函数依赖都满足BCNF。

因此,可以粗略地说,$R(U)$ 满足第4范式必满足BC范式,但反之不成立,所以BC范式不一定就是第4范式。

在例5.2中,关系模式CTB具有唯一候选码(C, T, B),并且没有非主属性,当然就没有非主属性对候选键的部分函数依赖和传递函数依赖,所以CTB满足BCNF范式。但在多值依赖 $C \to\to T$ 和 $C \to\to B$ 中的"C"不是键,所以CTB不属于4NF。对CTB进行分解,得到CT和CB,如表5-8和表5-9所列。

表5-8 关系CT

课程名称 C	任课教师 T
通信原理	宋江
通信原理	晁盖
计算机网络	卢俊义
计算机网络	吴用
计算机网络	华荣

表5-9 关系CB

课程名称 C	选用教材名称 B
通信原理	《通信原理》上、下册(北邮版)
通信原理	《通信原理》(国防版)
计算机网络	计算机网络(高教版)
计算机网络	计算机网络——自顶向下的设计方法
计算机网络	计算机网络与因特网

在CT中,有 $C \to\to T$,不存在非平凡多值依赖,所以CT属于4NF;同理,CB也属于4NF。

5.4 关系模式规范化步骤

规范化程度过低的关系不一定能够很好地描述现实世界,可能会存在插入异常、删除异常、更新异常、数据冗余等问题,解决方法就是对其进行规范化,转换成高级范式。

规范化的基本思想是,逐步消除数据依赖中不合适的部分,使模式中的各关系模式达到某种程度的"分离"。即采用"一事一地"的模式设计原则,让一个关系描述一个概念、一个实体或实体间的一种联系。若多于一个概念就把它"分离"出去。因此,规范化实质上是概念的单一化。

关系模式规范化的基本步骤如图5-2所示。

(1) 对1NF关系进行投影,消除原关系中非主属性对码的函数依赖,将1NF关系转换成为若干个2NF关系。

(2) 对 2NF 关系进行投影,消除原关系中非主属性对码的传递函数依赖,从而产生一组 3NF。

(3) 对 3NF 关系进行投影,消除原关系中主属性对码的部分函数依赖和传递函数依赖(也就是说,使决定属性都成为投影的候选码),得到一组 BCNF 关系。

以上 3 步也可以合并为 1 步:对原关系进行投影,消除决定属性不是候选码任何函数依赖。

(4) 对 BCNF 关系进行投影,消除原关系中非平凡且非函数依赖的多值依赖,从而产生一组 4NF 关系。

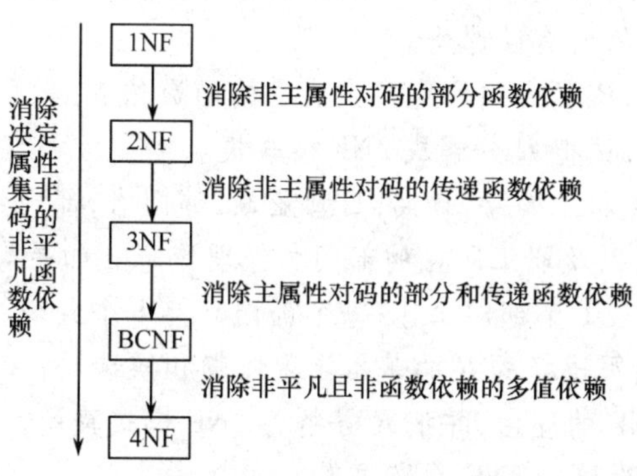

图 5-2 5 种范式间的关系

规范化程度过低的关系可能会存在插入异常、删除异常、更新异常、数据冗余等问题,需要对其进行规范化,转换成高级范式。但这并不意味着规范化程度越高的关系模式就越好。在设计数据库模式结构时,必须以现实世界的实际情况和用户应用需求作进一步分析,确定一个合适的、能够反映现实世界的模式。即上面的规范化步骤可以在其中任何一步终止。

5.5 小　结

本章主要讨论关系模式的设计问题。关系模式设计的好坏,对消除数据冗余和保持数据一致性等重要问题有直接影响。好的关系模式设计必须有相应理论作为基础,这就是关系设计中的规范化理论。

在数据库中,数据冗余的一个主要原因是数据之间的相互依赖关系的存在,而数据间的依赖关系表现为函数依赖、多值依赖和连接依赖等。需要注意的是,多值依赖是广义的函数依赖。函数依赖和多值依赖都是基于语义。

规范化的基本思想是,逐步消除数据依赖中不合适的部分,使模式中的各关系模式达到某种程度的“分离”。即采用“一事一地”的模式设计原则,让一个关系描述一个概念、一个实体或实体间的一种联系。因此,规范化实质上是概念的单一化。

范式是衡量模式优劣的标准。范式表达了模式中数据依赖之间应当满足的联系。各种范式之间的关系:1NF⊃2NF⊃3NF⊃BCNF⊃4NF⊃5NF。

关系模式的规范化过程就是模式分解过程,而模式分解实际上是将模式中的属性重新分组,它将逻辑上独立的信息放在独立的关系模式中。

习　题

1. 解释名词：函数依赖、部分函数依赖、完全函数依赖、传递函数依赖、候选码、主码、外码、全码、1NF、2NF、3NF、BCNF、4NF、多值依赖、插入异常、删除异常。

2. 设有关系模式 $R(U,F)$，其中 $U=\{A,B,C,D,E\}$，函数依赖集 $F=\{A\to BC, CD\to E, B\to D, E\to A\}$，求出 R 的所有候选码。

3. 设关系模式 $R(A,B,C,D)$，F 是 R 上成立的函数依赖集，$F=\{AB\to C, A\to D\}$。试说明 R 不是 2NF 的理由，试把 R 分解成 2NF 模式集。

4. 设有关系模式 R(职工编号，日期，日营业额，部门名，部门经理)，该模式统计商店里每个职工的日营业额，以及职工所在的部门和经理信息。如果规定：每个职工每天只有1个营业额；每个职工只在1个部门工作；每个部门只有1个经理。试回答下列问题：

(1) 根据上述规定，写出模式 R 的基本函数依赖和候选码；

(2) 说明 R 不是 2NF 的理由，并把 R 分解为 2NF 模式集；

(3) 进而将 R 分解为属于 3NF 的模式集。

5. 在一个关系 R 中，若每个数据项都是不可再分的，那么 R 一定属于________。

6. 在关系模式 $R(A,B,C,D)$ 中，存在函数依赖关系 $\{A\to B, A\to C, A\to D, (B,C)\to A\}$，则候选码是________，关系模式 $R(A,B,C,D)$ 属于________。

7. 在关系模式 $R(D,E,G)$ 中，存在函数依赖关系 $\{E\to D, (D,G)\to E\}$，则候选码是________，关系模式 $R(D,E,G)$ 属于________。

8. 根据自己的生活经验，设计一种你熟悉的关系模式，要求满足 3NF。

第6章 数据库的安全和维护

随着信息化技术的飞速发展,作为信息基础的各种数据库的使用也越来越广泛。各行各业都经历了管理信息系统(MIS)、办公自动化(OA)、企业资源规划(ERP)以及各种业务系统,这些数据目前已经成为企业或国家的无形资产,所以需要保证数据库及整个系统安全和正常地运转,这就需要考虑数据库的安全和维护问题。

数据库安全和维护的主要目的是,防止不合法用户对数据库进行非法操作,实现数据库的安全性;防止不合法数据进入数据库,实现数据库的完整性;防止并发操作产生的事务不一致性,进行并发控制;防止计算机系统硬件故障、软件错误、操作失误等所造成的数据丢失,采取必要的数据备份和恢复措施,并能从错误状态恢复到正确状态。

本章从DBMS的角度讲述数据库管理的原理和方法,主要介绍数据库的安全性、数据完整性、并发控制和恢复技术4个方面的内容,并以Microsoft SQL Server 2008为例进行具体说明。

6.1 数据库的安全性

6.1.1 数据库安全性概述

数据库的安全性是指保护数据库,以防止非法使用所造成数据的泄露、更改或破坏。在数据库系统中大量数据集中存放,并为许多用户直接共享,数据库的安全性相对于其他系统尤其重要。实现数据库的安全性是数据库管理系统的重要指标之一。

影响数据库安全性的因素很多,不仅有软、硬件因素,还有环境和人的因素;不仅涉及技术问题,还涉及管理问题、政策法律问题等。其内容包括计算机安全理论、策略、技术,计算机安全管理、评价、监督,计算机安全犯罪、侦察、法律等。概括起来,计算机系统的安全性问题可分为3大类,即技术安全类、管理安全类和政策法规类。其中,技术安全类是指系统采用具有一定安全性的硬件、软件来实现对计算机系统及其所存数据的安全保护,当计算机系统受到无意或恶意攻击时仍然能保证正常运行。管理安全类是指除了技术安全以外,如硬件意外故障、场地的意外事故、管理不善导致的计算机设备和数据介质的物理破坏、丢失等安全问题。政策法规类是指政府部门建立的有关计算机犯罪、数据安全保密的法律道德准则和政策法规、法令。本书只在技术层面介绍数据库的安全性。

6.1.2 数据库安全性控制的一般方法

安全性控制是指尽可能地杜绝所有可能的数据库非法访问。为了防止对数据库的非法访问,数据库的安全措施是一级一级层层设置的。其安全控制模型如图6-1所示。

由图6-1的安全控制模型可知,当用户进入计算机系统时,系统首先根据输入的用户标识进行身份的鉴别,只有合法的用户才允许进入系统。对已进入系统的用户,DBMS

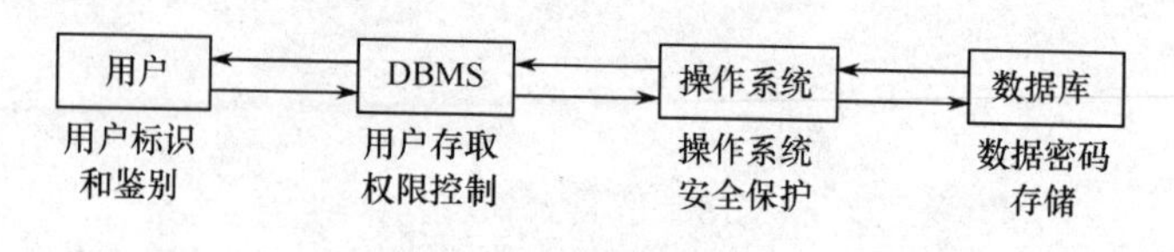

图 6-1 安全控制模型

还要进行存取控制，只允许进行合法的操作。DBMS 是建立在操作系统之上的，安全的操作系统是数据库安全的前提。操作系统应能保证数据库中的数据必须由 DBMS 访问，而不允许用户越过 DBMS，直接通过操作系统或其他方式访问。数据最后可以通过密码的形式存储到数据库中，能使非法访问者即使得到了加密数据，也无法识别它的安全效果。下面分别进行简要介绍。

6.1.2.1 用户标识和鉴别

用户标识和鉴别是数据库系统提供的最外层安全保护措施。其方法是由系统提供一定的方式让用户标识自己的身份，每次用户要求进入系统时，通过鉴别后才提供系统使用权。

用户标识的鉴别方法有多种途径，可以委托操作系统进行鉴别，也可以委托专门的全局验证服务器进行鉴别。一般数据库管理系统提供了用户标识和鉴别机制，常用的方法有以下几种。

（1）用户标识。用一个用户名或者用户标识号（User Identification，UID）来标明用户身份。系统内部记录着所有合法用户的标识，系统鉴别此用户是否合法，若是，则进入口令的核实；若不是，则不能使用系统。

（2）口令。为了进一步鉴别用户，系统常要求用户输入口令。为保密起见，用户在终端上输入的口令不显示在屏幕上，系统核对口令以鉴别用户身份。

（3）通过用户名和口令来鉴定用户的方法简单易行，但用户名与口令容易被人窃取，因此还可以用更复杂的方法。例如，每个用户都预先约定好一个计算过程或函数，鉴别用户身份时，系统提供一个随机数，用户根据自己预先约定的计算过程或函数进行计算，系统根据用户计算结果是否正确进一步鉴定用户身份。用户可以约定比较简单的计算过程或函数，以便计算，例如，让用户记住函数 $2x+3y$，当鉴别用户身份时，系统随机告诉用户 $x=3$，$y=5$，如果用户回答 21，那就证实了用户身份；也可以约定比较复杂的计算过程或函数，以使安全性更好。

此外，还可以使用磁卡或 IC 卡，但系统必须有阅读磁卡或 IC 卡的装置。还可以使用签名、指纹、声波纹等用户特征来鉴别用户身份。

6.1.2.2 存取控制

数据库安全性所关心的主要是 DBMS 的存取控制机制。数据库安全最重要的一点就是确保只有授权用户访问数据库，同时令所有未被授权的人员无法接近数据，这主要通过 DBMS 的存取控制机制实现。

DBMS 的存取控制机制主要包括用户权限定义和合法权限检查 2 部分。

（1）用户权限定义。用户权限是指不同的用户对于不同的数据对象允许执行的操作权限。某个用户应该具有何种权限是管理问题和政策问题而不是技术问题，DBMS 的功能是保证这些权限的执行。DBMS 必须提供适当的语言来定义用户权限，这些定义经过编译后存放在数据字典中,称为安全规则或授权规则。

用户权限是由:权限授出用户、权限接受用户、操作数据对象、操作权限 4 个要素组成。定义一个用户的存取权限就是权限授出用户定义权限接受用户可以在哪些数据对象上进行哪些类型的操作。在 DBMS 中,定义存取权限称为授权。

数据对象的创建者、拥有者(DBO)和超级用户(DBA)自动拥有数据对象的所有操作权限,包括权限授出的权限;接受权限用户可以是系统中标识的任何用户;数据对象不仅有表和属性列等数据本身,还有模式、外模式、内模式等数据字典中的内容,常见的数据对象有基本表、视图、存储过程等;操作权限有建立、增加、修改、删除、查询,以及这些权限的总和。

(2) 合法权限检查。每当用户发出存取数据库的操作请求后,DBMS 查找数据字典,根据安全规则进行合法权限检查,若用户的操作请求超出了定义的权限,系统将拒绝执行此操作。

用户权限定义和合法权限检查一起组成了 DBMS 的安全子系统,支持自主存取控制(Discretionary Access Control,DAC)和强制存取控制(Mandatory Access Control,MAC)。

1) 自主存取控制

用户对于不同的数据对象有不同的存取权限,不同的用户对同一对象也有不同的权限,而且用户还可将自己拥有的存取权限转授于其他的用户。

(1) 授权与权限收回。

目前的 SQL 标准也对自主存取控制提供支持,主要通过 SQL 的 GRANT 语句和 REVOKE 语句来实现,在第 4 章已介绍过语法,本节举例说明。

【例 6.1】 基本表 Student 的创建者使用 GRANT 将 Student 表的操作权限授予不同的用户。

```
GRANT SELECT ON TABLE Student TO user1;
GRANT SELECT, INSERT, UPDATE, DELETE ON TABLE Student TO user2;
GRANT ALL PRIVILEGES ON TABLE Student TO user3;      //将全部操作权限授予 user3
GRANT INSERT ON TABLE Student TO user4 WITH GRANT OPTION;  //允许 user4 将此权限
                                                            再授予其他用户
```

执行此 SQL 语句后,user4 不仅拥有了对表 SC 的 INSERT 权限,还可以传播此权限,即由 user4 用户转授上述 GRANT 命令给其他用户。

【例 6.2】 使用 REVOKE 将例 6.1 授出的权限收回。

```
REVOKE SELECT ON TABLE Student FROM user1;
REVOKE SELECT, INSERT, UPDATE, DELETE ON TABLE Student FROM user2;
REVOKE ALL ON TABLE Student FROM user3;
```

(2) 创建数据库模式的权限。对数据库模式的授权则由 DBA 在创建用户时实现。

CREATE USER 语句一般格式如下:

```
CREATE USER <username> [WITH] [DBA | RESOURCE | CONNECT];
```

只有系统的超级用户才有权创建一个新的数据库用户。

新创建的数据库用户有 CONNECT、RESOURCE 和 DBA 3 种权限。

CREATE USER 命令中如果没有指定创建的新用户的权限,默认该用户拥有 CONNECT 权限。拥有 CONNECT 权限的用户不能创建新用户,不能创建模式,也不能创建基本表,只能登录数据库。

拥有 RESOURCE 权限的用户能创建基本表和视图,成为所创建对象的属主。但是不能创建数据库,不能创建新的用户。

拥有 DBA 权限的用户是系统中的超级用户,可以创建新的用户、创建数据库、创建基本表和视图等;DBA 拥有对所有数据库对象的存取权限,还可以把这些权限授予一般用户。

(3) 数据库角色。数据库角色是被命名的一组与数据库操作相关的权限,角色是权限的集合。在 SQL 中首先用 CREATE ROLE 语句创建角色,然后用 GRANT 语句给角色授权。

① 角色的创建。创建角色的 SQL 语句格式:

```
CREATE ROLE <角色名>
```

刚刚创建的角色是空的,没有任何内容。可以用 GRANT 为角色授权。

② 给角色授权:

```
GRANT <权限>[,<权限>]… ON <对象类型> 对象名 TO <角色>[,<角色>]…
```

DBA 和用户可以利用 GRANT 语句将权限授予某一个或几个角色。

③ 将一个角色授予其他的角色或用户:

```
GRANT <角色1>[,<角色2>]… TO <角色3>[,<用户1>]…[WITH ADMIN OPTION]
```

该语句把角色授予某用户,或授予另一个角色。

④ 角色权限的收回:

```
REVOKE <权限>[,<权限>]… ON <对象类型> <对象名> FROM <角色>[,<角色>]…
```

用户可以回收角色的权限,从而修改角色拥有的权限。

REVOKE 动作的执行者或是角色的创建者,或是拥有在这个(些)角色上的 ADMIN OPTION。

【例 6.3】 通过角色来实现将一组权限授予一个用户。

步骤如下:

首先创建一个角色 R1:

```
CREATE ROLE R1;
```

然后使用 GRANT 语句,使角色 R1 拥有 Student 表的 SELECT、UPDATE、INSERT 权限:

```
GRANT SELECT, UPDATE, INSERT ON TABLE Student  TO R1;
```

再将这个角色授予 user1、user2,使它们具有角色 Rl 所包含的全部权限:

```
GRANT R1 TO user1, user2;
```

也可以一次性的通过 R1 来回收 user1 的这 3 个权限:

```
REVOKE R1 FROM user1;
```

自主存取控制能够通过授权机制有效地控制其他用户对敏感数据的存取。但是由于用户对数据的存取权限是“自主”的,用户可以自由地决定将数据的存取权限授予其他用户。在这种授权机制下,仍可能存在数据的“无意泄露”。例如,用户 user1 将数据对象权限授予用户 user2,user1 的意图是只允许 user2 操纵其这些数据,但是 user2 可以在 user1 不知情的情况下进行数据备份并进行传播。出现这种问题的原因是,这种机制仅仅通过限制存取权限进行安全控制,而没有对数据本身进行安全标识。解决这一问题需要对所有数据进行强制存取控制。

2）强制存取控制

每一个数据对象被标以一定的密级（如绝密、机密、可信、公开等），每一个用户也被授予某一个级别的许可证。对于任意一个对象，只有具有合法许可证的用户才可以存取。强制存取控制是指系统为保证更高程度的安全性所采取的强制存取检查手段，它不是用户能直接感知或进行控制的。强制存取控制适用于那些对数据有严格而固定密级分类的部门，例如，军事部门或政府部门。

强制存取控制是对数据本身进行密级标记，无论数据如何复制，标记与数据是一个不可分的整体，只有符合密级标记要求的用户才可以操纵数据，从而提供了更高级别的安全性。

6.1.2.3 数据加密

在有些系统中，为了保护数据本身的安全性，采用了数据加密技术，对高度敏感数据进行保护。数据加密是防止数据库中数据在存储和传输中失密的有效手段。加密的基本思想是根据一定的算法将原始数据（明文）变换为不可直接识别的格式（密文），从而使得不知道解密算法的人即使获取了密文也无法获知原文。加密的方法有替换方法（使用密匙）和置换方法（按不同的顺序重新排列）2 种。数据加密与解密是比较费时，占用较多的系统资源，DBMS 往往都将其作为可选特征，允许 DBA 根据应用对安全性的要求自由选择，只对高度机密的数据如财务数据、军事数据、国家机密等数据进行加密。

6.1.2.4 审计管理

前面介绍的各种数据库安全控制措施，都可将用户操作限制在规定的安全范围内。但实际上，任何系统的安全保护措施都不是完美无缺的，蓄意盗窃、破坏数据的人总是想方设法打破这些控制。对于某些高度敏感的保密数据，必须以审计作为预防手段。

审计功能把用户对数据库的所有操作自动记录下来，存放在审计日志中。DBA 可以利用审计跟踪的信息，重现导致数据库现有状况的一系列事件，找出非法存取数据的人、时间和内容等。

审计通常是很费时间和空间的，所以 DBMS 往往都将其作为可选特征，允许 DBA 根据应用对安全性的要求，灵活地打开或关闭审计功能。审计功能一般主要用于安全性要求较高的部门。

6.1.3 Microsoft SQL Server 2008 安全管理

Microsoft SQL Server 2008 安全性建立在认证和访问许可的机制上。如果一个用户访问Microsoft SQL Server 2008 数据库中的数据，必须经过 3 个认证过程。第 1 个过程是登录认证，发生在用户连接数据库服务器时，决定用户是否有连接到数据库服务器的资格，验证用户连接数据库服务器的连接权。第 2 个认证过程是用户认证，发生在用户访问数据库时，决定用户是否为数据库的合法用户，验证用户对数据库的访问权。第 3 个认证过程是权限认证，发生在用户操作数据库对象时，决定用户是否有对象操作许可，验证用户操作权。所以 Microsoft SQL Server 2008 的安全级别有 3 级：

第 1 级：数据库服务器，使用登录认证，属于数据库服务器级别的用户标识和鉴别。

第2级:数据库,使用用户认证,属于数据库级别的用户标识和鉴别。

第3级:数据库对象,使用权限认证,属于自主存取控制方法。

Microsoft SQL Server 2008 通过数据库引擎管理着可以通过权限进行保护的实体的分层集合。这些实体称为“安全对象”。在安全对象中,最突出的是服务器和数据库,但可以在更细的级别上设置离散权限。SQL Server 通过验证主体是否已获得适当的权限来控制主体对安全对象执行的操作。图6-2显示了数据库引擎权限层次结构之间的关系。

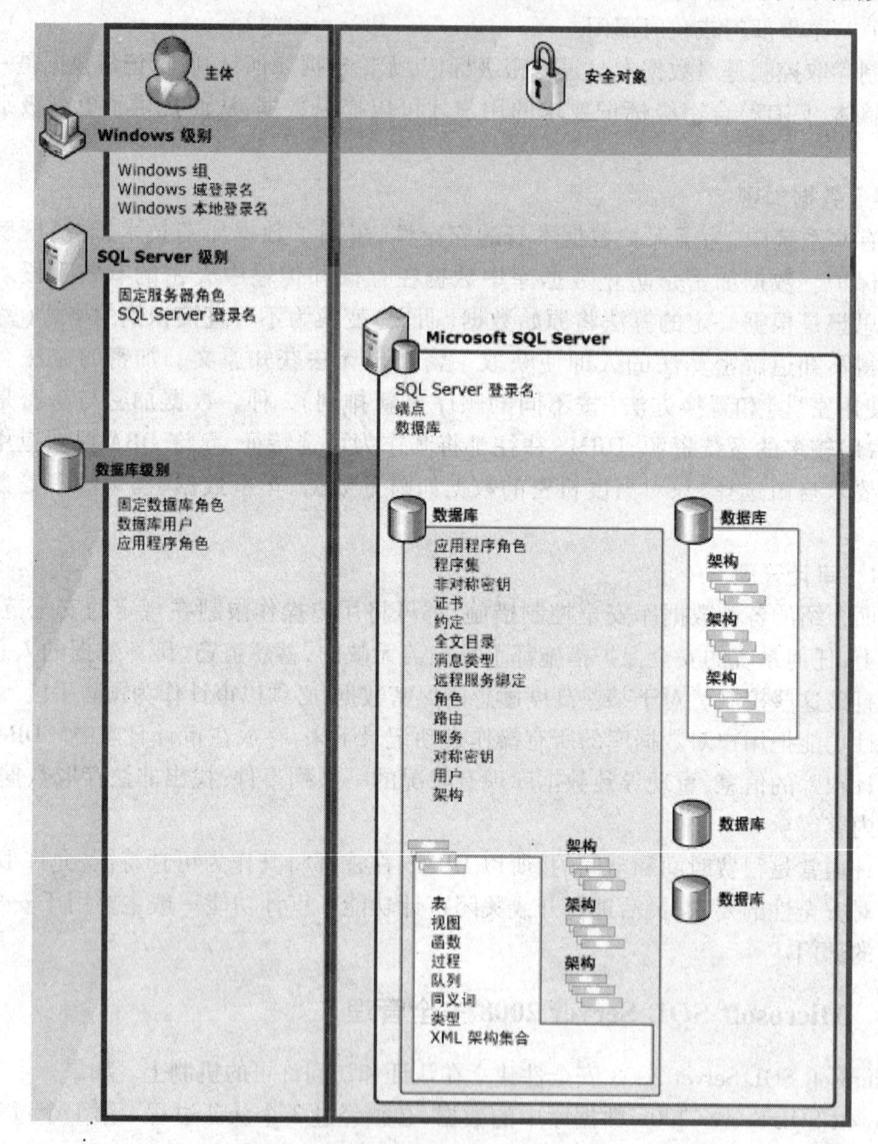

图6-2 数据库引擎权限层次结构之间的关系

6.1.3.1 Microsoft SQL Server 2008 登录管理

1)设置登录服务器的身份验证模式

服务器认证是在用户访问数据库服务器之前,操作系统本身或数据库服务器对来访用户进行的身份合法性验证。只有通过服务器认证后,才可以连接到 Microsoft SQL Server 2008 服务器;否则,服务器将拒绝用户对数据库的连接。

Microsoft SQL Server 2008 提供了 Windows 验证模式、SQL Server 验证模式和混合验证模式 3 种登录验证模式。

(1) Windows 验证模式:由 Windows 2000 及以上版本的操作系统负责登录认证。Windows 创建、管理 Windows 账户,由 Windows 授权连接 SQL Server,并将 Windows 账户映射为 SQL Server 登录。

(2) SQL Server 验证模式:由 SQL Server 本身负责登录认证。SQL Server 负责创建、管理登录,并将登录保存在数据库中。这时 SQL Server 的登录与 Windows 账户无关。只有输入正确的用户名和密码后才可以连接、登录 SQL Server 服务器。

(3) 混合验证模式:Windows 验证和 SQL Server 验证都可以使用,这是 2 种验证模式的有机结合。

在 Microsoft SQL Server Management Studio 中设置服务器的身份验证模式的步骤:打开 Microsoft SQL Server Management Studio 并连接到目标服务器,在"对象资源管理器"窗口中,目标服务器上单击鼠标右键,弹出快捷菜单,从中选择"属性"命令,出现"服务器属性-USER-THINK"窗口,选择"选择页"中的"安全性"选项,进入设置服务器的身份验证模式页面,如图 6-3 所示。目前采用的是混合验证模式。

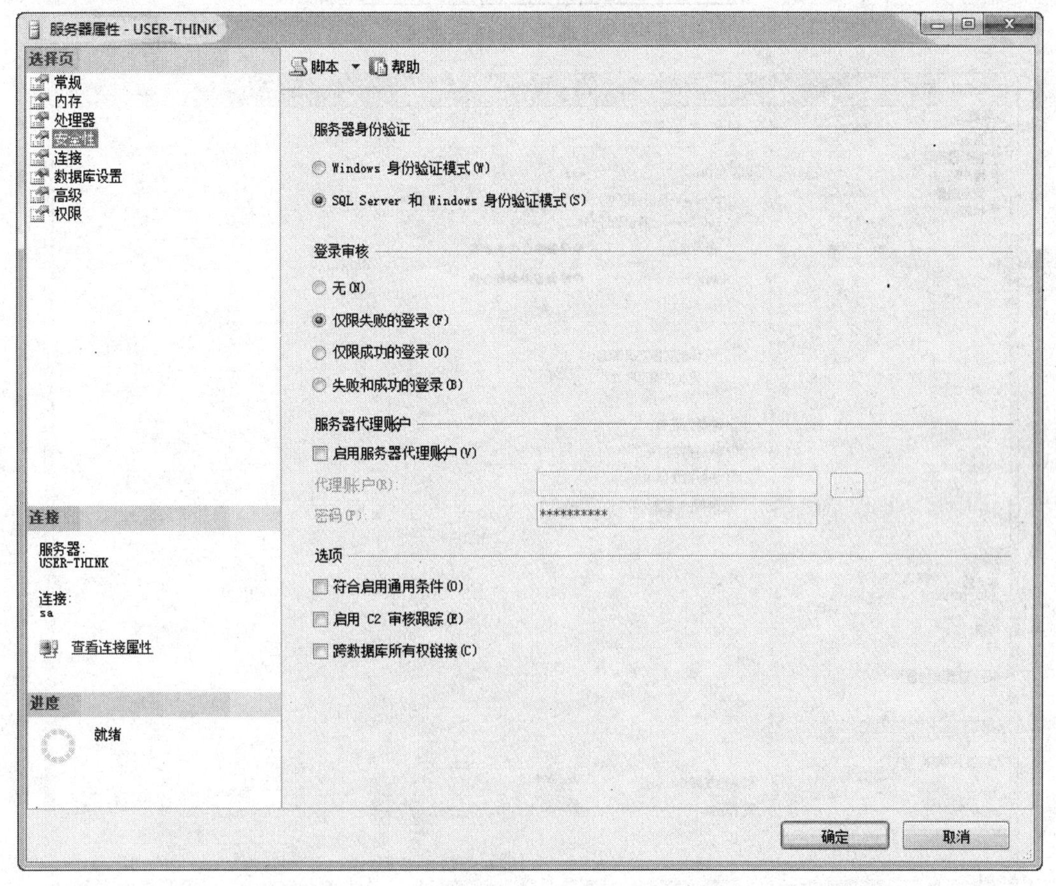

图 6-3 设置服务器的身份验证模式

2）管理登录账号

Microsoft SQL Server Management Studio 提供了图形界面工具建立和维护登录账号，操作简单方便，连接到目标服务器后，依次选择“对象资源管理器”→“安全性”→“登录名”，单击鼠标右键，如图 6－4 所示。选择“新建登录名”命令，即出现如图 6－5 所示的界面，然后按照向导一步步创建。

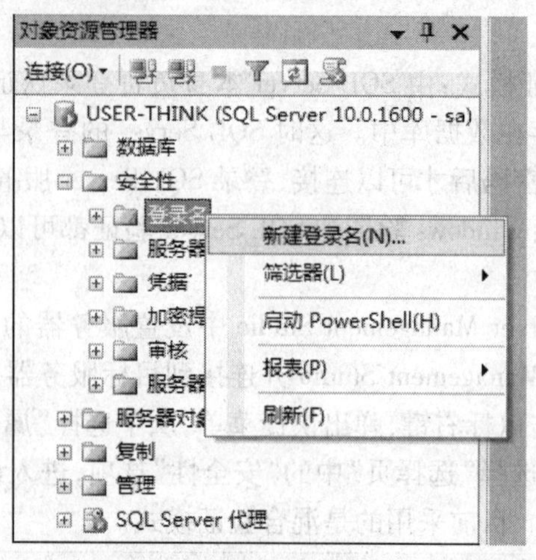

图 6－4　选择“新建登录名”

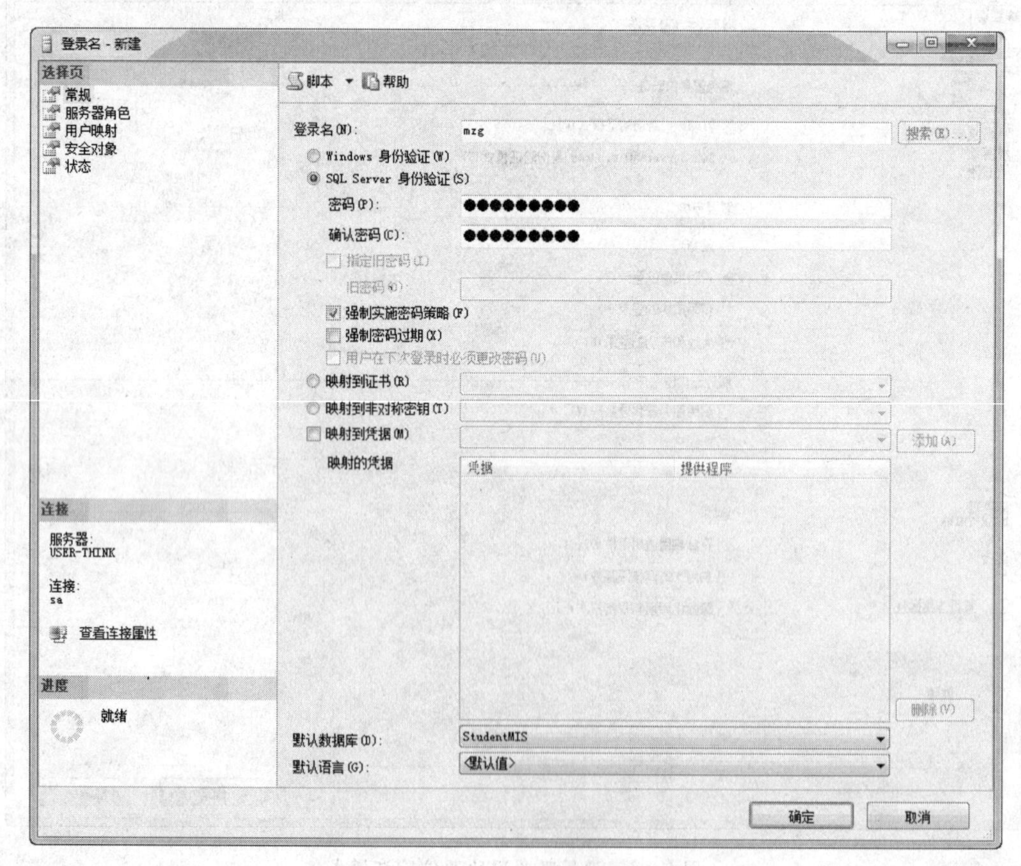

图 6－5　创建登录账号

（1）服务器登录属性有登录名称、密码、默认数据库、访问数据库、服务器角色、语言等。

① 登录名称和密码：如果是 Windows 认证，登录名称必须是 Windows 账号，其账号、密码由 Windows 操作系统保存，但在 SQL Server 中需要指明 Windows 账号（包括域名或组名或主机名，由 Windows 主机隶属于域或组决定，该处统一用域名表示），不需要设置密码。如果是 SQL Server 认证，由 SQL Server 创建登录名称，同时设置其密码，其名称和密码保存在 Microsoft SQL Server 2008 数据库中。

② 默认数据库：指该登录连接数据库服务器后，其所属用户默认访问的数据库，默认为主数据库 master。

③ 访问数据库：指该登录连接数据库服务器后，其所属用户可以访问的数据库，默认数据库必须为访问数据库。

④ 语言：指该登录使用的语言，默认为 SQL Server 语言设置。

（2）选择“登录名-新建”对话框中的“服务器角色”项，出现服务器角色设定页面，如图 6－6所示，可以为此登录名添加服务器角色。服务器角色是指该登录所属的服务器角色，指明登录的服务器权限。一般只有管理登录才赋予服务器角色。有关“服务器角色”参考后面“角色管理”。

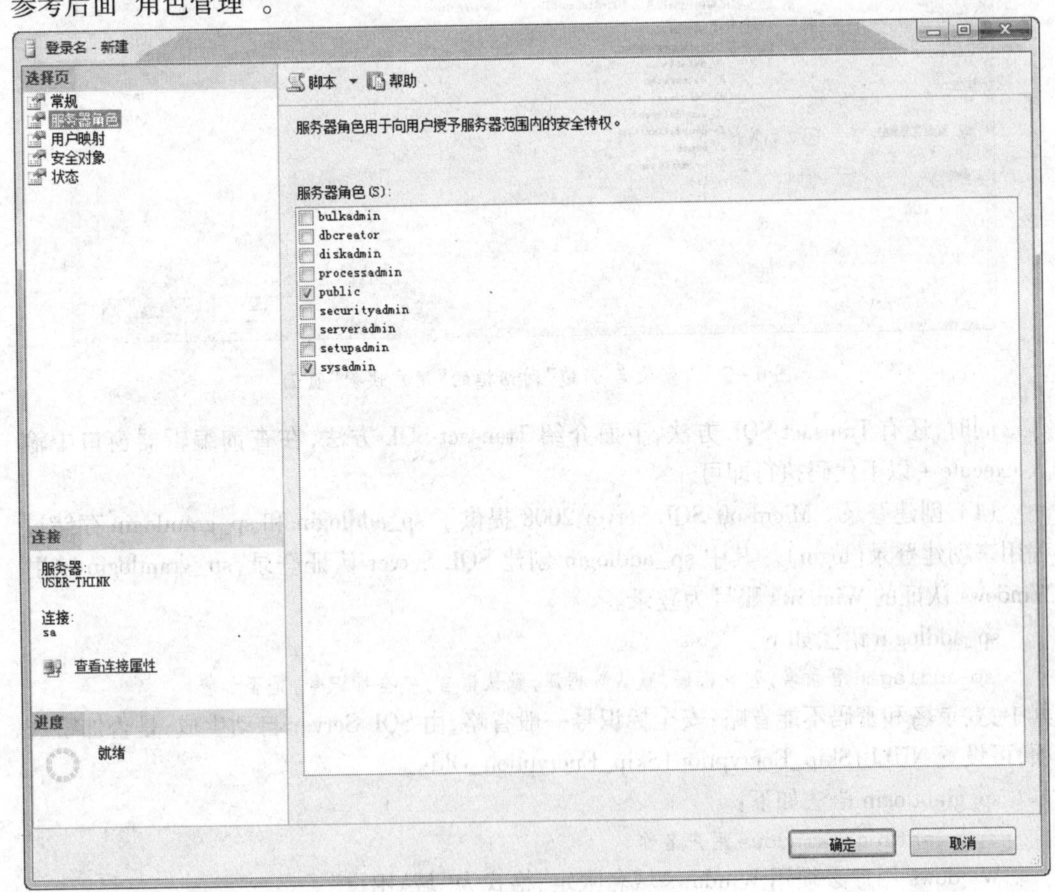

图 6－6 “登录名-新建”对话框的“服务器角色”页面

（3）选择“登录名-新建”对话框中的“用户映射”项，进入映射设置页面，可以为这个新建的登录添加一个映射到此登录名的用户，并添加数据库角色，从而使该用户获得数据库的相应角色对应的数据库权限，如图6-7所示。

注意：自动映射的用户名和登录名相同。最后单击“登录名”对话框底部的“确定”按钮，完成登录名的创建。

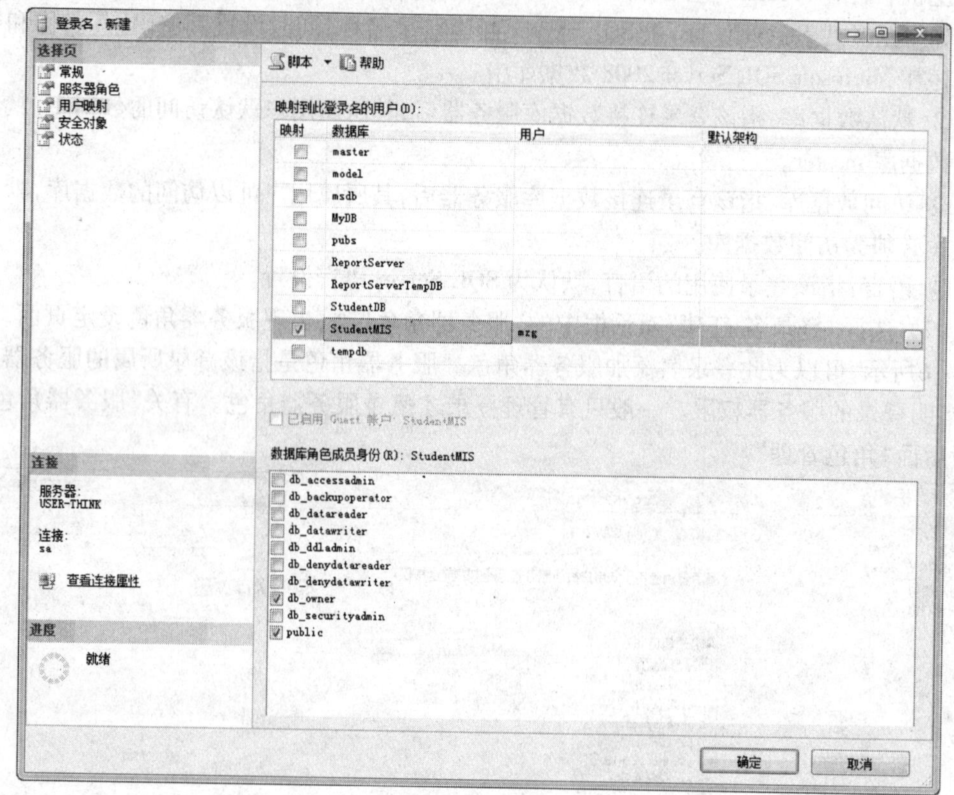

图6-7 “登录名-新建”对话框的“用户映射”页面

同时，还有Transact-SQL方法，下面介绍Transact-SQL方法，在查询编辑器窗口中输入execute+以下代码执行即可。

（1）创建登录。Microsoft SQL Server 2008提供了sp_addlogin和sp_grantlogin存储过程用来创建登录（login）。其中sp_addlogin创建SQL Server认证登录，sp_grantlogin映射Windows认证的Windows账号为登录。

sp_addlogin语法如下：

```
sp_addlogin 登录名,登录密码,默认数据库,默认语言,安全标识号,是否加密
```

其中：登录名和密码不能省略；安全标识号一般省略，由SQL Server自动生成；是否加密选项，可设置NULL|Skip_Encryption|Skip_Encryption_Old。

sp_grantlogin语法如下：

```
sp_grantloginWindows 用户名称
```

Windows用户必须用Windows域名限定，格式为“域\用户”。

（2）维护登录。使用Transact-SQL维护登录账号的语法格式如下：

修改密码：

```
sp_password  旧密码,新密码,指定登录账号
```

查询登录账号：

```
sp_helplogins  指定登录账号
```

删除登录账号(但不能删除系统管理员 sa 登录,不能删除正在连接服务器的登录)：

```
sp_droplogin  指定登录账号
```

(3) 默认登录。在安装 Microsoft SQL Server 2008 数据库服务器时,SQL Server 自动创建了默认的登录：

BUILTIN\Administrators：Windows 认证的 Administrator 组的所有账户。默认服务器角色为 System Administrators。

域名\Administrator：Windows 认证的 Administrator 登录。只有在安装服务器时指明为 Windows 认证时才创建,默认服务器角色为 System Administrators。

sa：SQL Server 认证的系统管理员登录,不一定要求是 Windows 管理员。默认服务器角色为 System Administrators。

6.1.3.2 Microsoft SQL Server 2008 用户管理

在 Microsoft SQL Server 2008 数据库中,创建好服务器登录账号后,只能连接到 SQL Server 数据库服务器,不能访问任何数据库,只有创建了数据库的用户,成为数据库的合法用户后,才能访问数据库。数据库的用户只能来自于服务器的登录,而且是可以访问该数据库的登录(在登录中设置访问数据库)。1 个服务器登录可以映射为多个数据库中的用户,但在 1 个数据库中只能映射为 1 个用户。

使用 Microsoft SQL Server Management Studio 创建用户的步骤如下：

(1) 连接到目标服务器后,依次选择"对象资源管理器"→"数据库",然后选择目标数据库如 StudentMIS 展开。单击"安全性"→"用户",单击鼠标右键,弹出快捷菜单,从中选择"新建用户"命令,出现"数据库用户-新建"对话框,在"常规"页面中,填写"用户名",选择"登录名"和"默认架构"名称。添加此用户拥有的架构和数据库角色,如图 6-8所示。

(2) 在"数据库用户-新建"对话框中选择"安全对象"页面,进入"安全对象"页面,如图 6-9 所示。该页面主要用于设置数据库用户能够访问的数据库对象以及相应的访问权限,可以通过"添加"和"删除"命令进行相应的设置。

最后,单击"数据库用户-新建"对话框底部的"确定"按钮,完成用户创建。

下面介绍使用 Transact-SQL 方法进行用户管理。

(1) 增加数据库用户。Microsoft SQL Server 2008 提供了 sp_adduser 存储过程用来创建数据库用户,语法如下：

```
sp_adduser [ @ loginame = ] 'login'
      [ , [ @ name_in_db = ] 'user' ]
      [ , [ @ grpname = ] 'role' ]
```

[@ loginame =] 'login'：SQL Server 登录或 Windows 登录的名称,指该数据库用户所属的服务器登录。login 的数据类型为 sysname,无默认值。login 必须是现有的 SQL Server 登录名或 Windows 登录名。1 个数据库用户必须隶属于 1 个服务器登录,1 个登录账号在 1 个数据库中只能有 1 个用户。

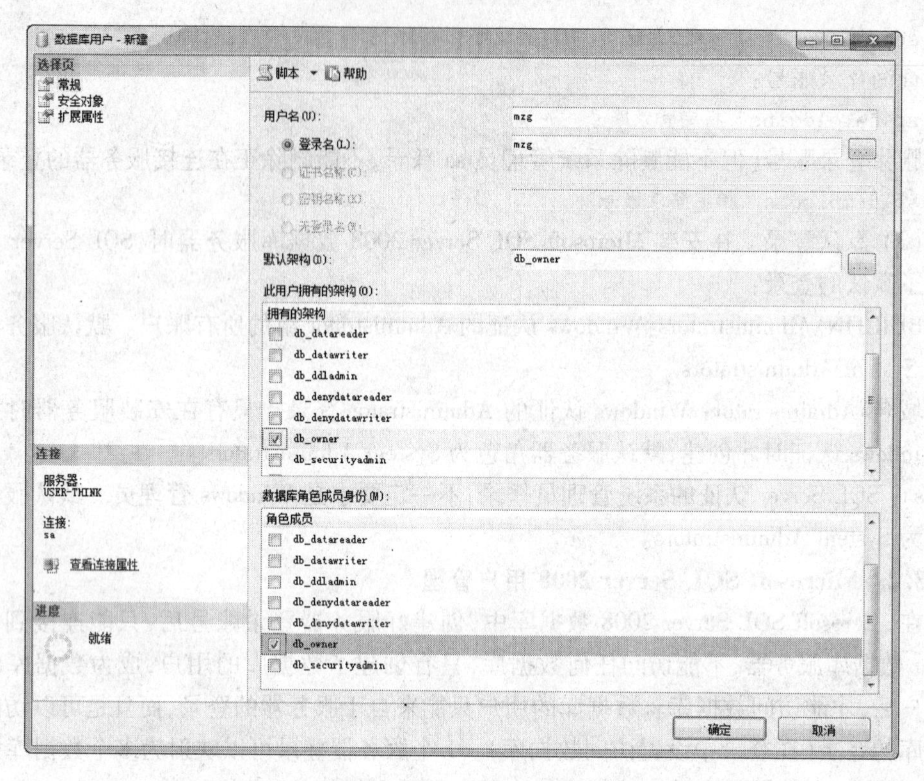

图 6-8 “数据库用户-新建”对话框的“常规”页面

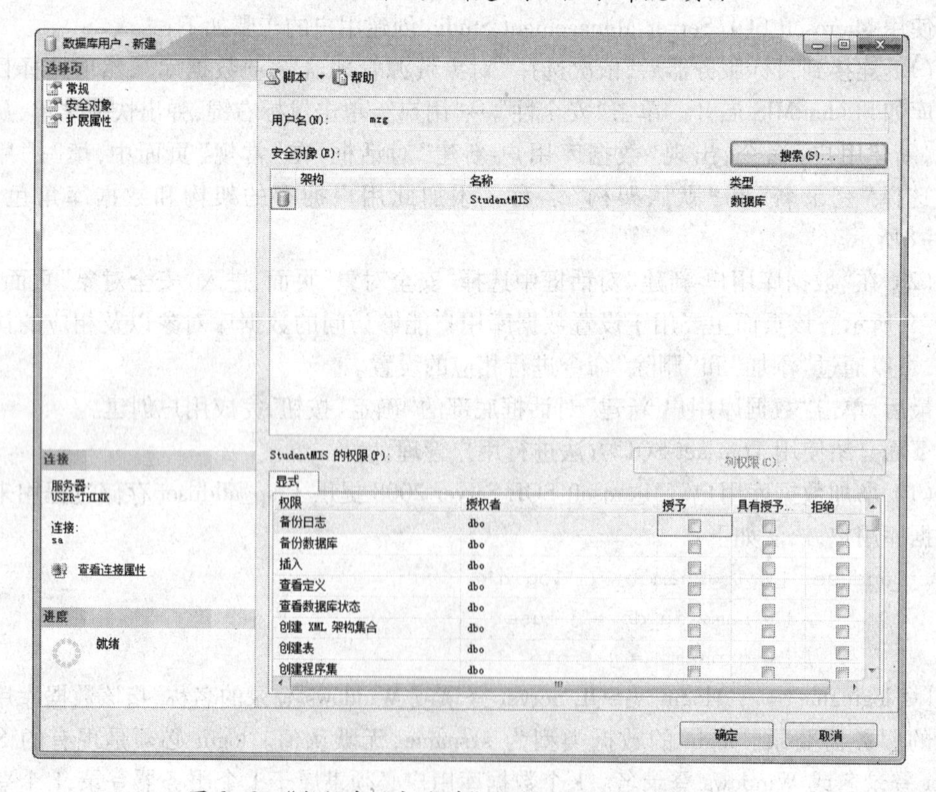

图 6-9 “数据库用户-新建”对话框的“安全对象”页面

[@ name_in_db =] 'user':新数据库用户的名称。user 的数据类型为 sysname,默认值为 NULL。如果未指定 user,则新数据库用户的名称默认为 login 名称。指定 user 将为数据库中新用户赋予一个不同于服务器级别登录名的名称。

[@ grpname =] 'role':新用户成为其成员的数据库角色,决定该用户操作数据库对象的权限。role 的数据类型为 sysname,默认值为 NULL。role 必须是当前数据库中的有效数据库角色。

(2) 维护数据库用户。查询数据库用户的语法如下:

```
sp_helpuser [ [ @ name_in_db = ] 'security_account' ]
```

[@ name_in_db =] 'security_account':当前数据库中数据库用户或数据库角色的名称。security_account 必须存在于当前数据库中。security_account 的数据类型为 sysname,默认值为 NULL。如果未指定 security_account,则 sp_helpuser 返回有关所有数据库主体的信息。

删除数据库:

```
sp_dropuser [ @ name_in_db = ] 'user'
```

[@ name_in_db =] 'user':要删除的用户的名称。user 的数据类型为 sysname,没有默认值。user 必须存在于当前数据库中。指定 Windows 登录时,使用数据库用于标识该登录的名称。不能删除数据库所有者 dbo 用户,也不能删除 master 和 tempdb 数据库的 guest 用户,不能删除拥有对象的用户。

(3) 默认数据库用户。在建立数据库时,Microsoft SQL Server 2008 自动建立了 2 个用户:

dbo:数据库的拥有者用户,隶属于 sa 登录,拥有 public 和 db_owner 数据库角色,具有该数据库的所有特权。

guest:客户访问用户,没有隶属的登录。拥有 public 数据库角色。除了 master 和 tempdb 这 2 个数据库的 guest 用户不能删除外,其他数据库的 guest 用户可以删除。

6.1.3.3 Microsoft SQL Server 2008 权限管理

权限用于控制对数据库对象的访问,以及指定用户对数据库可以执行的操作。Microsoft SQL Server 2008 使用权限许可来实现存储控制,用户可以设置不同的权限。Microsoft SQL Server 2008 权限按等级分为服务器权限、数据库对象权限和数据库权限 3 级。

1) 服务器权限

服务器权限是指在数据库服务器级别上对整个服务器和数据库进行管理的权限,如 shutdown、create database、backup database 等,服务器权限以服务器角色的方式授予管理登录,一般不授予其他登录。服务器角色 sysadmin 具有全部的系统权限。

2) 数据库对象权限

数据库对象权限是指在特定数据库级别上对数据库对象的操作权限,如对某数据库中表格的 SELECT、INSERT、UPDATE、DELETE;对存储过程和函数的 EXECUTE 权限等。数据库对象权限对于使用 SQL 语句访问表或视图是必须的。在 Microsoft SQL Server Management Studio 中给用户添加对象权限的步骤:连接到目标服务器后,依次选择“对象资源管理器”→“数据库”,然后选择目标数据库如 StudentMIS 展开。单击“安全性”→“用户”→“mzg”,单击鼠标右键,弹出快捷菜单,从中选择“属性”命令,出现“数据库用户-mzg”对话框，进入“安全对象”页面，选择“搜索”命令，选择“表”对象，将出现如图6－10所示的界面。可以对数据库对象设置“INSERT”、“UPDATE”、“DELETE”等权限，最后单击“确定”按钮，完成操作。

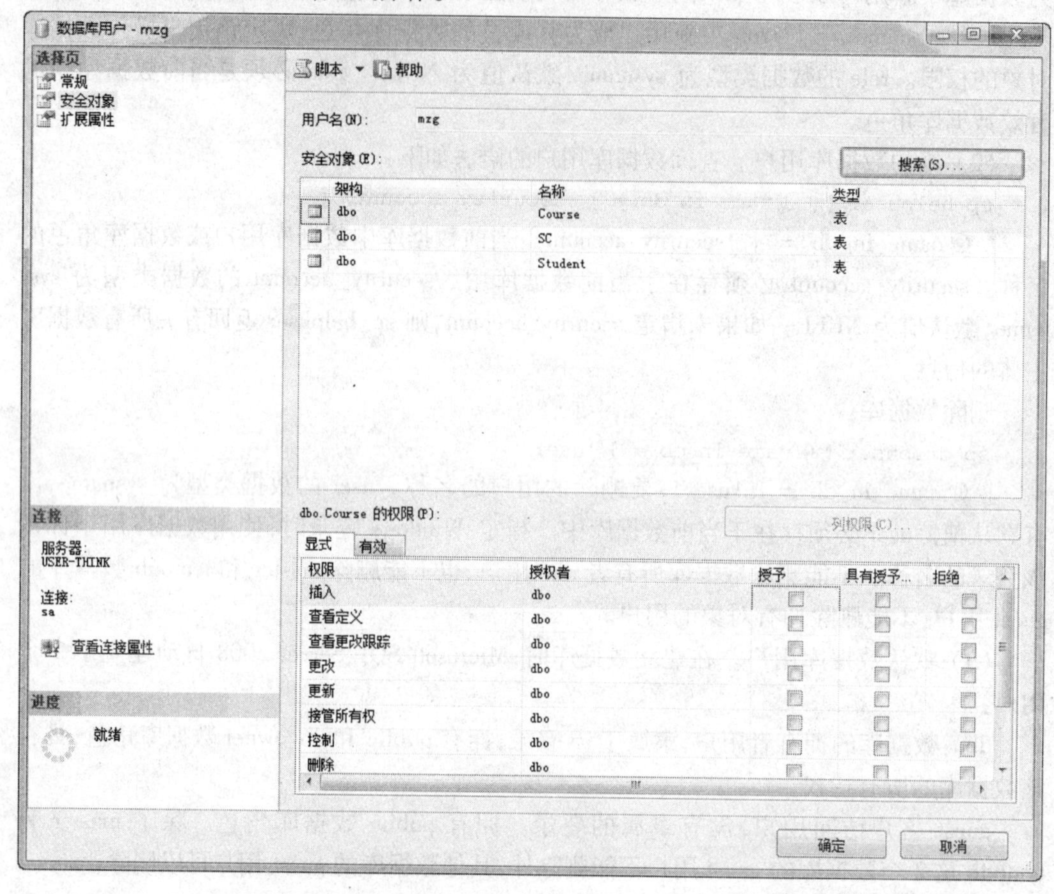

图6－10 “数据库用户-mzg”对话框的“安全对象”页面

3）数据库权限

用户在数据库中备份数据库、创建表、用户等一类特殊活动的权限称为数据库权限。在Microsoft SQL Server Management Studio中给用户添加数据库权限的步骤：连接到目标服务器后，依次选择“对象资源管理器”→“数据库”，然后选择目标数据库如StudentMIS，单击鼠标右键，弹出快捷菜单，从中选择“属性”命令，出现“数据库属性-StudentMIS”对话框，进入“权限”页面，如图6－11所示。可以设置BACKUP DATABASE、BACKUP LOG、CREATE DATABASE、CREATE DEFAULT、CREATE FUNCTION、CREATE PROCEDURE、CREATE RULE、CREATE TABLE、CREATE VIEW等权限，最后单击“确定”按钮，完成操作。

使用Transact-SQL授出（GRANT）和收回（REVOKE）权限的语句见4.8节。

6.1.3.4 Microsoft SQL Server 2008角色管理

为方便管理员管理SQL Server数据库中的数据权限，Microsoft SQL Server 2008中引入了“角色”这一概念，“角色”类似于Microsoft Windows操作系统中的“组”，角色是权限的集合。SQL Server将部分权限赋予角色，然后将角色赋予用户，简化了权限管理，也便

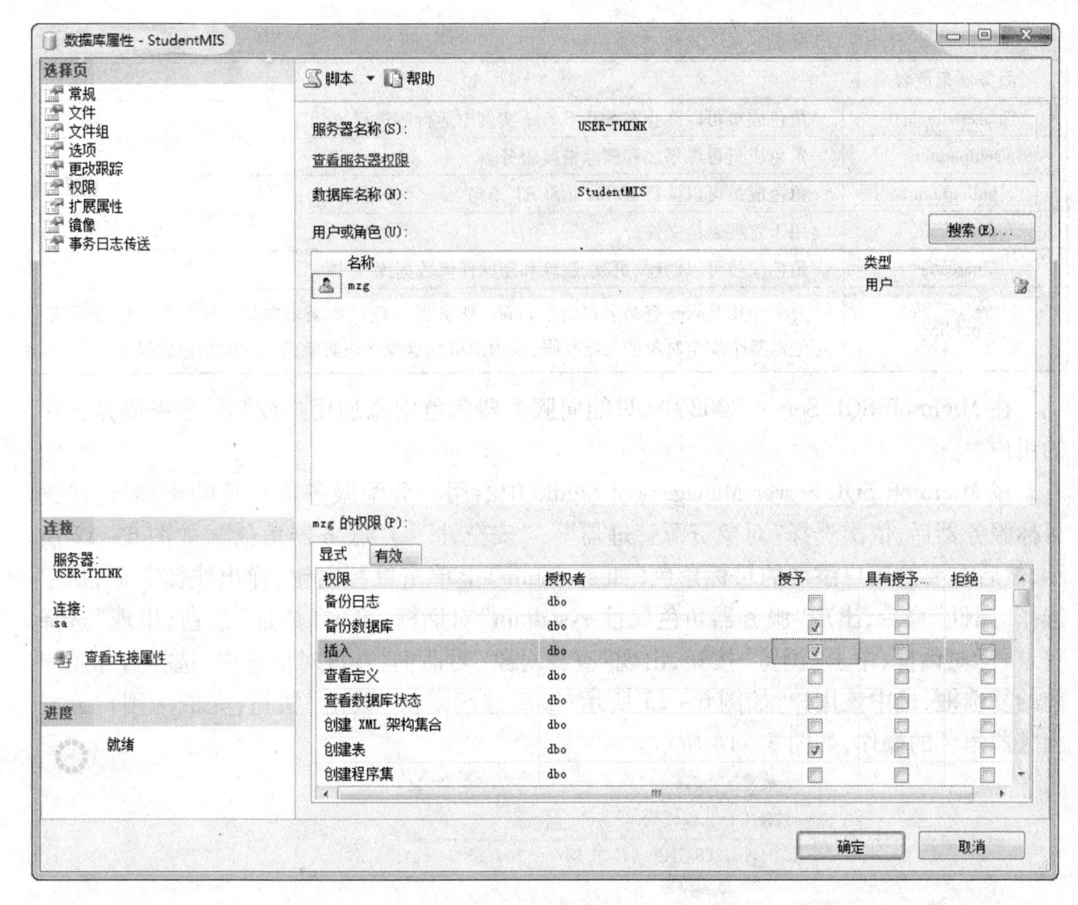

图 6-11 “数据库属性-StudentMIS”对话框的“权限”页面

于用户分组。SQL Server 角色分为服务器角色和数据库角色。

1）服务器角色

服务器角色是服务器权限的集合，是指根据 Microsoft SQL Server 2008 的管理任务以及这些任务相对的重要性等级，把具有 SQL Server 管理职能的用户划分为不同的角色来管理 SQL Server 的数据权限。服务器角色是 Microsoft SQL Server 2008 安装时创建的，不允许增加和删除，服务器角色的权限也不允许修改，因此，服务器角色也称为“固定服务器角色”。服务器级角色的权限作用域为服务器范围。表 6-1 列出了服务器角色及其能够执行的操作。

表 6-1 服务器角色及其能够执行的操作

服务器角色名	说 明
sysadmin	角色成员可以在服务器上执行任何活动。默认情况下，Windows BUILTIN\Administrators 组（本地管理员组）的所有成员都是 sysadmin 服务器角色的成员
serveradmin	角色成员可以更改服务器范围的配置选项和关闭服务器
securityadmin	角色成员可以管理登录名及其属性。他们具有 GRANT、DENY 和 REVOKE 服务器级别的权限，同时还具有 GRANT、DENY 和 REVOKE 数据库级别的权限。此外，还可以重置 SQL Server 登录名的密码

（续）

服务器角色名	说　明
processadmin	角色成员可以终止在 SQL Server 实例中运行的进程
setupadmin	角色成员可以添加和删除链接服务器
bulkadmin	角色成员可以执行 BULK INSERT 语句
diskadmin	用于管理磁盘文件
dbcreator	角色成员可以创建、更改、删除和还原任何数据库
public	每个 SQL Server 登录名都属于 public 服务器角色。如果未向某个服务器主体授予或拒绝对某个安全对象的特定权限，该用户将继承授予该对象的 public 角色的权限

在 Microsoft SQL Server 2008 中，只能向服务器角色中添加用户或删除服务器角色中的用户。

在 Microsoft SQL Server Management Studio 中给用户分配服务器角色的步骤：连接到目标服务器后，依次选择“对象资源管理器”→“安全性”→“服务器角色”，如图 6－12 所示，然后在要给用户添加的目标角色（如 sysadmin）上单击鼠标右键，弹出快捷菜单，从中选择“属性”命令，出现“服务器角色属性-sysadmin”对话框，单击“添加”按钮，出现“选择登录名”对话框，单击“浏览“按钮，出现“查找对象”对话框，在该对话框中，选择目标用户前的复选框，选中该用户，如图 6－13 所示；最后连续单击“确定”按钮，完成为用户分配服务器角色的操作，如图 6－14 所示。

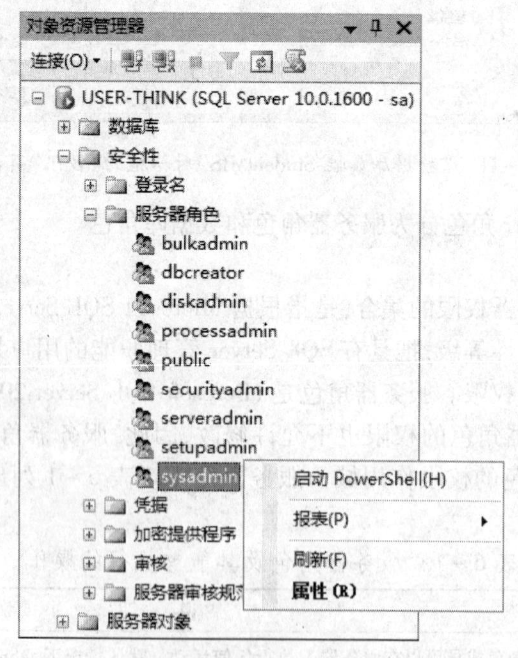

图 6－12　利用对象资源管理器为用户分配固定服务器角色

使用 Transact-SQL 管理服务器角色如下：

（1）利用 Transact-SQL 增加服务器角色的用户：

```
sp_addsrvrolemember [ @ loginame = ] 'login' , [ @ rolename = ] 'role'
```

其中：

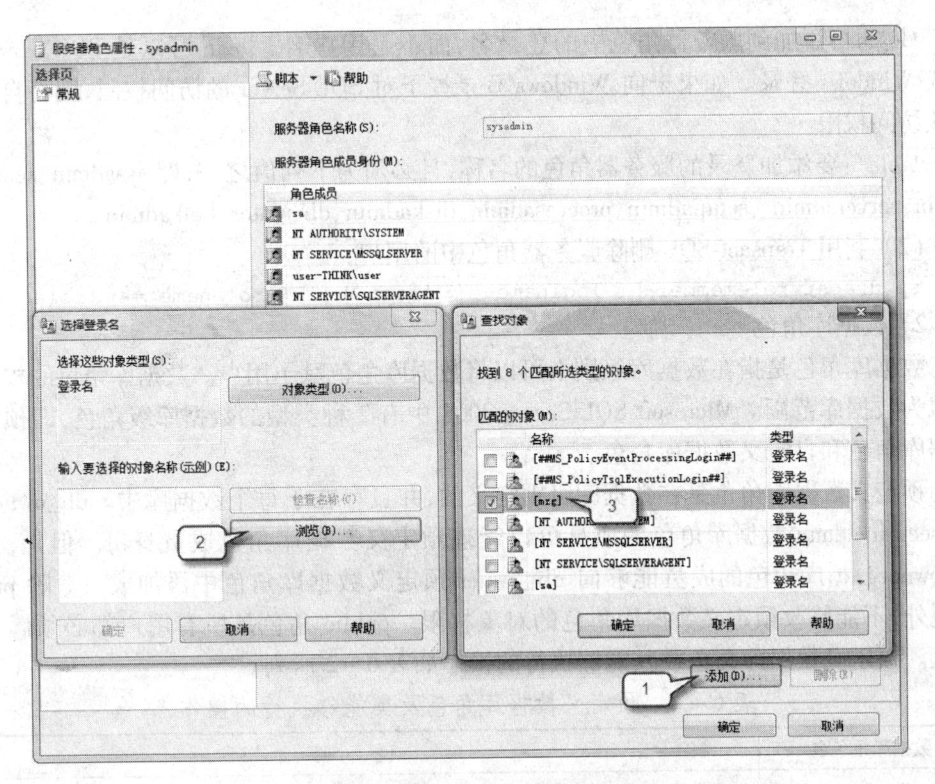

图 6-13　给用户分配服务器角色

图 6-14　服务器角色属性对话框

'login':添加到服务器角色中的登录名,而不是用户名。login 可以是 SQL Server 登录或 Windows 登录。如果未向 Windows 登录授予对 SQL Server 的访问权限,则将自动授予该访问权限。

'role':要添加登录的服务器角色的名称,且必须为下列值之一,即 sysadmin、securityadmin、serveradmin 、setupadmin、processadmin、diskadmin、dbcreator、bulkadmin。

(2) 利用 Transact-SQL 删除服务器角色中的用户:

```
sp_dropsrvrolemember [ @ loginame = ] 'login' , [ @ rolename = ] 'role'
```

2) 数据库角色

数据库角色是指在数据库级别上可以将数据库角色赋予用户。数据库角色的权限作用域为数据库范围。Microsoft SQL Server 2008 中有 2 种类型的数据库级角色,即预定义数据库角色和自定义数据库角色。

预定义数据库角色是在数据库级别定义的,并且存在于每个数据库中。db_owner 和 db_securityadmin 数据库角色的成员可以管理预定义数据库角色成员身份。但是,只有 db_owner数据库角色的成员能够向 db_owner 预定义数据库角色中添加成员。除 public 角色外,不能修改预定义数据库角色的对象权限。public 角色是所有用户都必须属于的角色。预定义数据库角色及其能够执行的操作如表 6-2 所列。

表 6-2 预定义数据库角色及其能够执行的操作

数据库角色名	说　明
db_owner	角色成员可以执行数据库的所有配置和维护活动,还可以删除数据库
db_securityadmin	角色成员可以修改角色成员身份和管理权限
db_accessadmin	角色成员可以为 Windows 登录名、Windows 组和 SQL Server 登录名添加或删除数据库访问权限
db_backupoperator	角色成员可以备份数据库
db_ddladmin	角色成员可以在数据库中运行任何数据定义语言(DDL)命令
db_datawriter	角色成员可以在所有用户表中添加、删除或更改数据
db_datareader	角色成员可以从所有用户表中读取所有数据
db_denydatawriter	角色成员不能添加、修改或删除数据库内用户表中的任何数据
db_denydatareader	角色成员不能读取数据库内用户表中的任何数据

自定义数据库角色可以任意定义和修改角色的权限。

在 Microsoft SQL Server Management Studio 中给用户分配数据库角色与给用户分配服务器角色类似,所不同的是选择某个具体的数据库(如 StudentMIS),然后选择该数据库下的"安全性"→"角色",单击鼠标右键,进行新建操作。请读者自行完成,这里不再赘述。使用 Transact-SQL 管理数据库角色的语句见 4.8 节。

6.2 数据库的完整性

6.2.1 数据库完整性概述

数据库的完整性是指数据的正确性和相容性。与数据库的安全性不同,数据库的完整性是为了防止错误数据的输入,而安全性是为了防止非法用户和非法操作。维护数据库的完整性是 DBMS 的基本要求。

为了维护数据库的完整性,DBMS 必须提供一种机制来检查数据库中的数据是否满足语义约束条件。这些加在数据库数据之上的语义约束条件称为数据库的完整性约束条件。DBMS 检查数据是否满足完整性约束条件的机制称为完整性检查。

6.2.2 完整性约束条件

完整性约束条件作用对象可以是列、元组、关系。其中,列约束主要是列的数据类型、取值范围、精度、是否为空等;元组约束是元组之间列的约束关系;关系约束是指关系中元组之间以及关系与关系之间的约束。

完整性约束条件涉及的这 3 类对象,其状态可以是静态的也可以是动态的。静态约束是指数据库每一确定状态时的数据对象所应满足的约束条件,它是反映数据库状态合理性的约束,这是最重要的一类完整性约束。动态约束是指数据库从一种状态转变为另一种状态时新、旧值之间所应满足的约束条件,它是反映数据库状态变迁的约束。

综合静态和动态约束 2 个方面,可以将完整性约束条件分为 6 类。

1) 静态列约束

静态列约束是对一个列的取值域的说明,这是最常用也最容易实现的一类完整性约束,主要有以下几个方面:

(1) 对数据类型的约束,包括数据的类型、长度、单位、精度等。例如,“姓名”类型为字符型,长度为 16。“体重”单位为千克(kg),类型为数值型,长度为 24 位,精度为小数点后 2 位。

(2) 对数据格式的约束。例如,“出生日期”的格式为“YYYY-MM-DD”。“学号”的格式共 8 位,第 1 位表示学生是本国学生还是留学生,接下来 2 位表示表示入学年份,第 4 位为院系编号,后面 4 位是顺序编号。

(3) 对取值范围或取值集合的约束。例如,学生“成绩”的取值范围为 0 ~ 100,“性别”的取值集合为[男,女]。

(4) 对空值的约束。空值表示未定义或未知的值,与零值和空格不同,可以设置列不能为空值,例如,“学号”不能为空值,而“成绩”可以为空值。

2) 静态元组约束

1 个元组是由若干个列值组成的,静态元组约束就是规定元组的各个列之间的约束关系。例如,定货关系中包含发货量、定货量,规定发货量不得大于定货量。

3) 静态关系约束

在一个关系的各个元组之间或若干关系之间常存在各种联系或约束。常见的静态关系约束有实体完整性约束、参照完整性约束、域完整性约束和用户定义完整性,具体参见第 2 章。

4) 动态列约束

动态列约束是修改列定义或列值时应满足的约束条件,包括以下 2 个方面:

(1) 修改列定义时的约束。例如,将允许空值的列改为不允许空值时,如果该列目前已存在空值,则拒绝这种修改。

（2）修改列值时的约束。修改列值有时需要参照其旧值，并且新旧值之间需要满足某种约束条件。例如，学生年龄只能增加。

5）动态元组约束

动态元组约束是指修改元组的值时，元组中各个字段间需要满足某种约束条件。例如，职工工资调整时新工资不得低于（原工资 + 工龄工资 ×1.5）。

6）动态关系约束

动态关系约束是加在关系变化前后状态上的限制条件，例如，事务一致性、原子性等约束条件。

6.2.3 完整性控制

DBMS 的完整性控制机制应具有 3 个方面的功能：

（1）定义功能，提供定义完整性约束条件的机制。

（2）检查功能，检查用户发出的操作请求是否违背了完整性约束条件。

（3）保护功能，如果发现用户的操作请求使数据违背了完整性约束条件，则采取一定的动作来保证数据的完整性。

完整性约束条件包括有 6 大类，约束条件可能非常简单，也可能极为复杂。一个完善的完整性控制机制应该允许用户定义所有这 6 类完整性约束条件。

目前 DBMS 系统中，提供了定义和检查实体完整性、参照完整性和用户定义完整性的功能。对于违反实体完整性和用户定义完整性的操作，一般拒绝执行，而对于违反参照完整性的操作，不是简单的拒绝，而是根据语义执行一些附加操作，以保证数据库的正确性。

6.2.4 Microsoft SQL Server 2008 的完整性

Microsoft SQL Server 2008 提供了比较完善的完整性约束机制，不仅有实体完整性和参照完整性，还提供了多种自定义完整性的方法。

1）Microsoft SQL Server 2008 的实体完整性

实体完整性约束是定义主键并设置主键不为空（NOT NULL）。

定义主键可以使用 CREATE TABLE 语句，在建立表时定义；如果创建表时没有设置主键，可以使用 ALTER TABLE 语句增加主键，在增加主键时，如果原有数据中设置主键的列不符合主键约束条件（NOT NULL 和唯一性），拒绝执行，要先对数据进行处理。创建表时定义主键如下：

```
CREATE TABLE student(
    id int IDENTITY(1,1) NOT NULL,--自动编号 IDENTITY(起始值,递增量)
    name nvarchar(64) NOT NULL,
    sex nvarchar(4),
    age int,
    address nvarchar(256) NULL,
  CONSTRAINT [PK_student] PRIMARY KEY (id));
```

首先定义 id 不为空 NOT NULL，使用关键字 PRIMARY KEY 定义 id 为主键，其约束名为 PK_student，SQL Server 根据主键自动建立索引，索引名为 PK_student。当主键由一个字段组成时，可以直接在字段后面定义主键，称为列约束，如：

```
id int IDENTITY(1,1) NOT NULL PRIMARY KEY
```

使用 ALTER TABLE 增加主键定义示例如下：

假设在创建 student 关系时已经定义了学号 id int IDENTITY(1,1) NOT NULL，但没有定义主键，则可以使用下面操作增加主键：

```
ALTER TABLE student ADD CONSTRAINT PK_student PRIMARY KEY(id);
```

2）Microsoft SQL Server 2008 的参照完整性

参照完整性是定义好被参照关系及其主键后在参照关系中定义外键。定义语法：

```
CONSTRAINT constraint_name FOREIN KEY (column [,...])
    REFERENCES ref_table(ref_column [,...])
    [ ON DELETE {CASCADE | NO ACTION }]
    [ ON UPDATE {CASCADE | NO ACTION }]
```

其中：

constraint_name：约束名。

FOREIN KEY(column [,...])：外键，如果是单个字段，可作为列约束，省略限制名。

REFERENCES ref_table(ref_column [,...])：被参照关系及字段。

ON DELETE {CASCADE | NO ACTION}：定义删除行为，CASCADE 为级联删除，NO ACTION 为不允许删除。

ON UPDATE {CASCADE | NO ACTION}：定义更新行为，CASCADE 为级联更新，NO ACTION 为不允许更新。

3）Microsoft SQL Server 2008 的用户定义完整性

（1）NOT NULL 约束。NOT NULL 约束应用在单一的数据列上，保护该列必须要有数据值。默认状况下 Microsoft SQL Server 2008 允许任何列都可以有 NULL 值。主键必须有 NOT NULL 约束。设置 NOT NULL 约束可以使用 CREATE TABLE 语句，在表建立时一起设置，如：

```
CREATE TABLE student(
    id int IDENTITY(1,1) NOT NULL,
    name nvarchar(64) NOT NULL,
    sex nvarchar(4));
```

如果创建表时没有 NOT NULL 约束，可以使用 ALTER TABLE 语句修改。在修改时，如果原有数据中有 NULL 值，将拒绝执行，要先对数据进行处理。如增加 student 表中 sex 列的 NOT NULL 约束。

```
ALTER TABLE student MODIFY (sex nvarchar(4) NOT NULL);
```

（2）CHECK 约束。CHECK 约束设置一个特殊的布尔条件，只有使布尔条件为 TRUE 的数据才接收。CHECK 约束用于增强表中数据的简单商业规则。用户使用 CHECK 约束保证数据规则的一致性。如果用户的商业规则需要复杂的数据检查，那么可以使用触发器(TRIGGER)。CHECK 约束不保护 LOB 类型的数据列。单一数据列可以有多个 CHECK 约束保护，1 个 CHECK 约束可以保护多个数据列。当 CHECK 约束保护多个数据列时，必须使用表约束语法。可用 CREATE TABLE 语句在定义表时设置 CHECK 约束，如：

```
CREATE TABLE student(
    id int IDENTITY(1,1) NOT NULL,
    name nvarchar(64) NOT NULL,
    age int,
    CONSTRAINT age _ck CHECK (age >18)
```

如果 CHECK 只对 1 列进行约束,可以作为列约束直接写在列后面:

```
age int CHECK (age >18)
```

ALTER TABLE 语句可以增加或修改 CHECK 约束。如在 student 表中增加性别 sex 约束:

```
ALTER TABLE student ADD CONSTRAINT sex_ck CHECK (sex in ('男','女'));
```

(3) UNIQUE 约束。唯一性 UNIQUE 约束使数据列中任何 2 行的数据都不相同或为 NULL。唯一性约束与主键不同的是,唯一性约束可以为 NULL(是指没有 NOT NULL 约束的情况下),1 个表可以有多个唯一性约束,而主键只能有 1 个。可以使用 CREATE TABLE 语句,在创建表时设置 UNIQUE 约束。

6.3 数据库的并发控制

数据库的并发控制和恢复技术与事务密切相关,事务是并发控制和恢复的基本单位。本节先介绍事务的基本概念,然后介绍并发控制,在 6.4 节介绍恢复技术。

6.3.1 事务

1) 事务的概念

从用户观点看,对数据库的某些操作应是一个整体,也就是一个独立的工作单元,不能分割。如银行转账操作,从 A 账号转入 1000 元资金到 B 账号,对客户而言,电子银行转账是一个独立的操作,而对于数据库系统而言,包括从 A 账号取出 1000 元和将 1000 元存入 B 账号 2 个操作,如果从 A 账号取出 1000 元成功而 B 账号存入 1000 元失败,或者从 A 账号取出 1000 元失败而 B 账号存入 1000 成功,只要其中 1 个操作失败,转账操作即失败。这些操作要么全都发生,要么由于出错而全不发生。保证这一点非常重要,决不允许发生下面的事情:在账号 A 透支情况下继续转账;或者从账号 A 转出 1000 元,而不知去向未能转入账号 B 中。

事务是用户定义的 1 个数据库操作序列,要么执行全部操作,要么一个操作都不执行,是一个不可分割的工作单元。1 个事务由应用程序中的一组操作序列组成,在关系型数据库中,它可以是 1 条 SQL 语句、1 组 SQL 语句或 1 个程序段。事务是这样一种机制,它确保多个 SQL 语句被当作单个工作单元来处理。

在 SQL 语言中,事务控制的语句有 BEGIN TRANSACTION、COMMIT、ROLLBACK。如果用户没有指明事务的开始和结束,DBMS 按默认规定自动划分事务。用户以 BEGIN TRANSACTION 开始事务,以 COMMIT 或 ROLLBACK 结束事务。COMMIT 表示提交事务,用于正常结束事务。ROLLBACK 表示回滚,在事务执行过程中发生故障,事务不能继续,撤消事务中所有已完成的操作,回到事务开始的状态。

2）事务的性质

事务具有 4 个特性，即原子性（Atomicity）、一致性（Consistency）、隔离性（Isolation）和持续性（Durability），简称为 ACID 特性。

（1）原子性。事务是数据库的逻辑工作单位，是一不可分割的工作单元。事务中包括的所有操作要么都做，要么都不做。

（2）一致性。事务执行的结果必须是使数据库从一个一致状态变到另一个一致状态。因此，当数据库只包含成功事务提交的结果时，就说数据库处于一致状态。如果数据库系统运行中发生故障，有些事务尚未完成就被迫中断，系统将事务中对数据库的所有已完成的操作全部撤消，恢复到事务开始时的一致状态。

（3）隔离性。一个事务的执行不能被其他事务干扰。即一个事务内部的操作及使用的数据对其他并发事务是隔离的，并发执行的各个事务之间不能互相干扰。

（4）持续性。指一个事务一旦提交，它对数据库中数据的更新就应该是永久性的。接下来的其他操作或故障不应该对其执行结果有任何影响。

保证事务 ACID 特性是事务处理的重要任务。事务 ACID 特性可能遭到破坏的因素如下：

（1）多个事务并行运行时，不同事务的操作交叉执行。

（2）事务在运行过程中被强行停止。

在第 1 种情况下，数据库管理系统必须保证多个事务的交叉运行不影响这些事务的原子性；在第 2 种情况下，数据库管理系统必须保证被强行终止的事务对数据库和其他事务没有任何影响。这些就是数据库管理系统中并发控制和恢复机制的任务。

6.3.2 并发控制概述

多用户数据库系统中，运行的事务很多。事务可以一个一个地串行执行；即每个时刻只有 1 个事务运行，其他事务必须等待这个事务结束后才能运行，则称这种执行方式为串行执行，如图 6－15（a）所示，这样可以有效保证数据的一致性。事务在执行过程中需要不同的资源，有时需要 CPU，有时需要存取数据库，有时需要 I/O，有时需要通信，但是串行执行方式使许多系统资源处于空闲状态，为了充分利用系统资源，发挥数据库共享资源的特点，应该允许多个事务并行执行。

在单处理机系统中，事务的并行执行实际上是这些事务交替轮流执行，这种并行执行方式称为交叉并行执行方式，如图 6－15（b）所示。虽然单处理机系统中的并行事务并没有真正地并行运行，但是减少了处理机的空闲时间，提高了系统的效率。在多处理机系统中，每个处理机可以运行 1 个事务，多个处理机可以运行多个事务，真正实现多个事务的并行运行，这种并行执行方式称为同时并行方式。

当多个事务被并行执行时，称这些事务为并发事务。并发事务可以在时间上重叠执行，可能产生多个事务存取同一数据的情况，如果不对并发事务进行控制，就可能出现存取不正确的数据，破坏数据的一致性。对并发事务进行调度，使并发事务所操作的数据保持一致性的整个过程称为并发控制。并发控制是 DBMS 的重要功能之一。

当多个用户试图同时访问一个数据库，他们的事务同时使用相同的数据时，可能破坏事务的隔离性和数据的一致性，会产生丢失更新、读“脏”数据和不可重复读。

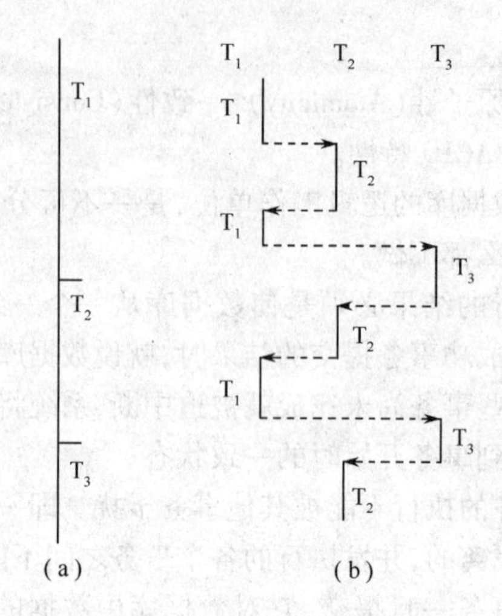

图 6－15　事务的执行方式

(a)事务串行执行方式;(b)事务交叉并行执行方式。

1）丢失更新

当2个事务 T_1 和 T_2 同时读入同一个数据并修改,由于每个事务都不知道其他事务的存在,最后的更新将重写其他事务所作的更新,即 T_2 把 T_1 或 T_1 把 T_2 提交的修改结果覆盖掉,造成了数据的丢失更新问题,导致数据的不一致。

2）读"脏"数据

事务 T_1 修改数据后,并将其写回磁盘,事务 T_2 读同一数据,T_1 由于某种原因被撤消,T_1 修改的值恢复原值,T_2 读到的数据与数据库中的数据不一致,是"脏"数据,称为读"脏"数据,读"脏"数据的原因是读取了未提交事务的数据,所以又称为未提交数据。

3）不可重复读

事务 T_1 读取数据 D 后,事务 T_2 读取并更新了数据 D,如果事务 T_1 再一次读取数据 D 以进行核对时,得到的两次读的结果不同,这种情况称为不可重复读。

产生上述3种数据不一致的主要原因是并行操作破坏了事务的隔离性。并发控制就是采用一定调度策略控制并发事务,使事务的执行不受其他事务的干扰,从而避免数据的不一致性。

多个事务的并行执行是正确的,当且仅当其结果与按某一次序串行地执行他们时的结果相同,这种调度策略称为可串行化的调度。可串行性是并发事务正确性的准则。按这个准则规定,一个给定的并发调度,当且仅当它是可串行化的,才认为是正确调度。

并发控制方法主要有封锁方法、时间戳方法、乐观方法等,本章主要介绍在 DBMS 中使用较多的封锁方法。

6.3.3　封锁

封锁就是事务 T 在对某个数据对象操作之前,先向系统发出请求,对其加锁。加锁后事务 T 就对该数据对象有了一定的控制,在事务 T 释放它的锁之前,其他的事务不能更新此数据对象。

6.3.3.1　封锁类型

基本的封锁类型有排它锁(Exclusive Locks,X 锁)和共享锁(Share Locks,S 锁)2 种。

排它锁又称为写锁。如果事务T对某个数据D(可以是数据项、记录、数据集乃至整个数据库)加上X锁,那么只允许T读取和修改D,其他任何事务都不能再对D加任何类型的锁,直到T释放D上的锁。这就保证了其他事务在T释放D上的锁之前不能再读取和修改A。

共享锁又称为读锁。若事务T对某个数据D加上S锁,则事务T可以读D,但不能修改D,其他事务只能再对D加S锁,而不能加X锁,直到T释放D上的S锁。这就保证了其他事务可以读D,但在T释放D上的S锁之前其他事务不能对D做任何修改。

排它锁与共享锁的控制方式可以用表6-3的相容矩阵来表示,其中:***Y***表示相容的请求;***N***表示不相容的请求;***X***、***S***、—分别表示X锁、S锁和无锁。如果2个封锁是不相容的,则后提出封锁的事务要等待。

表6-3　封锁类型的相容矩阵

T_2 \ T_2	*X*	*S*	—
X	*N*	*N*	*Y*
S	*N*	*Y*	*Y*
—	*Y*	*Y*	*Y*

6.3.3.2　封锁协议

在运用X锁和S锁这2种基本封锁,对数据对象加锁时,还需要约定一些规则,例如,何时申请X锁或S锁、持锁时间、何时释放等,称这些规则为封锁协议。对封锁方式规定不同的规则,就形成了各种不同的封锁协议。下面介绍3级封锁协议。对并发事务的不正确调度可能会带来丢失更新、读“脏”数据和不可重复读等不一致性问题,3级封锁协议分别在不同程度上解决了这些问题,为并发事务的正确调度提供一定的保证。

1) 1级封锁协议

事务T在修改数据D之前必须先对其加X锁,直到事务结束(包括正常结束COMMIT和非正常结束ROLLBACK)才释放,这称为1级封锁协议。1级封锁协议可防止丢失更新,并保证事务T是可恢复的。

在1级封锁协议中,如果仅仅是读数据而不对其进行修改,是不需要加锁的,所以它不能保证不读“脏”数据和可重复读。

2) 2级封锁协议

2级封锁协议是指在1级封锁协议的基础上,当事务T在读取数据D之前必须先对其加S锁,读完后即可释放S锁。2级封锁协议除防止了丢失更新,还可进一步防止读“脏”数据。由于读完后即可释放S锁,所以不能保证可重复读。

3) 3级封锁协议

3级封锁协议是指1级封锁协议加上事务T在读取数据R之前必须先对其加S锁,直到事务结束才释放。3级封锁协议除防止了丢失更新和不读“脏”数据外,还进一步防止了不可重复读。

6.3.3.3　活锁和死锁

1) 活锁

系统可能使某个事务永远处于等待状态,得不到封锁的机会,这种现象称为“活锁”。解决活锁问题的一种简单的方法是采用“先来先服务”的策略,也就是简单的排队方式。

如果运行时,事务有优先级,那么很可能使优先级低的事务,即使排队也很难轮上封锁的机会。此时可采用“升级”方法来解决,也就是当一个事务等待若干时间(如3min)

还轮不上封锁时,可以提高其优先级别,这样总能轮上封锁。

2)死锁

系统中有2个或2个以上的事务都处于等待状态,并且每个事务都在等待其中另一个事务解除封锁,它才能继续执行下去,结果造成任何一个事务都无法继续执行,这种现象称系统进入了"死锁"状态。

(1)产生死锁的原因。如果事务 T_1 封锁了数据 D_1,T_2 封锁了数据 D_2,然后 T_1 又请求封锁 D_2,因 T_2 已封锁了 D_2,于是 T_1 等待 T_2 释放 D_2 上的锁。接着 T_2 又申请封锁 D_1,因 T_1 已封锁了 D_1,T_2 也只能等待 T_1 释放 D_1 上的锁。这样就出现了 T_1 在等待 T_2,而 T_2 又在等待 T1 的局面,T_1 和 T_2 两个事务永远不能结束,形成死锁。

(2)死锁的预防. 在数据库中,产生死锁的原因是2个或多个事务都已封锁了一些数据对象,然后又都请求对已被其他事务封锁的数据对象加锁,从而出现死等待。防止死锁的发生其实就是要破坏产生死锁的条件。预防死锁通常有2种方法:

① 1次封锁法。一次封锁法要求每个事务必须1次将所有要使用的数据全部加锁,否则就不能继续执行。1次封锁法虽然可以有效地防止死锁的发生,但也存在问题,1次就将以后要用到的全部数据加锁,势必扩大了封锁的范围,从而降低了系统的并发度。

② 顺序封锁法。顺序封锁法是预先对数据对象规定一个封锁顺序,所有事务都按这个顺序实行封锁。顺序封锁法可以有效地防止死锁,但也同样存在问题。事务的封锁请求可以随着事务的执行而动态地决定,很难事先确定每一个事务要封锁哪些对象,因此也就很难按规定的顺序去施加封锁。

可见,可用1次封锁法和顺序封锁法预防死锁,但是不能根本消除死锁,因此 DBMS 在解决死锁的问题上还要有诊断并解除死锁的方法。

(3)死锁的诊断与解除。

① 超时法。如果一个事务的等待时间超过了规定的时限,就认为发生了死锁。超时法实现简单,但其不足也很明显。一是有可能误判死锁,事务因为其他原因使等待时间超过时限,系统会误认为发生了死锁;二是时限若设置得太长,死锁发生后不能及时发现。

② 等待图法。事务等待图是一个有向图 $G=(T,U)$。T 为结点的集合,每个结点表示正运行的事务;U 为边的集合,每条边表示事务等待的情况。若 T_1 等待 T_2,则 T_1、T_2 之间画一条有向边,从 T_1 指向 T_2。事务等待图动态地反映了所有事务的等待情况。并发控制子系统周期性地(如每隔1min)检测事务等待图,如果发现图中存在回路,则表示系统中出现了死锁。

DBMS 的并发控制子系统一旦检测到系统中存在死锁,就要设法解除。通常采用的方法是选择一个处理死锁代价最小的事务,将其撤消,释放此事务持有的所有的锁,使其他事务得以继续运行下去。当然,对撤消的事务所执行的数据修改操作必须加以恢复。

6.3.4 Microsoft SQL Server 2008 的并发控制

Microsoft SQL Server 2008 允许多个事务并行执行,但是,如果多个用户同时访问同一数据库并且他们的事务同时使用相同的数据,就可能产生并发问题。这些并发问题主要包括丢失更新、读"脏"数据和不可重复读。

6.3.4.1 Microsoft SQL Server 2008 的锁粒度

Microsoft SQL Server 2008 具有多粒度锁，允许一个事务锁定不同类型的资源。为了使锁定的成本减至最少，Microsoft SQL Server 2008 自动将资源锁定在适合任务的级别。锁定在较小的粒度（如行）可以增加并发但需要较大的开销，因为如果锁定了许多行，则需要控制更多的锁。锁定在较大的粒度（如表）就并发而言是相当昂贵的，因为锁定整个表限制了其他事务对表中任意部分进行访问，但要求的开销较低，因为需要维护的锁较少。Microsoft SQL Server 2008 的锁粒度如表 6－4 所列（按粒度增加的顺序列出）。

表 6－4 Microsoft SQL Server 2008 的锁粒度

锁粒度	说　明
行锁	单独对表中的一行加锁
键锁	索引中的行锁。用于保护可串行事务中的键范围
页锁	数据页或索引页锁，页大小 8KB
区锁	相邻的 8 个数据页或索引页构成的一区
表锁	包括所有数据和索引在内的整个表
数据库锁	对数据库加锁。常用于数据库的恢复操作

6.3.4.2 Microsoft SQL Server 2008 的锁模式

Microsoft SQL Server 2008 使用不同的锁模式锁定资源，这些锁模式确定了并发事务访问资源的方式。Microsoft SQL Server 2008 使用如表 6－5 所列的资源锁模式。

表 6－5 Microsoft SQL Server 2008 的资源锁模式

锁 模 式	说　明
共享锁（S）	用于不更新数据的只读操作，如 SELECT 语句
更新锁（U）	用于可更新的资源中。防止当多个事务在读取、锁定以及随后可能进行的资源更新时发生的死锁
排它锁（X）	用于数据修改操作，如 INSERT、UPDATE 或 DELETE。确保不会同时对同一资源进行多重更新
意向锁（I）	用于建立锁的层次结构。意向锁的类型为意向共享（IS）、意向排它（IX）以及与意向排它共享（SIX）
架构锁（Sch）	在执行依赖于表架构的操作时使用。有架构修改锁（Sch-M）和架构稳定性锁（Sch-S）
大容量更新锁（BU）	向表中大容量复制数据并指定了 TABLOCK 提示时使用

共享锁（S）允许并发事务读取（SELECT）一个资源。资源上存在共享锁时，任何其他事务都不能修改数据。一旦已经读取数据，便立即释放资源上的共享锁，除非将事务隔离级别设置为可重复读或更高级别，或者在事务生存周期内用锁定提示保留共享锁。

更新锁（U）可以防止通常形式的死锁。一般更新模式由 1 个事务组成，此事务读取记录，获取资源（页或行）的共享锁，然后修改行，此操作要求锁转换为排它锁。如果 2 个事务获得了资源上的共享模式锁，然后试图同时更新数据，则一个事务尝试将锁转换为排它锁。共享模式到排它锁的转换必须等待一段时间，因为一个事务的排它锁与其他事务的共享模式锁不兼容；发生锁等待。第 2 个事务试图获取排它锁以进行更新。由于 2 个事务都要转换为排它锁,并且每个事务都等待另一个事务释放共享模式锁,因此发生死锁。若要避免这种潜在的死锁问题,应使用更新锁。1 次只有 1 个事务可以获得资源的更新锁。如果事务修改资源,则更新锁转换为排它锁。否则,锁转换为共享锁。

排它锁(X)可以防止并发事务对资源进行访问。其他事务不能读取或修改排它锁锁定的数据。

意向锁(I)表示 Microsoft SQL Server 2008 需要在层次结构中的某些底层资源上获取共享锁或排它锁。例如,放置在表级的共享意向锁表示事务打算在表中的页或行上放置共享锁。在表级设置意向锁可防止另一个事务随后在包含那一页的表上获取排它锁。意向锁可以提高性能,因为 SQL Server 仅在表级检查意向锁来确定事务是否可以安全地获取该表上的锁。而无须检查表中的每行或每页上的锁以确定事务是否可以锁定整个表。意向锁包括意向共享(IS)锁、意向排它(IX)锁以及与意向排它共享锁(SIX)锁。IS 锁是指通过在各资源上放置 IS 锁,表明事务的意向是读取层次结构中的部分(而不是全部)底层资源。意向排它锁(IX)是通过在各资源上放置 IX 锁,表明事务的意向是修改层次结构中的部分(而不是全部)底层资源。IX 是 IS 的超集。意向排它共享锁(SIX)是通过在各资源上放置 SIX 锁,表明事务的意向是读取层次结构中的全部底层资源并修改部分(而不是全部)底层资源。允许顶层资源上的并发 IS 锁。例如,表的 SIX 锁在表上放置 1 个 SIX 锁(允许并发 IS 锁),在当前所修改页上放置 IX 锁(在已修改行上放置 X 锁)。虽然每个资源在一段时间内只能有 1 个 SIX 锁,以防止其他事务对资源进行更新,但是其他事务可以通过获取表级的 IS 锁来读取层次结构中的底层资源。

架构锁(Sch)是指执行表的数据定义语言(DDL)操作(如添加列或删除表)时,使用架构修改锁。当编译查询时,使用架构稳定性锁。架构稳定性锁不阻塞任何事务锁,包括排它锁。因此在编译查询时,其他事务都能继续运行,但不能在表上执行 DDL 操作。

大容量更新锁(BU)是将数据大容量复制到表,且指定了 TABLOCK 提示或者使用 sp_tableoption设置了 table lock on bulk 表选项时,将使用大容量更新锁。大容量更新锁允许进程将数据并发地大容量复制到同一表,同时防止其他不进行大容量复制数据的进程访问该表。

6.3.4.3 Microsoft SQL Server 2008 的锁提示

锁提示可以使用 SELECT、INSERT、UPDATE 和 DELETE 语句指定表级锁定提示的范围,以引导 Microsoft SQL Server 2008 使用所需的锁类型。当需要对对象所获得锁类型进行更精细控制时,可以使用表级锁提示。这些锁提示取代了当前事务隔离级别。但是 Microsoft SQL Server 2008 查询优化器自动作出正确的决定。建议仅在必要时才使用表级锁提示更改默认的锁定行为。

6.4 数据库的备份和恢复技术

任何一个系统都不可能是完美的,数据库系统也不例外。尽管数据库系统采取了各种措施来保护数据库的安全性和完整性,保证并发事务的正确执行。但是在系统的运行过程中,硬件故障、软件错误、操作失误、恶意破坏不可避免,这些故障轻则造成运行事务非正常中断,影响数据库的正确性和事务的一致性,重则破坏数据库,使数据库中数据部分或全部丢失。

数据库系统中的数据是非常宝贵的资源,为了保证数据库系统长期而稳定运行,必须采取一定的措施,以防意外。如果故障发生后,数据库管理系统必须具有把数据库从错误状态恢复到已知的正确状态的功能,这就是数据库的恢复。数据库管理系统的恢复功能是否行之有效,不仅对系统的可靠性起着决定性的作用,而且对系统的运行效率也有很大影响。数据库管理系统的恢复功能是衡量数据库管理系统性能的重要指标。

故障发生后,利用数据库备份进行还原,在还原的基础上利用日志文件进行恢复,重新建立一个完整的数据库,然后继续运行。恢复的基础是数据库的备份和还原以及日志文件,只有完整的数据库备份和日志文件,才能有完整的恢复。

6.4.1 数据恢复的基本原则

数据恢复涉及2个关键问题,即建立备份数据和利用这些备份数据实施数据库恢复。数据恢复最常用的技术是建立数据转储和利用日志文件。

(1) 平时做好数据转储和建立日志2件事。

① 数据转储是数据库恢复中采用的基本技术。数据转储是指系统管理员周期性地(如1天1次)对整个数据库进行复制,转储到另一个磁盘或磁带一类存储介质保存起来的过程。

② 建立日志数据库。记录事务的开始、结束标志,记录事务对数据库的每一次插入、删除和修改前后的值,写到“日志”库中,以便有案可查。

(2) 一旦发生数据库故障,分2种情况进行处理:

① 如果数据库已被破坏,如磁头脱落、磁盘损坏等,这时数据库已不能用了,就要装入最近一次复制的数据库备份到新的磁盘,然后利用日志库执行“重做”(REDO)处理,将这2个数据库状态之间的所有更新重新做一遍。

② 如果数据库未被破坏,但某些数据不可靠,受到怀疑。例如,程序在批处理修改数据库时异常中断。这时不必去复制存档的数据库。只要通过日志库执行“撤消”(UNDO)处理,撤消所有不可靠的修改,把数据库恢复到正确的状态。

6.4.2 故障类型和恢复策略

6.4.2.1 故障种类

数据库系统中可能发生的各种各样的故障,大致可以分为以下几类:

1) 事务故障

事务故障是指事务在执行过程中发生的故障。此类故障只发生在1个或多个事务上,系统能正常运行,其他事务不受影响。事务故障有些是预期的,通过事务程序本身可以发现并处理,如果发生故障,用ROLLBACK使事务回到前一种正确状态。有些是非预期的,不能由事务程序处理的,如运算溢出、违反了完整性约束、并发事务发生死锁后被系统选中强制撤消等,使事务未能正常完成就终止。这时事务处于一种不一致状态。后面讨论的事务故障仅指这类非预期的故障。

发生事务故障时,事务对数据库的操作没有到达预期的终点(要么全部COMMIT,要么全部ROLLBACK),破坏了事务的原子性和一致性,这时可能已经修改了部分数据,因此数据库管理系统必须提供某种恢复机制,强行回滚该事务对数据库的所有修改,使系统回到该事务发生前的状态,这种恢复操作称为撤消。

2）系统故障

系统故障主要是由于服务器在运行过程中,突然发生硬件错误(如 CPU 故障)、操作系统故障、DBMS 错误、停电等原因造成的非正常中断,致使整个系统停止运行,所有事务全部突然中断,内存缓冲区中的数据全部丢失,但硬盘、磁带等外设上的数据未受损失。

系统故障的恢复要分别对待,其中有些事务尚未提交完成,其恢复方法是撤消,与事务故障处理相同;有些事务已经完成,但其数据部分或全部还保留在内存缓冲区中,由于缓冲区数据的全部丢失,致使事务对数据库修改的部分或全部丢失,同样会使数据库处于不一致状态,这时应将这些事务已提交的结果重新写入数据库,这时需要重做提交的事务,重做就是先使数据库恢复到事务前的状态,然后顺序重做每一个事务,使数据库恢复到一致状态。

3）介质故障

介质故障是指外存故障。介质故障使数据库的数据全部或部分丢失,并影响正在存取出错介质上数据的事务。介质故障可能性小,但破坏性最大。一般将系统故障称为软故障,介质故障称为硬故障。对于介质故障,通常是将数据从建立的备份上先还原数据,然后使用日志进行恢复。

6.4.2.2 恢复策略

故障的种类不同,其恢复的方法也不同。

1）事务故障的恢复

事务故障恢复采取的主要策略是根据日志文件,将事务进行的操作撤消。事务故障对用户来说是透明的,系统自动完成。步骤如下:

(1) 根据事务开始标志和结束标志成对的原则,正向扫描日志文件,找出没有事务结束标志的事务(没有提交的事务),查找事务的更新操作。

(2) 对日志记录的操作进行反向逆操作。

① 反向:如果原来顺序是第 1 个操作,第 2 个操作,直到第 n 个操作,则从第 n 个操作开始,直到第 2 个操作,最后是第 1 个操作。

② 逆操作:如果是插入记录就删除相应的记录,如果是删除就插入原来的记录,如果是修改,就将新值改为旧值。

(3) 继续扫描,查找没有结束事务标志的事务,直到日志结束。

2）系统故障的恢复

系统故障恢复,一是对未提交事务进行撤消,二是对已经提交事务因为内存缓冲区数据丢失没有写入数据库的事务进行重做。系统故障恢复是系统重新启动时完成的,也不需要用户干预。步骤如下:

(1) 正向扫描日志文件,根据事务开始标志和事务结束标志,将只有事务开始标志没有事务结束标志的事务记入 UNDO 队列;将既有事务开始标志又有事务结束标志的事务记入 REDO 队列。

(2) 对 UNDO 队列进行撤消处理:反方向逆操作(见事务故障恢复)。

(3) 对 REDO 队列进行重做处理:顺序重做每一个事务的操作。

3）介质故障的恢复

介质故障可能使磁盘上的数据库和日志文件都遭损坏，是破坏性最大的一种故障。介质故障的恢复需要 DBA 干预。步骤如下：

（1）装入最近的数据库备份，使数据库还原到最后备份点的一致状态。

（2）从备份点到故障点的日志文件没有损坏的情况下，根据日志文件，采用 REDO 和 UNDO 方法，将数据库恢复到故障点的一致状态。如果日志文件损坏，需要手工提供备份点到故障点的事务。

4）具有检查点的恢复

在对数据库进行恢复时，使用日志文件恢复子系统搜索日志文件，以便确定哪些需要 UNDO，哪些需要 REDO，一般需要检查全部的日志。扫描全部的日志将消耗大量的时间，同时将有大量的事务都要 REDO，而实际已经将更新结果写入了数据库中，浪费了大量的时间。为了减少扫描日志的长度，在日志中插入一个检查点，并确保检查点以前事务的一致性。在进行恢复时，从检查点开始扫描，而不是从全部日志开始扫描，可以节省扫描时间，同时减少 REDO 事务。检查点恢复只对事务故障和系统故障有效，对于介质故障，日志的扫描从备份点开始。

为了确保检查点以前的事务都具有一致性，在检查点时应该进行如下的工作：

（1）将当前日志缓冲区的所有日志写入日志文件中。

（2）在日志文件中插入检查点数据作为检查点的标志。

（3）将当前数据缓冲区的数据写入数据库（物理文件）。

DBMS 可以指定固定的周期产生检查点，另外可以根据一定的事件产生检查点，如日志文件切换时产生检查点，同时可以让某些命令产生检查点，如关闭数据库命令产生检查点。

具有检查点的事务故障和系统故障恢复，只需要从最后一个检查点（其检查点号最大）开始扫描到日志文件结束，然后对其中的没有提交的事务进行 UNDO，对提交的事务进行 REDO。

6.4.3 需要备份的数据

从数据库恢复基本策略中可知，影响数据库恢复的主要是日志文件和数据库备份。

1）日志文件

日志文件是用来记录事务对数据库更新的文件。如果以记录为单位形成日志文件，其内容包括：事务的开始标志（BEGIN TRANSACTION）；事务的结束标志（COMMIT 或 ROLLBACK）；事务的所有操作，包括操作的类型（插入、删除、修改）、操作对象、操作的数据（更新前后的值）。

日志文件在数据库的恢复中起着重要的作用，用来恢复事务故障和系统故障，并协助恢复介质故障。具体作用如下：

（1）事务故障和系统故障的恢复必须使用日志文件进行 UNDO 或 REDO。

（2）在介质故障的恢复时，首先利用数据库备份还原到备份点，从备份点到故障点，根据日志文件采用 REDO 和 UNDO 方法将数据库恢复到故障点的一致状态。如果日志文件损坏，则只能恢复到备份点的一致状态，需要手工提供备份点到故障点的事务。

日志文件严格按并发事务执行的时间顺序进行登记，并且先写日志文件再写数据文件。如果先写了数据文件而在写日志文件时发生错误，导致日志文件没有记录这个修改，则在以后就无法恢复该修改了；如果先写了日志文件而在写数据文件时发生错误，导致没有修改数据库，可按日志文件进行 REDO。

2）数据库备份

数据库备份是将数据库中的数据复制到另外的存储介质中，如磁盘或磁带，产生数据库副本。数据库副本的作用是，当数据库介质故障时，重新将副本装入，还原到副本产生时（备份点）的一致状态。如果要恢复到故障点的一致状态，要使用日志文件。

数据库备份可以采用操作系统的文件形式复制数据文件，称为物理备份；也可以采用 DBMS 特有的形式复制数据库，称为逻辑备份，逻辑备份一般使用 DBMS 系统专用的导入/导出工具。

备份的方法可以是静态的，也可以是动态方式。

静态备份是指系统中无任何事务时进行的复制操作，一般是在数据库关闭状态下进行的，所以又称为冷备份。由于复制期间不允许任何事务对数据库进行操作，所以静态备份得到的是一个有一致性的副本。静态备份比较简单，但是必须停止所有的事务，只有备份完成后，事务才能运行，这会降低数据库的可用性。

动态备份是指允许其他事务对数据库进行操作的同时进行数据的复制，是并行执行的。动态备份可以克服静态备份的缺点，不用停止其他运行的事务，也不影响新的事务，不用关闭数据库，但是复制后的副本不能保证事务的一致性。

由于数据库中数据量比较大，备份是比较费时的，并且占用较大的空间。备份可以采用完整备份和差异备份 2 种方式。完整备份是备份全部的数据；差异备份是在前一次备份的基础上，只备份变化的部分。第 1 次备份采用完整备份，后续的备份可以采用差异备份。

6.4.4 Microsoft SQL Server 2008 的备份和恢复

Microsoft SQL Server 2008 提供了功能强大的备份和还原方案。按备份的对象分有数据库备份和日志文件备份，按备份的方式有完整备份和差异备份，在进行数据库备份时可以按指定的数据文件进行备份。Microsoft SQL Server 2008 备份可用 Microsoft SQL Server Management Studio 和 Transact-SQL 完成。使用 Transact-SQL 的 BACKUP DATABASE 和 RESTORE DATABASE 方法请参阅相关书籍，本书仅介绍 Microsoft SQL Server Management Studio 的使用。

6.4.4.1 备份类型

Microsoft SQL Server 2008 提供了如下 4 种备份数据库的方式：

（1）完整备份。它包括特定数据库（或者一组特定的文件组或文件）中的所有数据，以及可以恢复这些数据的足够的日志。

（2）差异备份。差异备份基于数据的最新完整备份，称为差异基准。差异基准是读/写数据的完整备份。差异备份仅包括自建立差异基准后发生更改的数据。通常，建立基准备份之后很短时间内执行的差异备份比完整备份的基准更小，创建速度也更快。因此，使用差异备份可以加快进行频繁备份的速度，从而降低数据丢失的风险。通常，一个差异基准会由若干个相继的差异备份使用。还原时，首先还原完整备份，然后再还原最新的差异备份。

(3) 事务日志备份。在完整恢复模式或大容量日志恢复模式下,需要定期进行事务日志备份。每个日志备份都包括创建备份时处于活动状态的部分事务日志,以及先前日志备份中未备份的所有日志记录。不间断的日志备份序列包含数据库的完整(即连续不断的)日志链。在完整恢复模式下(或者在大容量日志恢复模式下的某些时候),连续不断的日志链可以将数据库还原到任意时间点。

(4) 文件和文件组备份。如果在创建数据库时,为数据库创建了多个数据库文件或文件组,可以使用该备份方式。

6.4.4.2 恢复模式

恢复模式旨在控制事务日志维护。Microsoft SQL Server 2008 提供了简单恢复模式、完整恢复模式和大容量日志恢复模式 3 种恢复模式。通常,数据库使用完整恢复模式或简单恢复模式。

(1) 简单恢复模式。该模式可最大程度地减少事务日志的管理开销,因为不备份事务日志。如果数据库损坏,则简单恢复模式将面临极大的工作丢失风险。数据只能恢复到已丢失数据的最新备份。因此,在简单恢复模式下备份间隔应尽可能短,以防止大量丢失数据。但是,间隔的长度应该足以避免备份开销影响生产工作。在备份策略中加入差异备份可有助于减少开销。通常只有在对数据库数据安全要求不太高的数据库中使用。

(2) 完整恢复模式。该恢复模式基于备份事务日志来提供完整的可恢复性及在最大范围的故障情形内防止丢失工作。为需要事务持久性的数据库提供了常规数据库维护模式。

需要日志备份。此模式完整记录所有事务,并将事务日志记录保留到对其备份完毕为止。如果能够在出现故障后备份日志尾部,则可以使用完整恢复模式将数据库恢复到故障点。完整恢复模式也支持还原单个数据页。该恢复模式是 Microsoft SQL Server 2008 的默认恢复模式。

(3) 大容量日志恢复模式。此恢复模式可大容量日志记录大多数大容量操作,它只用作完整恢复模式的附加模式。对于某些大规模大容量操作(如大容量导入或索引创建),暂时切换到大容量日志恢复模式可提高性能并减少日志空间使用量,仍需要日志备份,与完整恢复模式相同,大容量日志恢复模式也将事务日志记录保留到对其备份完毕为止。由于大容量日志恢复模式不支持时点恢复,因此必须在增大日志备份与增加工作丢失风险之间进行权衡。

在 Microsoft SQL Server Management Studio 中设置数据库恢复模式的步骤如下:

打开 Microsoft SQL Server Management Studio 并连接到目标服务器,在“对象资源管理器”窗口中选中将要设置恢复模式的数据库,单击鼠标右键,弹出快捷菜单,从中选择“属性”命令,出现“数据库属性-StudentMIS”窗口,选择“选择页”中的“选项”,进入设置数据库恢复模式页面,如图 6－16 所示。目前采用的是完整恢复模式。

6.4.4.3 创建设备备份

进行数据库备份前首先必须创建备份设备。备份设备是用来存储数据库、事务日志的存储介质,包括磁带机和操作系统提供的磁盘文件。

Microsoft SQL Server 2008 允许将本地主机硬盘或远程主机的硬盘作为备份设备,备

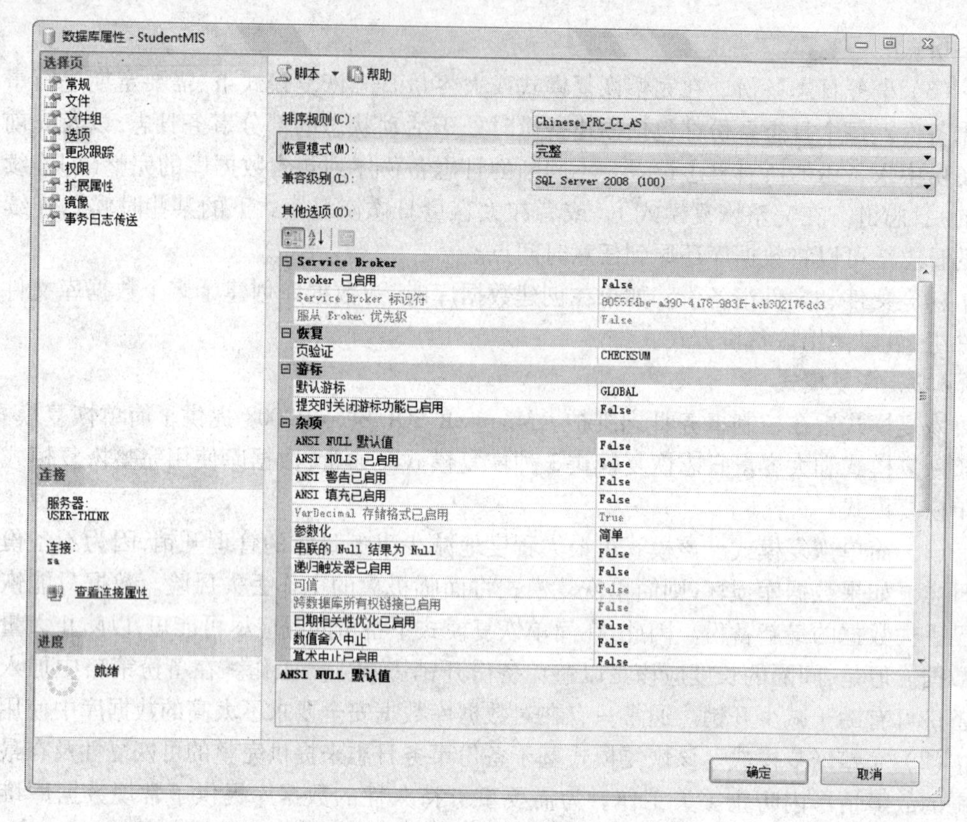

图 6－16　设置数据库的恢复模式

份设备在硬盘中是以文件的方式存储的。例如，现在需要创建一个用来备份数据库 StudentMIS 的备份设备 JWGL，创建步骤如下：

打开 Microsoft SQL Server Management Studio 并连接到目标服务器，在“对象资源管理器”对话框中展开“服务器对象”结点，然后右键单击“备份设备”，从弹出的快捷菜单中选择“新建备份设备”命令，将打开“备份设备-JWGL”对话框，如图 6－17 所示。在“备份设备”窗口的“设备名称”文本框中输入“JWGL”。设置好目标文件或保持默认值，这里必须保证 Microsoft SQL Server 2008 所选择的硬盘驱动器上有足够的可用空间。单击“确定”按钮完成创建永久备份设备。

6.4.4.4　在 Microsoft SQL Server 2008 中备份数据库

设备备份创建好后，就可以开始备份数据库。通过 Microsoft SQL Server Management Studio 图形化工具对数据库进行备份的操作步骤如下：

打开 Microsoft SQL Server Management Studio 并连接到目标服务器，在“对象资源管理器”对话框中，展开“数据库”结点，在需要备份的数据库（如 StudentMIS）上右键单击，从弹出的快捷菜单中选择“任务”→“备份”命令，打开“备份数据库”对话框，如图 6－18 所示。在“备份数据库-StudentMIS”对话框中，“备份类型”默认为“完整”，可以从下拉列表中选择“差异”或“事务日志”选项，这里选择“完整”。在没有磁带机的情况下，目标自动选择为备份到磁盘。设置备份到磁盘的目标位置，通过单击“删除”按钮，删除已存在的目标，然后单击“添加”按钮，打开“选择备份目标”对话框，在其中单击“备份设备”单选

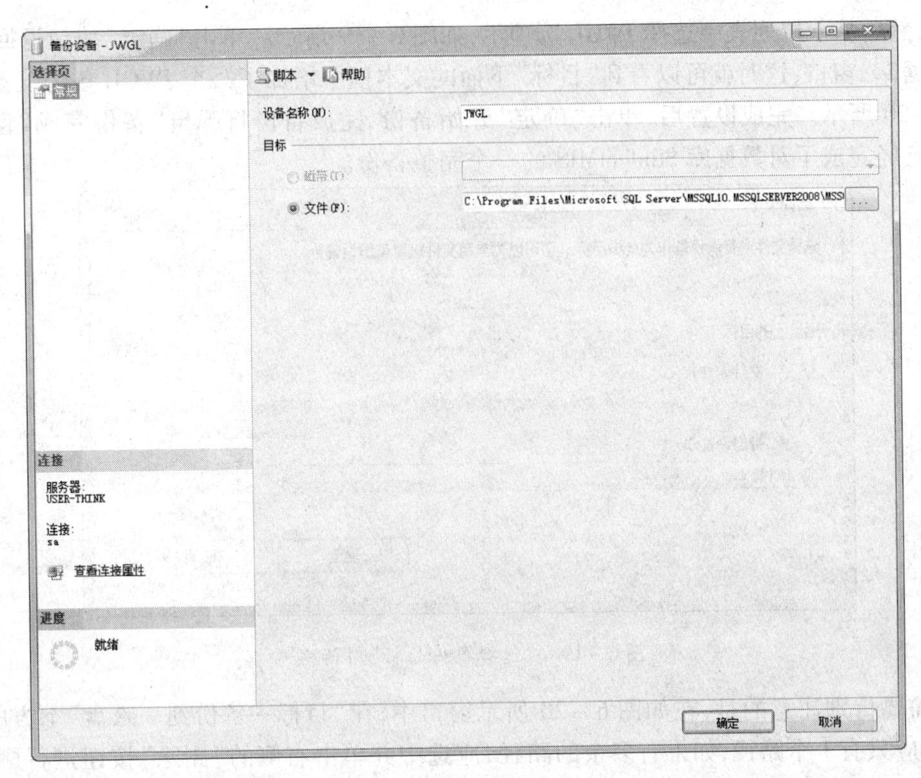

图 6－17 “备份设备-JWGL”对话框

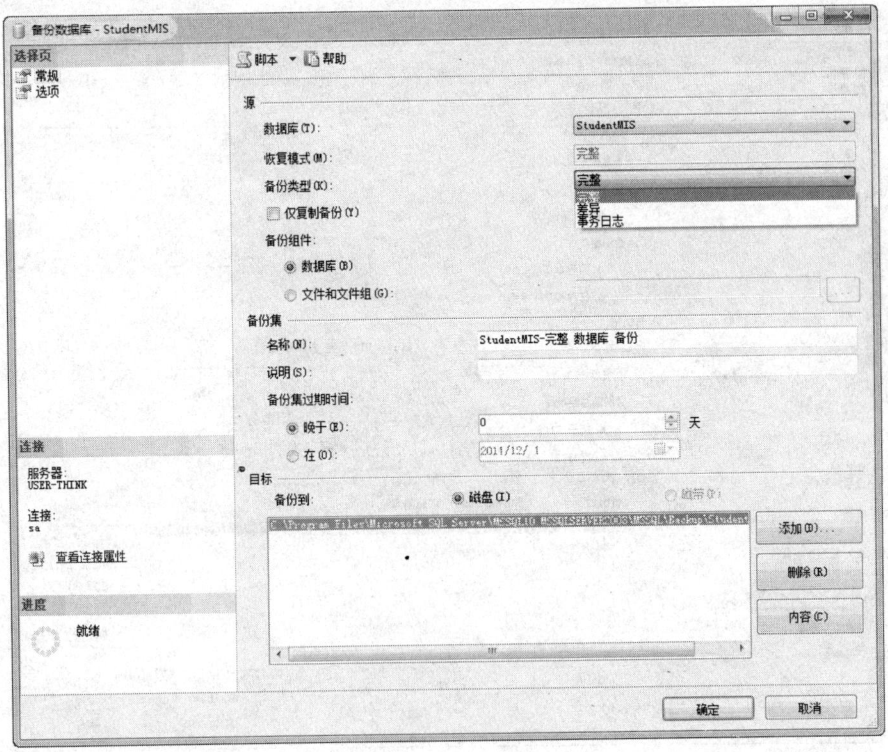

图 6－18 “备份数据库-StudentMIS”对话框

按钮,然后从下拉列表中选择 JWGL 选项示,如图 6-19 所示。单击“确定”按钮返回“备份数据库”窗口,这时就可以看到“目标”下面的文本框中增加了一个 JWGL 备份设备,如图 6-20 所示。完成设置后,单击“确定”开始备份,完成备份将弹出“备份完成”窗口。表示已经完成了对数据库 StudentMIS 的一个完整备份。

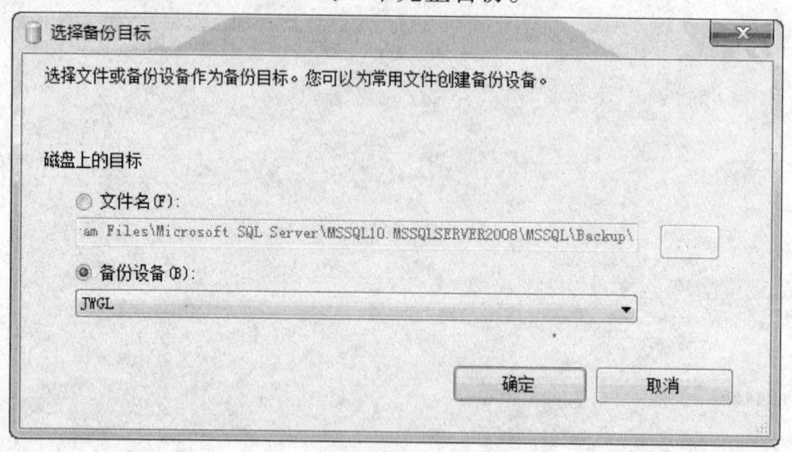

图 6-19 “选择备份目标”对话框

需要特别注意的是,在如图 6-20 所示窗口中,在“目标—备份到—磁盘”下方的列表中,应只有 1 个路径,如果有多余的路径,应选中并单击右侧的“删除”按钮进行删除;否则,会备份成 2 个部分,导致无法正常还原。

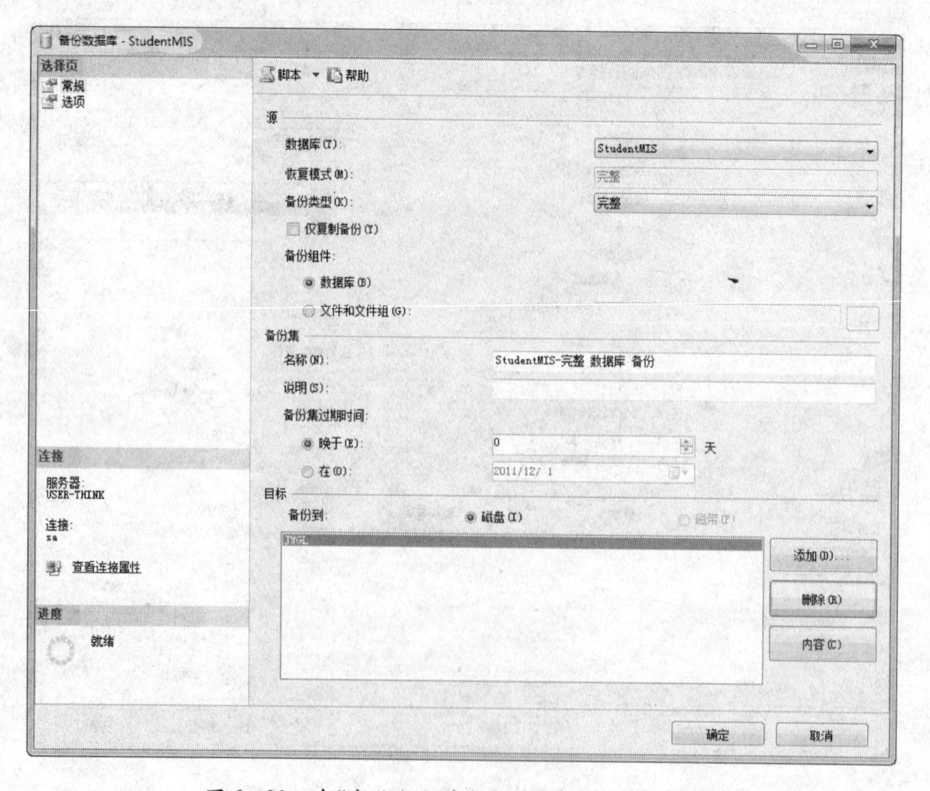

图 6-20 在“备份数据库”对话框中选择备份设备

使用 Transact-SQL 进行备份数据库的语句如下：

```
BACKUP DATABASE [StudentMIS] TO DISK = N' E: \mydata \back1' WITH NOFORMAT,
NOINIT, NAME = N'studentmis-完整数据库备份', SKIP, NOREWIND, NOUNLOAD, STATS = 10
```

6.4.4.5 在 Microsoft SQL Server 2008 中恢复数据库

恢复数据库就是 Microsoft SQL Server 2008 会自动将备份文件中的数据全部复制到数据库，并保证数据库中数据的完整性。

下面以对数据库 StudentMIS 进行恢复为例，介绍使用 Microsoft SQL Server Management Studio 工具对数据库进行恢复的操作步骤：

打开 Microsoft SQL Server Management Studio 并连接到目标服务器，在“对象资源管理器”窗口中展开“数据库”结点，在需要还原的数据库（如 StudentMIS）上右键单击，从弹出的快捷菜单中选择“任务”→“还原”→“数据库”命令，打开“还原数据库-StudentMIS”窗口，如图 6－21 所示。在“备份数据库-StudentMIS”窗口中，目标数据库确保是 StudentMIS，并且可以设置还原目标的时间点。选择还原的源数据库为 StudentMIS。若选择还原的源设备，选择“源设备”单选按钮，并单击右侧的“…”按钮，打开“指定备份”窗口，在该窗口中，选择“备份媒体”右边的下拉列表框中的“备份设备”，然后单击“添加”按钮，弹出“指定备份”对话框，选择备份设备 JWGL，如图 6－22 所示。单击“确定”按钮，在“选择用于还原的备份集”下的第 1 项列表前打“√”，如图 6－23 所示。在图 6－23 中，单击左上角“选项”页，选中“覆盖现有数据库”复选框，恢复状态使用默认选项，如图 6－24 所

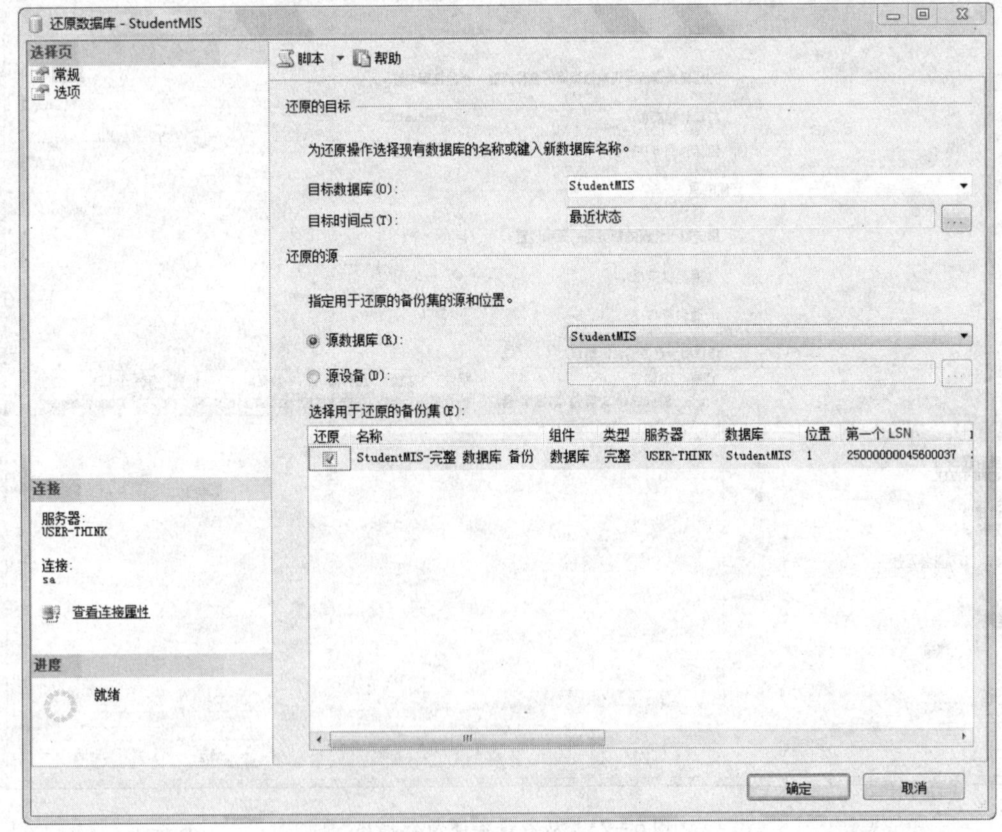

图 6－21 从源数据库还原数据库

示。单击“确定”按钮，还原备份。还原完成后显示还原成功信息。

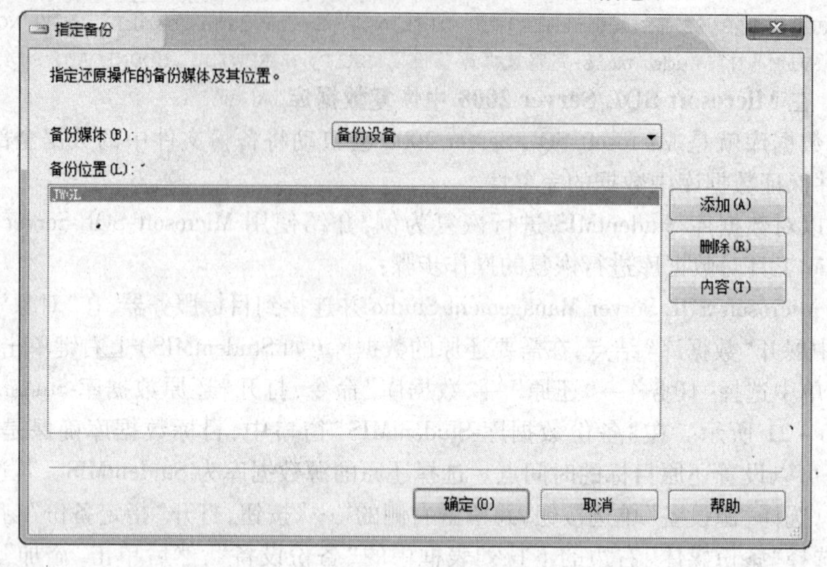

图 6-22 “指定备份”对话框

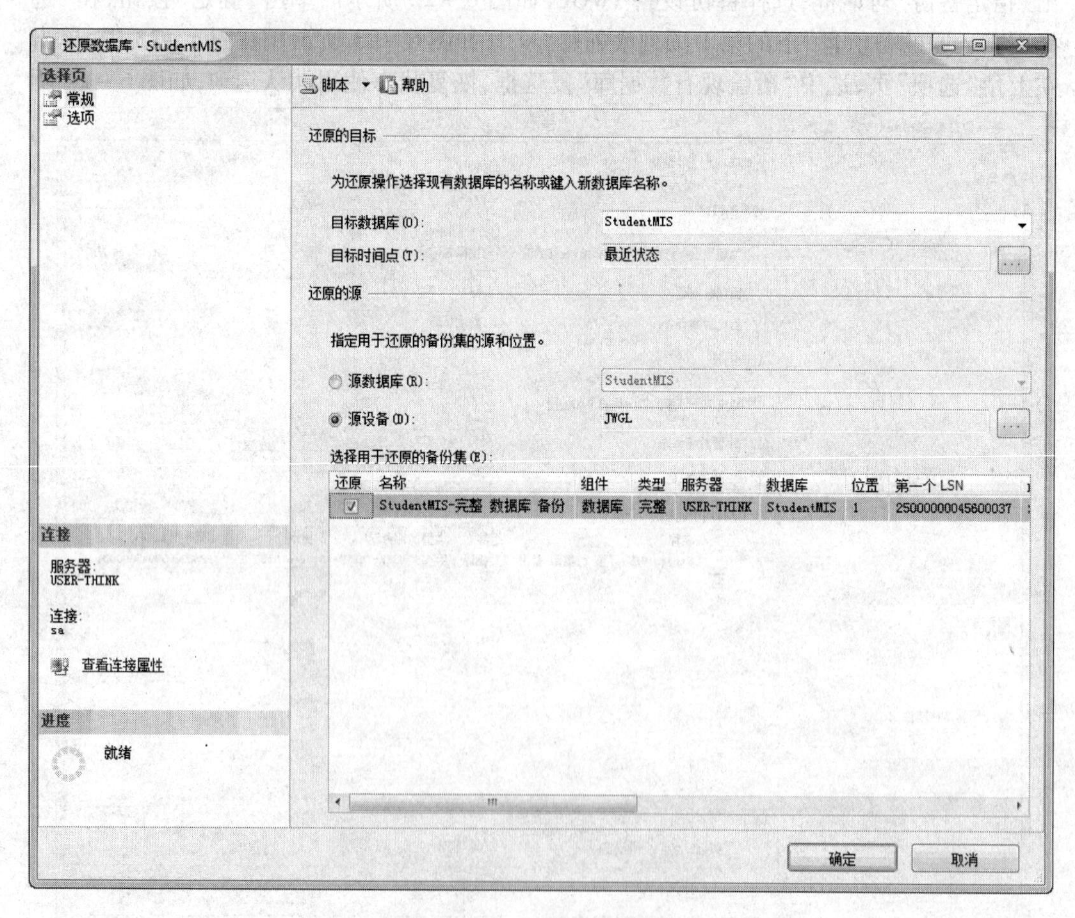

图 6-23 从源设备还原数据库

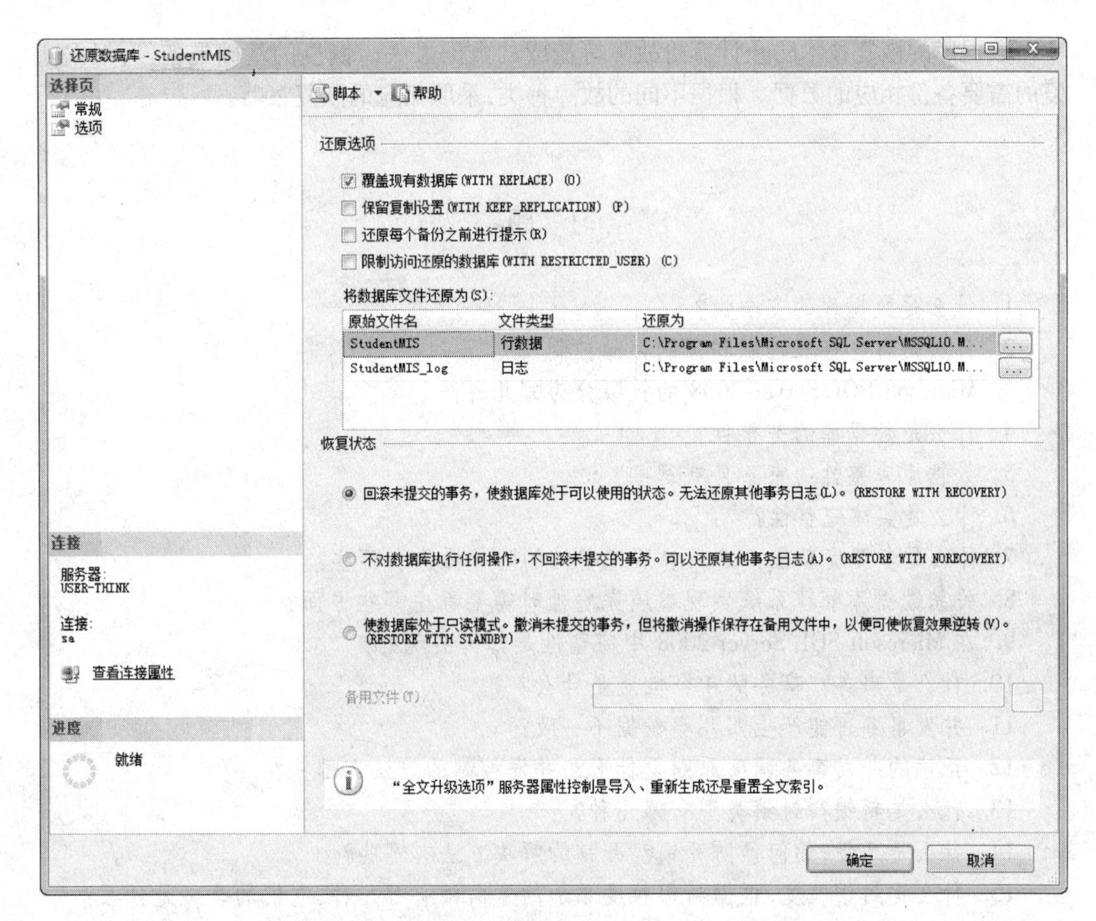

图 6-24 设置还原选项和恢复状态

使用 Transact-SQL 进行还原数据库的语句如下：

```
RESTORE DATABASE [StudentMIS] FROM DISK = N'E:\mydata\back1' WITH FILE = 1,
NOUNLOAD, STATS = 10
```

6.5 小 结

本章主要讨论了数据库保护的基本技术,包括数据库的安全性、完整性、并发控制、恢复技术。

数据库的安全性是为了防止非法用户访问数据库,DBMS 使用用户标识和密码防止非法用户进入数据库系统,存储控制防止非法用户对数据库对象的访问,审计记录了对数据库的各种操作,重点掌握角色的创建和授权。

数据库的完整性防止不合法数据进入数据库。DBMS 通过实体完整性、参照完整性和用户定义完整性实现完整性控制。实体完整性就是定义关系的主码,参照完整性就是定义关系的外码。

数据库的并发控制防止并行执行的事务产生的数据不一致性。数据不一致性有丢失更新、读“脏”数据、不可重复读 3 种情况。并发控制方法有封锁、时间戳、乐观方法等。本章主要介绍了封锁方法。

数据库的恢复技术防止计算机故障等造成的数据丢失。恢复的基础是备份,根据恢复的需要备份相应的数据。根据不同的故障种类,采取相应的恢复策略。

习　题

1. 什么是数据库的安全性?
2. 什么是自主存取控制和强制存储控制?
3. Microsoft SQL Server 2008 的权限分为哪几种?
4. 什么是数据库的完整性?
5. 数据库完整性约束条件有哪些?
6. 什么是实体完整性?
7. 什么是参照完整性?违反参照完整性的附加操作有哪些?
8. 关系数据库管理系统实现参照完整性时需要考虑哪些方面?
9. 在 Microsoft SQL Server 2008 中完整性是如何实现的?
10. 什么是事务?事务的4个性质是什么?
11. 并发事务可能产生哪几类数据不一致?
12. 正确的并发事务调度原则是什么?并发控制的方法有哪些?
13. 什么是封锁?封锁类型有哪几种?
14. 什么是死锁,如何预防死锁?死锁的解决方法有哪些?
15. 什么是封锁粒度,根据封锁粒度添加的意向锁有哪几种,它们的含义是什么?
16. Microsoft SQL Server 2008 的封锁粒度和封锁模式各有哪些?
17. 什么是数据库的恢复?
18. 数据库故障的种类有哪些,简述每种故障的恢复方法。
19. 数据库系统中备份对象有哪些?有哪些备份方法?
20. 简述 Microsoft SQL Server 2008 的恢复技术。

第7章　数据库设计

数据库设计是数据库应用系统开发的关键环节。数据库设计的目标是在DBMS的支持下,按照数据库设计规范化的要求和用户需求,规划、设计一个结构合理、使用方便、效率较高的数据库及其应用系统,为用户和各种应用系统提供一个信息基础设施和高效率的运行环境。

大型数据库的设计和开发是一项庞大的工程,其开发周期较长,必须把软件工程的原理和方法应用到数据库设计中。因此,按照规范化的数据库设计过程,数据库的设计一般分为需求分析、概念结构设计、逻辑结构设计、物理设计、数据库实施、运行及维护6步。其中,需求分析和概念结构设计独立于任何DBMS;而逻辑结构设计和物理设计与选用的DBMS密切相关。

本章主要介绍数据库设计的任务和特点、设计方法及设计步骤。以概念结构设计和逻辑结构设计为重点,介绍每一个阶段的方法、技术以及注意事项。通过本章的学习,要求按照数据库设计步骤,灵活运用数据库设计方法,能够完成数据库的设计和实现。

7.1　数据库设计概述

数据库设计是指对于一个给定的应用环境,构造最优的数据库模式,建立数据库及其应用系统,使之能够有效地存储和管理数据,满足各种用户的信息管理要求和数据操作要求。

7.1.1　数据库设计的任务

数据库设计的任务有广义和狭义两种定义。广义的数据库设计,是指建立数据库及其应用系统,包括选择合适的计算机平台和数据库管理系统、设计数据库以及开发数据库应用系统等。这种数据库设计实际是“数据库系统”的设计,其成果有2个:一是数据库;二是以数据库为基础的应用系统。

狭义的数据库设计,是指根据一个组织的信息需求、处理需求和相应的数据库支撑环境(主要是DBMS)设计出数据库,包括概念结构、逻辑结构和物理结构。其成果主要是数据库,不包括应用系统。本书采用狭义的定义,因为应用系统的开发设计在软件工程介绍,超出了本书的范围。

按照狭义的数据库设计的定义,其结果不是唯一的,针对同一应用环境,不同的设计人员可能设计出不同的数据库。评判数据库设计结果好坏的主要准则有:

(1) 完备性。数据库应能表示应用领域所需的所有信息,满足数据存储需求,满足信息需求和处理需求,同时数据是可用的、准确的和安全的。

(2) 一致性。数据库中的信息是一致的,没有语义冲突和值冲突。尽量减少数据的冗余,如果可能,同一数据只能保存1次,以保证数据的一致性。

(3) 优化。数据库应该规范化和高效率,易于各种操作,满足用户的性能需求。

(4) 易维护。好的数据库维护工作比较少;需要维护时,改动比较少而且方便,扩充性好,不影响数据库的完备性和一致性,也不影响数据库性能。

大型数据库的设计和开发是一项庞大的工程,是一门涉及多个学科的综合性技术,其开发的周期长、耗资多、风险大。对于从事数据库设计的专业人员来讲,应该具备多方面的知识和技术。主要有:数据库的基本知识和数据库设计技术;软件工程的原理和方法;程序设计的方法和技术;应用领域的知识。

7.1.2 数据库设计的特点

(1) 数据库设计是硬件、软件的结合。数据库设计是一项涉及多学科的综合性技术,又是一项庞大的工程项目。数据库设计是将应用需求转化为在相应硬件、软件环境中的实现,在整个过程中,良好的管理是数据库设计的基础。“三分技术,七分管理”是数据库设计的特点之一,所以在整个数据库的设计过程中要加强管理和控制。

(2) 数据库设计应该和应用系统设计相结合。数据库设计的目的是为了在其上建立应用系统。与应用系统设计相结合,满足应用系统的需求,所以数据库设计人员要与应用系统设计人员保持良好的沟通和交流。

(3) 与具体应用环境相关联。数据库设计置身于实际的应用环境,是为了满足用户的信息需求和处理需求,脱离实际的应用环境,空谈数据库设计,无法判定设计好坏。

7.1.3 数据库设计的方法

数据库设计属于方法学的范畴,是数据库应用研究的主要领域,不同的数据库设计方法采用不同的设计步骤。在软件工程之前,主要采用手工试凑法。由于信息结构复杂,应用环境多样,这种方法主要凭借设计人员的经验和水平,数据库设计是一种技艺而不是工程技术,缺乏科学理论和工程方法,工程的质量难以保证,数据库很难最优,数据库运行一段时间后各种各样的问题会渐渐的暴露出来,增加了系统维护工作量。如果系统的扩充性不好,经过一段时间运行后,要重新设计。

为了改进手工试凑法,人们运用软件工程的思想和方法,使设计过程工程化,提出了各种设计准则和规程,形成了一些规范化设计方法。其中比较著名的有新奥尔良方法(New Orleans),他将数据库设计分为需求分析、概念结构设计、逻辑结构设计、物理结构设计4个阶段。其后有S. B. Yao的5步骤方法。还有Barker方法,Barker是著名数据库厂商Oracle的数据库设计产品Oracle Designer主要设计师,其方法在Oracle Designer中运用和实施。各种规范化设计方法基于过程迭代和逐步求精的设计思想,只是在细致的程度上有差别,导致设计步骤的不同。

数据库设计的基本思想:过程迭代和逐步求精,整个设计过程是6个阶段的不断重复,如图7-1所示。把数据库设计和对数据库中数据处理的设计紧密结合起来,将这2个方面的需求分析、抽象、设计、实现在各个阶段同时进行,相互参照、相互补充,以完善2方面的设计。

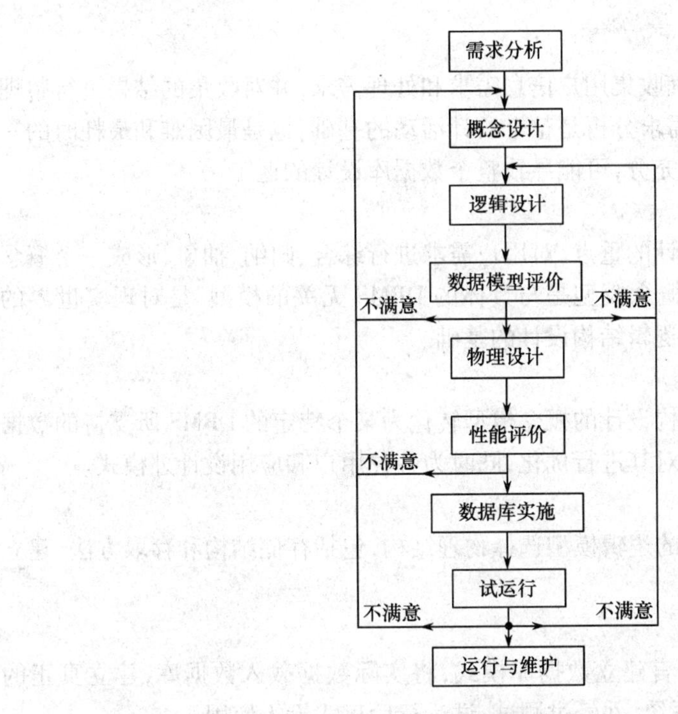

图 7-1 数据库设计过程

随着数据库设计工具的出现,产生了一种借助数据库设计工具的计算机辅助设计方法(如 Oracle 公司的 Oracle Designer,Sybase 公司的 Power Designer 等)。另外,随着面向对象设计方法的发展和成熟,面向对象的设计方法也开始应用于数据库设计。

7.1.4 数据库设计的步骤

按照规范化设计的方法,同时考虑到数据库及其应用系统开发的全过程,数据库设计划分为 6 个阶段(图 7-2),每个阶段有相应的成果。

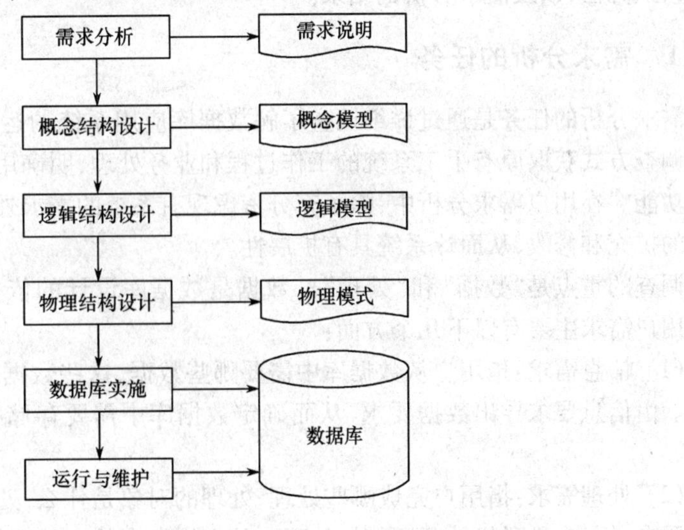

图 7-2 数据库设计的步骤

1）需求分析阶段

需求分析阶段，主要是准确收集用户信息需求和处理需求，并对收集的结果进行整理和分析，形成需求分析报告。需求分析是整个设计活动的基础，也是最困难和最耗时的一步。如果需求分析不准确或不充分，可能导致整个数据库设计的返工。

2）概念结构设计阶段

概念结构设计是数据库设计的重点，对用户需求进行综合、归纳、抽象，形成一个概念模型（一般为 E-R 图），形成的概念模型是与具体的 DBMS 无关的模型，是对现实世界的可视化描述，属于信息世界，是逻辑结构设计的基础。

3）逻辑结构设计阶段

逻辑结构设计是将概念结构设计的概念模型转化为某个特定的 DBMS 所支持的数据模型，建立数据库逻辑模式，并对其进行优化，同时为各种用户和应用设计外模式。

4）物理结构设计阶段

物理结构设计是为设计好的逻辑模型选择物理结构，包括存储结构和存取方法，建立数据库物理模式（内模式）。

5）数据库实施阶段

实施阶段就是使用 DLL 语言建立数据库模式，将实际数据载入数据库，建立真正的数据库；在数据库上建立应用系统，并经过测试、试运行后正式投入使用。

6）运行与维护阶段

运行与维护阶段是对运行中的数据库进行评价、调整和修改。

7.2 需求分析

需求分析就是收集、分析用户的需求，是数据库设计过程的起点，也是后续步骤的基础。只有准确地获取用户需求，才能设计出优秀的数据库。本节主要介绍需求分析的任务、过程、方法，以及需求分析的结果。

7.2.1 需求分析的任务

需求分析的任务是通过详细调查了解数据库应用系统的运行环境和用户需求，通过各种调查方式获取原有手工系统的工作过程和业务处理，明确用户的各种需求，确定新系统的功能。在用户需求分析中，除了充分考虑现有系统的需求外，还要充分考虑系统将来可能的扩充和修改，从而让系统具有扩展性。

调查的重点是“数据”和“处理”。数据是数据库设计的依据，处理是系统处理的依据。用户需求主要有以下几个方面：

(1) 信息需求：指用户从数据库中需要哪些数据，这些数据的性质是什么，数据从哪儿来。由信息要求导出数据要求，从而确定数据库中需要存储哪些数据，从而形成数据字典。

(2) 处理需求：指用户完成哪些处理，处理的对象是什么，处理的方法和规则，处理有什么要求，例如，是联机处理还是批处理？处理周期多长？处理量多大？使用数据流图进行描述。

(3) 性能需求：指用户对新系统性能的要求，如系统的响应时间、系统的容量、可靠性等。

(4) 安全性与完整性要求：为了获取全面、准确、稳定的用户需求，在进行调研前进行一些必要的准备工作，成立项目领导小组。

需求分析可以划分为需求调查和需求分析 2 个阶段，但是这 2 个阶段没有明确的界限，可能交叉或同时进行。在需求调查时，进行初步需求分析；在需求分析时，对需求不明确之处要进一步调查。需求分析的步骤如图 7 - 3 所示。

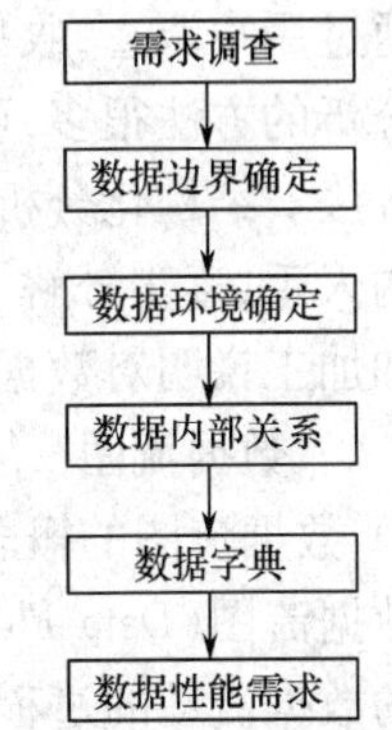

图 7 - 3　需求分析的步骤

7.2.2　需求调查

进行需求分析，首先要进行需求调查，需求调查的主要途径是用户调查，用户调查就是调查用户，了解需求，与用户达成共识；然后分析和表达用户需求。用户调查的具体内容如下：

(1) 调查组织结构情况。了解该组织的部门组成情况、各个部门的职能和职责等，画出组织结构图，以供将来进行访问权限划分。

(2) 调查各部门的业务活动情况。了解各部门需要输入和使用什么数据，输入数据的格式和含义；部门如何加工处理这些数据，处理的方法和规则及输出哪些数据，输出到什么部门，输出数据的格式和含义。

(3) 明确新设计系统的各种需求。在熟悉业务活动的基础上，协助用户明确对新系统的各种需求，对于计算机不能实现的功能，要耐心地做解释工作。

(4) 确定新系统的边界。对前面的调查结果进行初步分析，确定哪些功能由计算机完成或将来由计算机完成，哪些功能由手工完成。

为了完成上述调查的内容，可以采取各种有效的调查方法，常用的用户调查方法如下：

(1) 跟班作业。参与到各个部门的业务处理中，了解业务活动。这种方法能比较准确地了解用户的业务活动，缺点是比较费时。如果单位自主建设数据库系统，则可以自行进行数据库设计；如果在时间上允许使用较长的时间，则可以采用跟班作业的调查方法。

(2) 开调查会。通过与有丰富业务经验的用户进行座谈，一般要求调查人员具有较好的业务背景。如原来设计过类似的系统，被调查人员有比较丰富的实际经验，双方能就具体问题有针对性地交流和讨论。

(3) 问卷调查。将设计好的调查表发放给用户，供用户填写。调查表的设计要合理，调查表的发放要进行登记，并规定交表的时间；调查表的填写要有样板，以防用户填写的内容过于简单。同时，要将相关数据的表格附在调查表中。

(4) 访谈询问。针对调查表或调查会的具体情况仍有不清楚的地方，可以访问有经验的业务人员，询问其对业务的理解和处理方法。

以上的调查方法可以同时采用，主要目的是为了全面、准确地收集用户的需求。同时，用户的积极参与是调查能否达到目的的关键。

7.2.3 需求分析

通过用户调查,收集用户需求后,要对用户需求进行分析,并表达用户的需求。用户需求分析的方法很多,可以采用结构化分析方法、面向对象分析方法等,本章采用结构化分析方法。结构化分析方法采用自顶向下、逐层分解的方法进行需求分析,从最上层的组织结构入手,逐步分解。结构化分析方法主要采用数据流图对用户需求进行分析,用数据字典和加工说明对数据流图进行补充和说明。

7.2.3.1 数据流图

1) 数据流图的概念

数据流图(Data Flow Diagram,DFD)是一种图形化技术,它描绘信息和数据从输入到输出的数据流动的过程,反映的是加工处理的对象。数据流程图要表述出数据来源、数据处理、数据输出以及数据存储,反映了数据和处理的关系。数据流图的基本形式如图7-4所示。

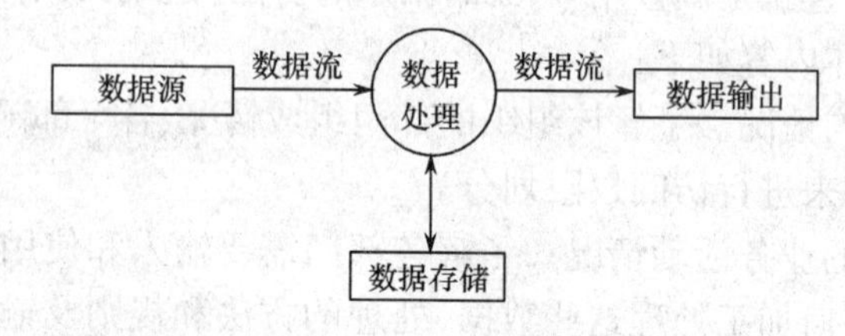

图7-4 数据流图的基本形式

2) 数据流图的四要素

数据流图由数据流、数据存储、加工处理、数据的源点和终点4部分组成。

(1) 数据流:表示含有规定成分的动态数据,可以用箭头"→"表示,箭头方向表示数据流向,箭头上标明数据流的名称,数据流由数据项组成。数据流包括输入数据和输出数据。

(2) 数据存储:用来保存数据流,可以是暂时的,也可以是永久的,用双画线表示,并标明数据存储的名称。数据流可以从数据存储流入或流出,可以不标明数据流名。

(3) 加工处理:又称变换,表示对数据进行的操作,可以用圆"○"表示,并在其内标明加工处理的名称。

(4) 数据的源点和终点:表示数据的来源和去处,代表系统的边界,用矩形"□"表示。

例如,公司销售管理的数据流程如图7-5所示。

对于复杂系统,一张数据流图难以描述和难以理解,往往采用分层数据流图。

7.2.3.2 数据字典

数据字典是关于数据信息的集合,它对数据流图中的数据进行定义和说明。数据字典是关于数据库中数据的描述,是元数据,而不是数据本身。数据字典通常包括数据项、数据流、数据存储和处理4个部分。

(1) 数据项:

数据项描述={数据项的名称、数据项含义、别名、数据类型、数据长度、取值范围、说明,与其他数据项之间关系等}

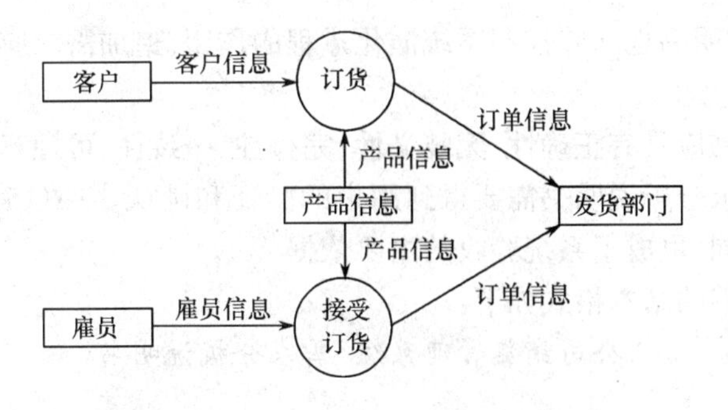

图 7－5　公司销售管理的数据流程

数据项是不可再分的数据单位。在关系数据库中，数据项对应于表中的一个字段。

在公司销售管理系统中，产品实体含有 5 个数据项，各数据项描述如表 7－1 所列。

表 7－1　产品实体各数据项描述

数据项名	含 义	别名	数据类型	长度/B	说 明
产品编号	统一商品编码	UPC 码	定长字符	12	采用 1 维条形码
产品名	产品名称	品名	可变长字符	128	
类别名	产品所属类别	分类名	可变长字符	64	
单价			浮点数	默认	单位元，保留 2 位小数
库存量	仓库剩余量		整数	默认	

（2）数据流：

数据流描述＝{数据流名，组成数据流的所有数据项名，数据流的来源，数据流的去向，平均流量，高峰期流量}

其中："数据流的来源"是指来自哪个加工处理过程；"数据流的去向"是指数据流将去到哪个加工过程中去；"平均流量"是指在单位时间里的传输次数；"高峰期流量"是指在高峰时期的数据流量。

（3）数据存储：

数据存储描述＝{数据存储名、描述、别名、输入的数据流，输出的数据流，组成数据存储的所有数据项名，数据量，存取频率，存取方式}

数据存储是数据流中数据存储的地方，也是数据流的来源和去向之一。对于关系数据库系统来说，数据存储一般是指 1 个数据库文件或 1 个表文件。

（4）处理：

处理描述＝{处理过程名，说明}

数据流图和数据字典共同构成数据库应用系统的逻辑模型，没有数据字典，数据流图就不严格，没有数据流图，数据字典也发挥不了作用，只有数据流图和相对应的数据字典结合在一起，才能共同构成应用系统的说明文档。

7.2.4　需求分析的结果

需求分析的主要成果是软件需求分析说明书，需求分析说明书为用户、分析人员、设计人员及测试人员之间相互理解和交流提供了方便，是系统设计、测试和验收的主要依据，同时需求分析说明书也起着控制系统演化过程的作用，追加需求应结合需求分析说明书一起考虑。

需求分析说明书应具有正确性、无歧义性、完整性、一致性、可理解性、可修改性、可追踪性和注释等。需求分析说明书需要得到用户的验证和确认。一旦确认，需求分析说明书就变成了开发合同，也成了系统验收的主要依据。

需求分析说明书的基本格式如下：

"公司销售管理系统"需求分析说明书

1 前言

  1.1 编写目的

  1.2 背景

  1.3 名词定义

  1.4 参考资料

2 数据关系分析

  2.1 数据边界分析

  2.2 数据内部关系分析

  2.3 数据环境分析

3 数据字典

  3.1 数据流图

  3.2 数据项分析

  3.3 数据类分析

  3.4 数据性能需求分析

4 原始资料汇编

  4.1 原始资料汇编之1

  ……

  4. n 原始资料汇编之 n

编写人员:________________ 审核人员:________________

审批人员:________________ 日　　期:________________

7.3 概念结构设计

概念结构设计的目的是获取数据库的概念模型，将现实世界转化为信息世界，形成一组描述现实世界中的实体及实体间联系的概念。它通过对用户需求进行综合、归纳与抽象，确定实体、属性及它们之间的联系，形成一个独立于具体DBMS并反映用户需求的概念模型，一般可以用E-R图表示出来。

7.3.1 概念结构设计概述

概念结构设计是将现实世界的用户需求转化为概念模型。概念模型不同于需求分析说明书中的业务模型，也不同于机器世界的数据模型，是现实世界到机器世界的中间层，是数据模型的基础。概念模型独立于机器,比数据模型更抽象、更稳定。概念模型是现实世界到信息世界的第1层抽象,是数据库设计的工具,也是数据库设计人员和用户进行交流的语言。因此,建立的概念模型要有如下的特点:

(1) 反映现实。能准确、客观地反映现实世界,包括事物及事物之间的联系,能满足用户对数据的处理要求,是现实世界的真实模型,要求具有较强的表达能力。

(2) 易于理解。不仅让设计人员能够理解,开发人员也要能够理解,不熟悉计算机的用户也要能理解,所以要求简洁、清晰,无歧义。

(3) 易于修改。当应用需求和应用环境改变时,容易对概念模型进行更改和扩充。

(4) 易于转换。能比较方便地向机器世界的各种数据模型转换,如层次模型、网状模型、关系模型转换,主要是关系模型。

概念结构设计在整个数据库设计过程中是最重要的阶段,通常也是最困难的阶段。概念结构设计通常采用数据库设计工具辅助进行设计。通常采用E-R图表示概念模型。

7.3.2 概念结构设计的方法

概念结构设计通常采用4种方法:

(1) 自顶向下:先定义全局概念结构的框架,然后逐步分解细化。

(2) 自底向上:先定义每个局部应用的概念结构,然后按一定的规则将局部概念结构集成全局的概念结构。

(3) 逐步扩张:首先定义核心的概念结构,然后以核心概念结构为中心向外部扩充,逐步形成其他概念结构,直至形成全局的概念结构。

(4) 混合策略:将自顶向下和自底向上方法相结合,用自顶向下的方法设计一个全局概念结构的框架,用自底向上方法设计各个局部概念结构,然后形成总体的概念结构。

具体采用哪种方法,与需求分析方法有关。其中比较常用的方法是自底向上的设计方法,即用自顶向下的方法进行需求分析,用自底向上的方法进行概念结构的设计,如图7-6所示。

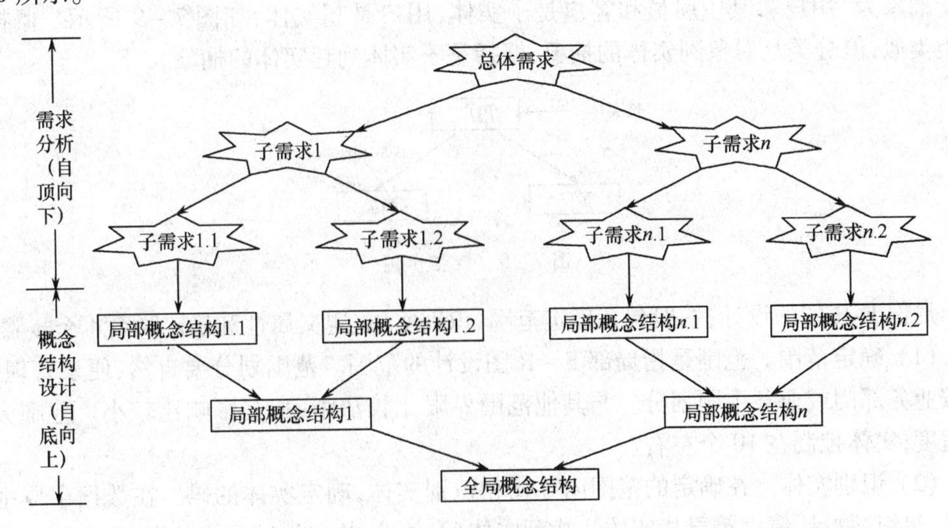

图7-6 自顶向下的需求分析与自底向上的概念结构设计

由图 7-6 可知,采用自底向上的概念结构设计的步骤:根据需求分析的结果(数据流图、数据字典等)对现实世界的数据进行抽象,设计各个局部概念结构(E-R 图),内容包括确定各局部概念结构的范围,定义各局部概念结构的实体、联系及其属性;集成全局概念结构模型;优化全局概念结构模型。

7.3.2.1 设计局部 E-R 图

按照自底向上的设计方法,局部 E-R 图设计以需求分析的数据流图和数据字典为依据,设计局部的 E-R 图,主要采用数据抽象方法。

抽象是在对现实世界有一定的认识基础上对实际的人、物、事进行人为处理,抽取人们关心的本质特性,忽略非本质的细节,并把这些特性用各种概念精确地加以描述。常用的抽象方法有如下 3 种:

(1) 分类。定义一组对象的类型,这些对象具有共同的特征和行为,定义了对象值和型之间的"is a member of"的语义,是从具体对象到实体的抽象。例如,在公司销售管理系统中,牛奶是产品,打印纸也是产品,它们都是产品的一员(is a member of 产品),如图 7-7所示,它们具有共同的特征,通过分类,得出"产品"这个实体。

(2) 聚集。聚集定义某一类型的组成部分,抽象了类型和成分之间的"is a part of"的语义。若干属性组成实体就是这种抽象。例如,产品实体是由产品编号、产品名、单价等属性组成,如图 7-8 所示。

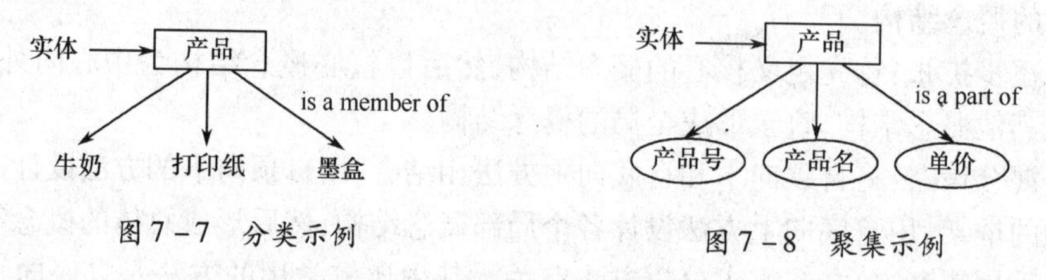

图 7-7 分类示例　　图 7-8 聚集示例

(3) 概括。概括定义类型之间的一种子集联系,抽象了类型之间的"is a subset of"的语义,是从特殊实体到一般实体的抽象。例如,在公司销售管理系统中,雇员、客户可以进一步抽象为"用户",其中雇员和客户是子实体,用户是超实体,如图 7-9 所示。概括与分类类似,但分类是对象到实体的抽象,概括是子实体到超实体的抽象。

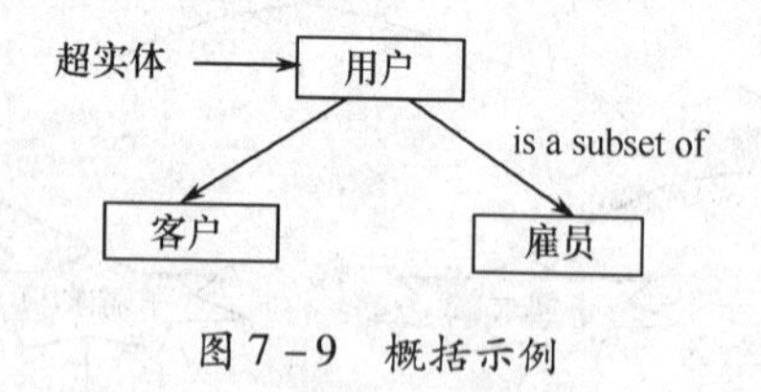

图 7-9 概括示例

局部 E-R 图的设计,一般包括确定范围、识别实体、定义属性和确定联系 4 个步骤。

(1) 确定范围。范围是指局部 E-R 图设计的范围。范围划分要自然、便于管理,可以按业务部门或业务主题划分。与其他范围界限比较清晰,相互影响比较小。范围大小要适度,实体控制在 10 个左右。

(2) 识别实体。在确定的范围内寻找和识别实体,确定实体的码。在数据字典中按人员、组织、物品、事件等寻找实体。找到实体后,给实体一个合适的名称,给实体正确命名时,可以发现实体之间的差别。

(3) 定义属性。属性是描述实体的特征和组成,也是分类的依据。相同实体应该具有相同数量的属性、名称、数据类型。在实体的属性中,有些是系统不需要的属性,要去掉;有的实体需要区别状态和处理标识,要人为地增加属性。实体的码是否需要人工定义,实体和属性之间没有截然的划分,能作为属性对待的,尽量作为属性对待。基本原则:属性是不可再分的数据项,属性中不能包含其他属性;属性不能与其他实体有联系,联系是实体之间的联系。

(4) 确定联系。对于识别出的实体进行两两组合并判断实体之间是否存在联系,联系的类型是1:1,1:n,m:n。如果是m:n 的实体,增加关联实体,使之成为1:n 的联系。

下面以公司销售管理系统为例说明局部 E-R 图的设计步骤。

(1) 确定范围:选择以产品销售为核心的范围,根据分层数据流图和数据字典来确定局部 E-R 图的边界。

(2) 识别实体:雇员、客户、订单、产品。

(3) 定义属性:雇员(雇员编号,姓名,性别,出生日期,雇佣日期,特长,薪水);客户(客户编号,姓名,联系方式,地址,邮政编码);订单(订单编号,产品编号,产品名,数量,雇员编号,客户编号,订货日期);产品(产品编号,产品名,类别名,单价,库存量)。

(4) 确定联系:客户与订单(1:n),雇员与订单(1:n),订单与产品(1:n)。

公司销售管理系统的局部 E-R 图设计示例如图 7-10 所示。

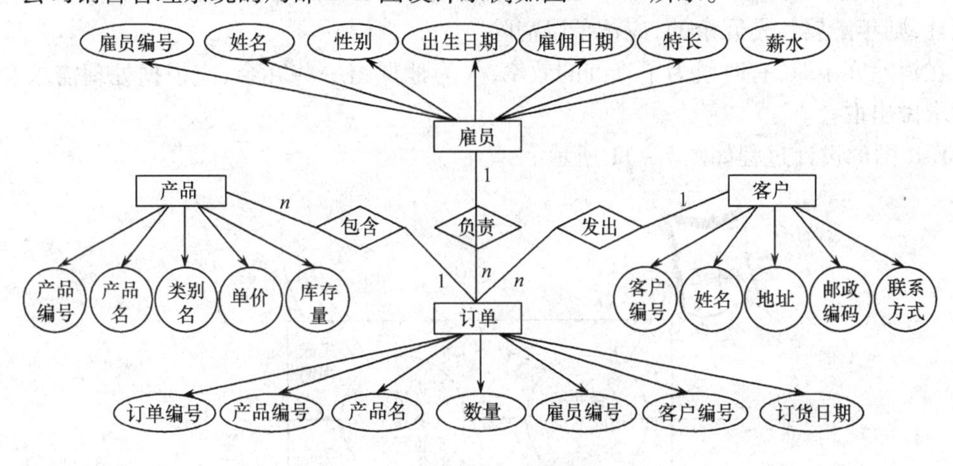

图 7-10 局部 E-R 图设计示例

7.3.2.2 设计全局 E-R 图

局部 E-R 图设计好后,下一步就是将所有的局部 E-R 图集成起来,形成一个全局 E-R 图。集成方法有 2 种:一种是将所有的局部 E-R 图一次集成;另一种是逐步集成,1 次将 1 个或几个局部 E-R 图综合,逐步形成总的 E-R 图。

无论采用哪种集成方式,一般都需要如下 2 步:

(1) 合并局部 E-R 图,消除冲突,生成初步 E-R 图。各个局部 E-R 图面向不同的应用,由不同的人进行设计或同一个人不同时间进行设计,各个局部 E-R 图存在许多不一致的地方,称之为冲突,合并局部 E-R 图时,消除冲突是工作的关键。E-R 图之间的冲突主要有如下 3 类:

① 属性冲突:包括属性域冲突和属性取值单位冲突。属性域冲突是指同一属性在不

同的局部 E-R 图中的数据类型、取值范围或取值集合不同。例如,“产品编号”属性有的部门定义为整数型,有的部门定义为字符型。属性取值单位冲突是指同一属性在不同的局部 E-R 图中具有不同的单位。例如,对于产品库存量,有的部门使用箱为单位,有的部门使用个或盒为单位。在合并过程中,要消除属性的不一致。

② 命名冲突:实体名、属性名、联系名之间存在同名异义或异名同义的情况。同名异义是指相同的实体名称或属性名称,而意义不同。异名同义是指相同的实体或属性使用了不同的名称。在合并局部 E-R 图时,消除实体命名和属性命名方面不一致的地方。

③ 结构冲突。结构冲突的表现主要是 4 种:同一对象在不同的局部 E-R 图中,有的作为实体,有的作为属性;同一实体在不同的局部 E-R 图中,属性的个数或顺序不一致;同一实体的在局部 E-R 图中码不同;实体间的联系在不同的局部 E-R 图中联系的类型(1:1、1:n、m:n)不同。

(2) 修改与重构 E-R 图,消除冗余,生成基本 E-R 图。在初步 E-R 图中,可能存在一些冗余的数据和冗余的实体联系。冗余数据是指可以用其他数据导出的数据;冗余的实体联系是指可以通过其他实体导出的联系。冗余数据和冗余实体联系容易破坏数据库的完整性,给数据库的维护增加困难,应该予以消除。消除冗余后的 E-R 图称为基本 E-R图。

例如,雇员的年龄可从雇员的出生日期减去系统年月导出生成,如果存在雇员出生日期属性,则年龄属性是冗余的,应该予以消除。

在消除冗余时,有时候为了查询的效率,人为地保留一些冗余,应根据处理需求和性能要求做出取舍。

E-R 图的设计过程如图 7－11 所示。

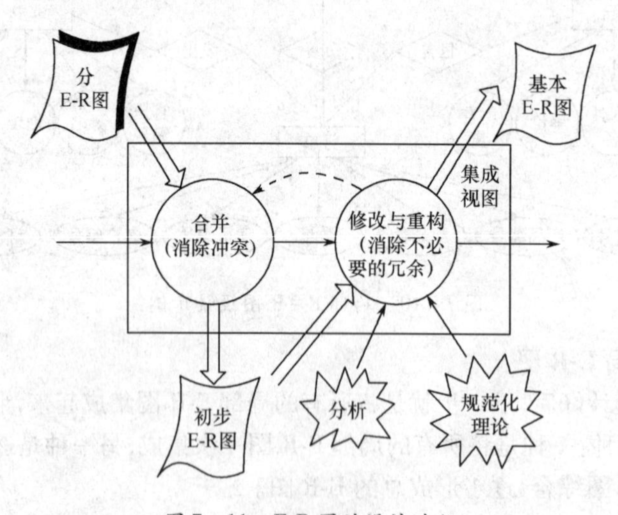

图 7－11　E-R 图的设计过程

7.4　逻辑结构设计

概念结构设计所得的概念模型,是独立于任何一种 DBMS 的信息结构,与实现无关。逻辑结构设计的任务就是将概念结构设计阶段产生的 E-R 图转化为选用的 DBMS 所支持的数据模型相符的逻辑结构,形成逻辑模型。本节以关系数据模型为例讲解逻辑结构设计。

7.4.1 概念模型转换为关系数据模型

概念模型向关系数据模型的转换就是将用E-R图表示的实体、实体属性和实体之间的联系转换为关系模式。具体而言,就是转换为选定的DBMS支持的数据库对象,如表、列、视图、主键、外键、约束等数据库对象。一般转换原则如下:

(1) 实体的转换。一个实体转换为一个关系模式(表),则实体的属性转换为关系的属性,实体的码转换为关系的主键。

(2) 一个1:n的联系可以转换为一个独立的关系模式,也可以与n端对应的关系模式合并。如果转换成一个独立的关系模式,则与该联系相连的两个实体的码以及联系本身的属性均转换为关系的属性,同时关系的码为n端实体的码。若将联系与n端的实体的关系模式合并,则在n端关系中加入1端关系的主键(作为其外键)和联系本身的属性作为合并后关系的属性,且合并后关系的主键不变。前面介绍的公司销售管理系统均采用与n端对应的关系模式合并的方法,如雇员与订单是1:n的联系,在订单表中增加了一个"雇员编号"属性,它是一个外键,是雇员表的主键。

(3) 1:1联系的转换。一个1:1的联系可以转换为一个独立的关系模式,也可以与任意一端对应的关系模式合并。如果转换为一个独立的关系模式,则与该联系相连的2个实体的码以及联系本身的属性均转换为关系的属性。而每个实体的码均为该关系的候选码。如果将联系与一端的实体的关系模式合并,则需要在该关系的属性中加入另一个关系的码和联系本身的属性,合并后关系的主键不变。

(4) 一个m:n的联系转换为一个关系模式,与该联系相连的2个实体的码以及联系本身的属性均转换成关系的属性,同时关系的码为2个实体码的组合。

7.4.2 关系模型的优化

关系模型的优化是为了进一步提高数据库的性能,适当地修改、调整关系模型结构。关系模型的优化通常以规范化理论为指导,其目的是消除各种数据库操作异常,提高查询效率,节省存储空间,方便数据库的管理。常用的方法包括规范化和分解。

1) 规范化

规范化就是确定表中各个属性之间的数据依赖,并逐一进行分析,考察是否存在部分函数依赖、传递函数依赖、多值依赖等,确定属于哪种范式。根据需求分析的处理要求,分析是否合适从而进行分解。一般情况下,判断设计的关系模式是否符合3NF,如果不符合要进行分解,使其满足3NF。

2) 分解

分解的目的是为了提高数据操作的效率和存储空间的利用率。常用的分解方式是水平分解和垂直分解。水平分解是指按一定的原则将1个表横向分解成2个或多个表。垂直分解是通过模式分解将1个表纵向分解成2个或多个表。垂直分解也是关系模式规范化的途径之一,同时,为了应用和安全的需要,垂直分解将经常一起使用的数据或机密的数据分离。当然,通过视图的方式可以达到同样的效果。

7.4.3 设计外模式

概念模型通过转换、优化后成为全局逻辑模型,还应该根据局部应用的需要,结合 DBMS 的特点,设计外模式。

外模式也称为用户子模式,是全局逻辑模式的子集,是数据库用户(包括程序用户和最终用户)能够看见和使用的局部数据的逻辑结构及特征。

目前,关系数据库管理系统一般都提供了视图的概念,可以通过视图功能设计外模式。此外,也可以通过垂直分解的方式来实现。

定义外模式的主要目的:①符合用户的使用习惯;②为不同的用户级别提供不同的用户模式,保证数据的安全;③若某些查询比较复杂,为了方便用户使用,并保证查询结果的一致性,将这些复杂的查询定义为视图,简化用户的使用。

逻辑结构设计的步骤如图 7-12 所示。

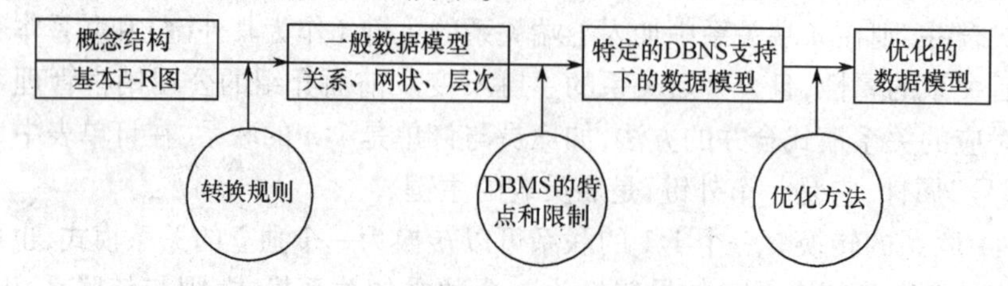

图 7-12 逻辑结构设计的步骤

【例 7.1】 先将图 7-10 所示的公司销售管理系统的 E-R 图转换成关系模型,然后转换成 Microsofot SQL Server 2008 数据库管理系统所支持的实际数据模型。

根据 E-R 图向关系模型的转换规则以及优化方法,得出公司销售管理系统的关系模型,其中主键用下画线标出。

雇员:{<u>雇员编号</u>,姓名,性别,出生日期,雇佣日期,特长,薪水}。

客户:{<u>客户编号</u>,联系人姓名,联系方式,地址,邮政编码}。

订单:{<u>订单编号,产品编号</u>,数量,雇员编号,客户编号,订货日期}。

产品:{<u>产品编号</u>,产品名称,类别编号,单价,库存量}。

产品类别:{<u>类别编号</u>,类别名称,类别说明}。

通过分析,当产品表中包含"类别名"属性时,每一个产品都要存储相应的"类别名",这样就会造成数据冗余、更新异常和插入异常等。于是,根据关系模型的优化方法将产品表分解为产品表和产品类别表,可以解决以上问题。同时,原来的订单实体包含的"产品名"并不函数依赖于订单编号,而是仅函数依赖于产品编号,所以不符合第 2 范式,故在转换为订单关系表时已将"产品名"删除。

这样,根据范式理论,转换成 Microsofot SQL Server 2008 数据库管理系统所支持的实际数据模型如表 7-2 至表 7-6 所列。

表 7-2 雇员信息表

字段名	字段含义	数据类型	字段长度/B	备 注
GYBH	雇员编号	char	6	主键
GYXM	姓名	varchar	32	

（续）

字段名	字段含义	数据类型	字段长度/B	备　注
GYXB	性别	varchar	2	默认值“男”
CSRQ	出生日期	date	默认	
GYRQ	雇佣日期	date	默认	
TC	特长	varchar	256	
XS	薪水	money	默认	单位元，保留 2 位小数

表 7－3　客户信息表

字段名	字段含义	数据类型	字段长度/B	备　注
KHBH	客户编号	int	默认	主键，自动增加 1
LXRXM	联系人姓名	varchar	32	
LXFS	联系方式	varchar	32	优先存储移动电话号
DZ	地址	varchar	64	
YB	邮政编码	char	6	

表 7－4　产品信息表

字段名	字段含义	数据类型	字段长度/B	备　注
CPBH	产品编号	char	12	主键，采用 1 维条形码
CPMC	产品名称	varchar	128	
LBBH	类别编号	char	8	外键，引用“产品类别”表
DJ	单价	money	默认	单位元，保留 2 位小数
KCL	库存量	int	默认	默认值为 0

表 7－5　产品类别表

字段名	字段含义	数据类型	字段长度/B	备　注
LBBH	类别编号	char	8	主键
LBMC	类别名称	varchar	32	
LBSM	类别说明	char	256	

表 7－6　订单信息表

字段名	字段含义	数据类型	字段长度/B	备　注
DDBH	订单编号	int	默认	主键，自动增加 1
CPBH	产品编号	char	12	主键，引用“产品”表
SL	数量	varchar	128	
GYBH	雇员编号	char	6	外键，引用“雇员”表
KHBH	客户编号	int	默认	外键，引用“客户”表
DHRQ	订货日期	datetime	默认	默认值为 getdate()

7.5 物理结构设计

数据库在物理设备上的存储结构与存储方法称为数据库的物理结构(内模式),它依赖于选择的计算机系统。为一个给定的逻辑结构选取一个最适合应用要求的物理结构的过程就是数据库的物理结构设计。

7.5.1 物理结构设计概述

物理结构设计的目的主要有2点:一是提高数据库的性能,满足用户的性能需求;二是有效地利用存储空间。总之,是为了使数据库系统在时间和空间上最优化。

数据库的物理结构设计包括2个步骤:

(1) 确定数据库的物理结构,在关系数据库中主要是确定存储结构和存储方法。

(2) 对物理结构进行评价,评价的重点是时间和空间的效率。如果评价结果满足应用要求,则可进入到物理结构的实施阶段;否则,要重新进行物理结构设计或修改物理结构设计,有时甚至返回到逻辑结构设计阶段,修改逻辑结构。

由于物理结构设计与具体的DBMS有关,各种产品提供了不同的物理环境、存取方法和存储结构,能供设计人员使用的设计变量、参数范围都有很大差别,因此物理结构设计没有通用的方法。在进行物理设计前,需注意2个方面的问题:

(1) DBMS的特点。物理结构设计只能在特定的DBMS下进行,必须了解DBMS的功能和特点,充分利用其提供的环境和工具,了解其限制条件。

(2) 应用环境。需要了解应用环境的具体要求,如各种应用的数据量、处理频率和响应时间等。特别是计算机系统的性能,数据库系统不仅与数据库设计有关,同时也与计算机系统有关。比如,是单任务系统还是多任务系统,是单磁盘还是磁盘阵列,是数据库专用服务器还是多用途服务器等。还要了解数据的使用频率,对于使用频率高的数据要优先考虑。此外,数据库的物理结构设计是一个不断完善的过程,开始只能是一个初步设计,在数据库系统运行过程中要不断检测并进行调整和优化。

对于关系数据库的物理结构设计主要内容包括以下2个方面:

(1) 为关系模式选取存取方法。

(2) 设计关系、索引等数据库文件的物理存储结构。

7.5.2 关系模式的存取方法选择

数据库系统是多用户共享的系统,为了满足用户快速存取的要求,必须选择有效的存取方法。对同一个关系要建立多条存取路径才能满足多用户的多种应用需求。一般数据库系统中为关系、索引等数据库对象提供了多种存取方法,主要有索引方法、聚簇方法、散列方法。

1) 索引存取方法的选择

索引是数据库表的一个附加表,存储了建立索引列的值和对应的记录地址。查询数据时,先在索引中根据查询的条件值找到相关记录的地址,然后在表中存取对应的记录,所以能加快查询速度。索引是系统自动维护的,但索引本身占用存储空间。B+树索引和位图索引是常用的 2 种索引。建立索引的一般原则如下：

(1) 如果某个属性或属性组经常出现在查询条件中，则考虑为该属性或属性组建立索引；

(2) 如果某个属性经常作为最大值和最小值等聚集函数的参数，则考虑为该属性建立索引；

(3) 如果某个属性和属性组经常出现在连接操作的连接条件中，则考虑为该属性或属性组建立索引。

注意，关系上定义的索引数并不是越多越好，原因是索引本身占用磁盘空间，而且系统为索引的维护要付出代价，特别是对于更新频繁的表，索引不能定义太多。

2) 聚簇存取方法的选择

在关系数据库管理系统中，连接查询是影响系统性能的重要因素之一，为了改善连接查询的性能，很多关系数据库管理系统提供了聚簇存取方法。

聚簇主要思想：将经常进行连接操作的 2 个或多个数据表，按连接属性(聚簇码)相同的值存放在一起，从而极大地提高连接操作的效率。1 个数据库中可以建立很多簇，但 1 个表只能加入 1 个聚簇中。

设计聚簇的原则：

(1) 经常在一起连接操作的表，考虑存放在 1 个聚簇中；

(2) 在聚簇中的表，主要用来查询的静态表，而不是频繁更新的表。

3) 散列存取方法的选择

有些数据库管理系统提供了散列存取方法。散列存取方法的主要原理是，根据查询条件的值，按 HASH 函数计算查询记录的地址，减少了数据存取的 I/O 次数，加快了存取速度。并不是所有的表都适合散列存取，选择散列方法的原则如下：

(1) 主要是用于查询的表(静态表)，而不是经常更新的表；

(2) 作为查询条件列的值域(散列键值)，具有比较均匀的数值分布；

(3) 查询条件是相等比较，而不是范围(大于或等于比较)。

7.5.3 数据库存储结构的确定

确定数据库的存储结构包括确定数据库中数据的存放位置以及合理设置系统参数。数据库中的数据主要是指表、索引、聚簇、日志、备份等数据。存储结构选择的主要原则是数据存取时间上的高效性、存储空间的利用率和存储数据的安全性。

1) 数据的存放位置

在确定数据存放位置之前，要将数据中易变部分和稳定部分进行适当的分离，并分开存放；要将数据库管理系统文件和数据库文件分开。如果系统采用多个磁盘和磁盘阵列，将表和索引存放在不同的磁盘上，查询时，由于 2 个驱动器并行工作，可以提高 I/O 读写速度。为了系统的安全性，一般将日志文件和重要的系统文件存放在多个磁盘上，互为备份。另外，数据库文件和日志文件的备份，由于数据量大，并且只在数据库恢复时使用，所以一般存储在磁带上。

2) 确定系统的配置参数

DBMS 产品一般都提供了大量的系统配置参数，供数据库设计人员和 DBA 进行数据库的物理结构设计和优化，如用户数、缓冲区、内存分配、物理块的大小、时间片的大小等。一般在建立数据库时，系统都提供了默认参数，但是默认参数不一定适合每一个应用环境，要做适当的调整。此外，在物理结构设计阶段设计的参数只是初步的，要在系统运行阶段根据实际情况进一步进行调整和优化。

7.5.4 物理结构设计的评价

数据库物理设计过程中需要对时间效率、空间效率、维护代价和各种用户需要进行权衡，其结果可以产生多种方案。数据库设计人员必须对这些方案进行细致的评价，从中选择一个较优的方案作为数据库的物理结构。

评价物理数据库的方法完全依赖于所选用的 DBMS，主要是从定量估算各种方案的存储空间、存取时间和维护代价入手，选择一个最优方案。

7.6 数据库的实施

数据库的物理设计完成后，设计人员就要用 DBMS 提供的数据定义语言和其他应用程序将数据库逻辑设计和物理设计结果严格地描述出来，成为 DBMS 可以接受的源代码，再经过调试产生出数据库模式，然后就可以组织数据入库、调试应用程序，这就是数据库实施阶段。

数据库实施主要包括建立实际的数据库结构、编制与调试应用程序、数据载入以及数据库试运行。

7.6.1 建立实际的数据库结构

建立数据库是在指定的计算机平台上和特定的 DBMS 下，建立数据库和组成数据库的各种对象。数据库对象可以使用 DBMS 提供的工具交互式地进行，也可以使用脚本成批地建立。例如，在 Microsofot SQL Server 2008 环境下，可以编写和执行 Transact-SQL 脚本程序。

7.6.2 数据载入

建立数据库模式只是一个数据库的框架，只有装入实际的数据后才算真正地建立了数据库。数据的来源有“数字化”数据和非“数字化”数据 2 种形式。

“数字化”数据是存在某些计算机文件和某种形式的数据库中的数据，这种数据的载入工作主要是转换，将数据重新组织和组合，并转换成满足新数据库要求的格式。这些转换工作可以借助于 DBMS 提供的工具，如 SQL Server 的 DTS 工具。

非“数字化”数据是没有计算机化的原始数据，一般以纸质的表格、单据的形式存在。这种形式的数据处理工作量大，一般需要设计专门的数据录入子系统完整数据的载入工作。数据录入子系统中一般要有数据校验的功能，保证数据的正确性。

7.6.3 编制与调试应用程序

数据库应用程序的设计应该与数据设计并行进行。在数据库实施阶段，当数据库结构建立好后,就可以开始编制与调试数据库的应用程序。调试应用程序时由于数据入库尚未完成,可先使用模拟数据。

7.6.4 数据库试运行

数据库系统在正式运行前,要经过严格的测试。数据库测试一般与应用系统测试结合起来,通过试运行,参照用户需求说明,测试应用系统是否满足用户需求,查找应用程序的错误和不足,核对数据的准确性。如果功能不满足和数据不准确,对应用程序部分要进行修改、调整,直到满足设计要求为止。

对数据库的测试,重点在2个方面:一是通过应用系统的各种操作,数据库中的数据能否保持一致性,完整性约束是否有效实施;二是数据库的性能指标是否满足用户的性能要求,分析是否达到设计目标。在对数据库进行物理结构设计时,已经对系统的物理参数进行了初步设计。但一般情况下,设计时的考虑在许多方面还只是对实际情况的近似估计,和实际系统的运行总有一定的差距,因此必须在试运行阶段实际测量和评价系统性能指标。事实上,有些参数的最佳值往往是经过运行调试后找到的,如果测试的物理结构参数与设计目标不符,则要返回到物理结构设计阶段,重新调整物理结构,修改系统物理参数。有些情况下要返回到逻辑结构设计,修改逻辑结构。

在试运行的过程中要注意:在数据库试运行阶段,由于系统还不稳定,硬件、软件故障随时都可能发生,而系统的操作人员对新系统还不熟悉,误操作也不可避免,因此应首先调试DBMS的恢复功能,做好数据库的转储和恢复工作。一旦发生故障,能使数据库尽快地恢复,减少对数据库的破坏。

7.7 数据库的运行与维护

在数据库实施后,对数据库进行测试。测试合格后数据库进入运行阶段。在运行过程中,要对数据库进行维护。但是,由于应用环境不断变化,数据库运行过程中物理存储也会不断变化。对数据库设计的评价、调整、修改等维护工作是一个长期的任务,也是设计工作的继续和提高。

在数据库运行阶段,对数据库经常性的维护工作是由DBA完成的,主要有:

1) 数据库的转储和恢复

数据库的转储和恢复工作是系统正式运行后最重要的维护工作之一。DBA要针对不同的应用要求制定不同的转储计划,以保证一旦发生故障尽快将数据库恢复到某种一致的状态,并尽可能减少对数据库的损失和破坏。

2) 数据库的安全性和完整性控制

在数据库的运行过程中,由于应用环境的变化,对数据库安全性的要求也会发生变化。比如有的数据原来是机密的,现在可以公开查询了,而新增加的数据又可能是机密的了。系统中用户的级别也会发生变化。这些都要DBA根据实际情况修改原来的安全性控制。同样,数据库的完整性约束条件也会变化,也需要DBA不断修正,以满足用户需要。

3) 数据库性能的监控、分析和改造

在数据库运行过程中,监控系统运行,对检测数据进行分析,找出改进系统性能的方法,是 DBA 的又一重要任务。目前有些 DBMS 产品提供了检测系统性能的工具,DBA 可以利用这些工具方便地得到系统运行过程中一系列参数的值。DBA 应仔细分析这些数据,判断当前系统运行状况是否最优,应当做哪些改进,找出改进的方法。例如,调整系统物理参数,或对数据库进行重组织或重构造等。

4）数据库的重组和重构

数据库运行一段时候后,由于记录不断增加、删除、修改,会使数据库的物理存储结构变坏,降低了数据的存取效率,数据库性能下降,这时 DBA 就要对数据库进行重组,或部分重组(只对频繁增加、删除的表进行重组)。DBMS 一般都提供了对数据库重组的实用程序。在重组的过程中,按原设计要求重新安排存储位置、回收垃圾、减少指针链等,提高系统性能。

数据库的重组并不修改原来的逻辑和物理结构,而数据库的重构则不同,它是指部分修改数据库模式和内模式。

由于数据库应用环境发生变化,增加了新的应用或新的实体,取消了某些应用,有的实体和实体间的联系也发生了变化等,使原有的数据库模式不能满足新的需求,需要调整数据库的模式和内模式。例如,在表中增加或删除了某些数据项,改变数据项的类型,增加和删除了某个表,改变了数据库的容量,增加或删除了某些索引等。当然数据库的重构是有限的,只能做部分修改。如果应用变化太大,重构也无济于事,说明此数据库应用系统的生命周期已经结束,应该设计新的数据库。

7.8 小　结

本章主要讨论了数据库设计的方法、步骤,给出了较多的实例,详细介绍了数据库设计的各个阶段的目标、方式、工具以及注意事项。其中重要的是概念结构设计和逻辑结构设计,也是数据库设计过程中最重要的 2 个环节。

数据库设计属于方法学的范畴,主要掌握基本方法和一般原则,并能在数据库设计过程中加以灵活运用,设计出符合实际需求的数据库。

习　题

1. 简述数据库的设计过程。
2. 试述数据库设计过程中形成的数据库模式。
3. 试述数据库设计的特点。
4. 简述数据库设计的主要方法。
5. 数据库设计的主要工具有哪些?
6. 需求分析阶段的设计目标是什么? 调查的内容是什么? 调查方法有哪些?
7. 数据字典的内容和作用是什么?
8. 什么是数据库的概念结构? 试述其特点和设计策略。
9. 试举例说明什么叫数据抽象?

10. 什么是 E-R 图,组成 E-R 图的基本要素是什么?
11. 如何将 E-R 图转换为关系数据模型?
12. 简述数据库物理结构设计的内容和步骤。
13. 什么是数据库的逻辑结构设计? 试述其设计步骤。
14. 规范化理论对数据库设计有什么指导意义?
15. 使用 Microsofot SQL Server 2008 设计“点歌系统”的数据库。

第 8 章　Java 与 Microsoft SQL Server 2008 编程实例

Java 在现代软件设计中有着非常重要的地位,应用广泛。Java 是由美国 Sun Microsystems 公司的 James Gosling 等人开发的一种面向对象程序设计语言。Java 语言的跨平台的工作能力(write once,run anywhere)、优秀的图像处理能力、网络通信功能、通过 JDBC 数据库访问技术等,谁都不可否认 Java 语言是 Sun Microsystems 公司对于计算机界的一个巨大的贡献。它是目前十分流行的高级程序设计语言,尤其适合网络应用程序的开发。

8.1　Java 概 述

Java 是 1995 年由 Sun Microsystems 公司推出的一种编程语言,主要分为 Java 标准版(Java SE)、Java 企业版(Java EE)、Java 移动版(Java ME)。其中,Java SE 主要用于桌面程序和 Java 小应用程序开发;Java EE 主要应用于企业级开发和大型网站开发;Java ME 主要应用于手机等移动设备开发。Java 为开发人员提供了 Java 开发工具包(Java Develop Kit,JDK),以支持 Java 应用程序的开发。1998 年 12 月,Sun Microsystems 公司发布了 JDK 1.2,开始使用"Java 2"这一名称,目前已经很少使用 JDK 1.1 版本,所以 Java 都是指 Java 2。2004 年 9 月 Sun Microsystems 公司发布 Java 2 平台标准版(J2SE)的开发工具包 JDK 1.5.0,并改名为 JDK 5.0,被认为是 Java 平台和编程语言近 10 年来最重大的升级。目前常用 JDK 版本是 JDK 7.0 版,Java 开发工具 JDK 可在 Sun Microsystems 公司的主页 http://java.sun.com/下载。不同的操作系统平台,下载不同的版本,如对于 Windows 环境下载后得到一个可执行的文件 jdk-7-windows-i586.exe。

8.1.1　JDK 的安装

下面以 Windows XP/2003 为例说明。

双击下载的 exe 文件即开始安装,安装过程需要用户指定 JDK 的安装路径,默认路径是 C:\Program Files\Java\jdk1.7.0 目录,可以通过点击"更改"按钮指定新的位置。这里将路径指定为 C:\jdk1.7.0。单击"下一步"按钮即开始安装。安装完后系统自动安装 Java 运行时环境(Java Runtime Environment,JRE)。JRE 的安装过程与 JDK 的安装过程类似,假设将其安装在 C:\jre1.7.0 目录中。

全部安装结束后,安装程序在 C:\jdk1.7.0 的目录中建立了几个子目录:

bin 目录下存放开发、执行和调试 Java 程序的工具。例如,javac.exe 是 Java 编译器,java.exe 是 Java 解释器,appletviewer.exe 是小应用程序浏览器,javadoc.exe 是 HTML 格式

的 API 文档生成器,jar. exe 是将 . class 文件打包成 JAR 文件的工具,jdb. exe 是 Java 程序的调试工具。

db 目录存放 Java DB 数据库的有关程序文件。

demo 目录下存放许多 Sun 提供的 Java 演示程序。

include 目录下存放本地代码编程需要的 C 头文件。

jre 目录下由 JDK 使用的 Java 2 运行时环境的目录。运行时环境包括 Java 虚拟机(Java Virtual Machine,JVM)、类库以及其他运行程序所需要的支持文件。

lib 目录下存放开发工具所需要的附加类库和支持文件。

sample 目录下存放一些示例程序。

在 jdk1. 7. 0 目录下还有一个 src. zip 文件,该文件中存放着 Java 平台核心 API 类的源文件。

8.1.2 环境变量的设置

JDK 安装结束后必须配置有关的环境变量才能使用。配置环境主要是设置可执行文件的查找路径(PATH 环境变量)和类查找路径(CLASSPATH 环境变量)。

假设 JDK 安装在 Windows XP/2003 平台上,修改 PATH 和 CLASSPATH 环境变量的具体操作步骤如下:

选择"控制面板"→"系统",在"系统属性"窗口中选择"高级"选项卡,单击"环境变量"按钮,打开"环境变量"窗口,在"系统变量"区中找到 PATH 环境变量,单击"编辑"按钮,在原来值的前面加上"C:\jdk1. 7. 0\bin;"(注意,后面有一个分号)。

单击"新建"按钮,在打开的"新建系统变量"对话框中的"变量名"框中输入 CLASSPATH,在"变量值"中输入". ;C:\jdk1. 7. 0\lib"(注意,分号前面有一个点号(.),它表示当前目录)。

接下来启动 Windows 的"命令提示符"窗口,在提示符下输入 javac,如果出现编译器的选项,说明编译器正常。输入 java,如果出现解释器的选项,说明解释器正常。这样就可以使用 JDK 编译和运行 Java 程序了。

8.1.3 Java 语言的特点

Java 是一种简单、跨平台、面向对象、分布式、健壮安全、结构中立,可移植、性能很优异的多线程、动态的语言。Java 语言的特点如下:

(1) 平台无关性。平台无关性是指 Java 能运行于不同的平台。Java 引进虚拟机原理,并运行于虚拟机上。Java 虚拟机是建立在硬件和操作系统之上,实现 Java 二进制代码的解释执行功能,为不同平台提供了接口。

(2) 安全性。Java 舍弃了C++的指针对存储器地址的直接操作,程序运行时内存由操作系统分配,这样可以避免病毒通过指针侵入系统。Java 对程序提供了安全管理器,防止了程序的非法访问。

(3) 面向对象。Java 借鉴了C++面向对象的概念,将数据封装于类中,利用类的优点实现了程序的简洁性和便于维护性。类的封装性、继承性等有关对象的特性,使程序代码只需 1 次编译,然后通过上述特性反复利用。程序员只需把主要精力用在类和接口的设计和应用上。在 Java 中,类的继承关系是单一的,而非多重的,1 个子类只有 1 个父类。Java 提供的 Object 类及其子类的继承关系如同一棵倒立的树形,根类为 Object 类,Object 类功能强大,经常会使用到它及其他派生的子类。

(4) 分布式。Java 建立在扩展 TCP/IP 协议的网络平台上。库函数提供了用 HTTP 和 FTP 协议传送和接收信息的方法。这使得程序员使用网络上的文件和使用本机文件一样容易。

(5) 健壮性。Java 致力于检查程序在编译和运行时的错误。类型检查帮助检查出许多开发早期出现的错误。Java 自己操纵内存减少了内存出错的可能性。并且 Java 还提供了 Null 指针检测、数组边界检测、异常出口、Byte code 校验等功能。

8.2 Java 开发环境

Eclipse 是一款非常优秀的开放源代码的基于 Java 的可扩展开发平台,除了可作为 Java 的集成开发环境外,还可作为编写其他语言(如C++ 和 Ruby)的集成开发环境。就其本身而言,Eclipse 只是 1 个框架和 1 组服务,用于通过插件构建开发环境。Eclipse 凭借其灵活的扩展能力及优良的性能与插件技术,受到了越来越多开发者的喜爱。

Eclipse 最初是由 IBM 公司开发的替代商业软件 Visual Age for Java 的下一代 IDE 开发环境,2001 年 11 月贡献给开源社区,现在它由非营利软件供应商联盟 Eclipse 基金会(Eclipse Foundation)管理。2003 年,Eclipse 3.0 选择 OSGi 服务平台规范为运行时架构。2007 年 6 月,稳定版 3.3 发布,2008 年 6 月发布代号为 Ganymede 的 3.4 版,2009 年 7 月发布代号为 Galileo 的 3.5 版,2010 年 6 月发布代号为 Helios 的 3.6 版,2011 年 6 月发布代号为 Indigo 的 3.7 版。本书使用的是 Helios 3.6 版。

Eclipse 是开放源代码的项目,可以到 www.eclipse.org 去免费下载 Eclipse 的最新版本。Eclipse 本身是用 Java 语言编写的,但下载的压缩包中并不包含 Java 运行环境,需要用户自己另行安装 JRE,并且要在操作系统的环境变量中指明 JRE 中 bin 的路径。安装 Eclipse 的步骤非常简单,只需将下载的压缩包按原路径直接解压即可。需注意如果有了更新的版本,要先删除旧的版本重新安装,不能直接解压到原来的路径覆盖旧版本。进入解压后的 eclipse 目录,单击 eclipse.exe 文件即可运行 Eclipse 集成开发环境。

在第 1 次运行时,Eclipse 会要求选择工作空间(workspace),用于存储工作内容(这里选择 d:\workspace 作为工作空间)。选择工作空间后,Eclipse 打开工作台窗口。工作台窗口提供了 1 个或多个视图。可同时打开多个工作台窗口。开始时,在打开的第 1 个“工作台”窗口中,将显示 Java 视图,其中只有“欢迎”视图可见。单击“欢迎”视图中标记为“工作台”的箭头,以使视图中的其他视图变得可视,如图 8-1 所示。

在窗口的右上角会出现一个快捷方式栏,它允许用户打开新视图,并可在已打开的各视图之间进行切换。活动视图的名称显示在窗口的标题中,并且将突出显示它在快捷方式栏中的项。工作台窗口的标题栏指示哪一个透视图是活动的。“导航器”、“任务”和“大纲”视图随编辑器一起打开。

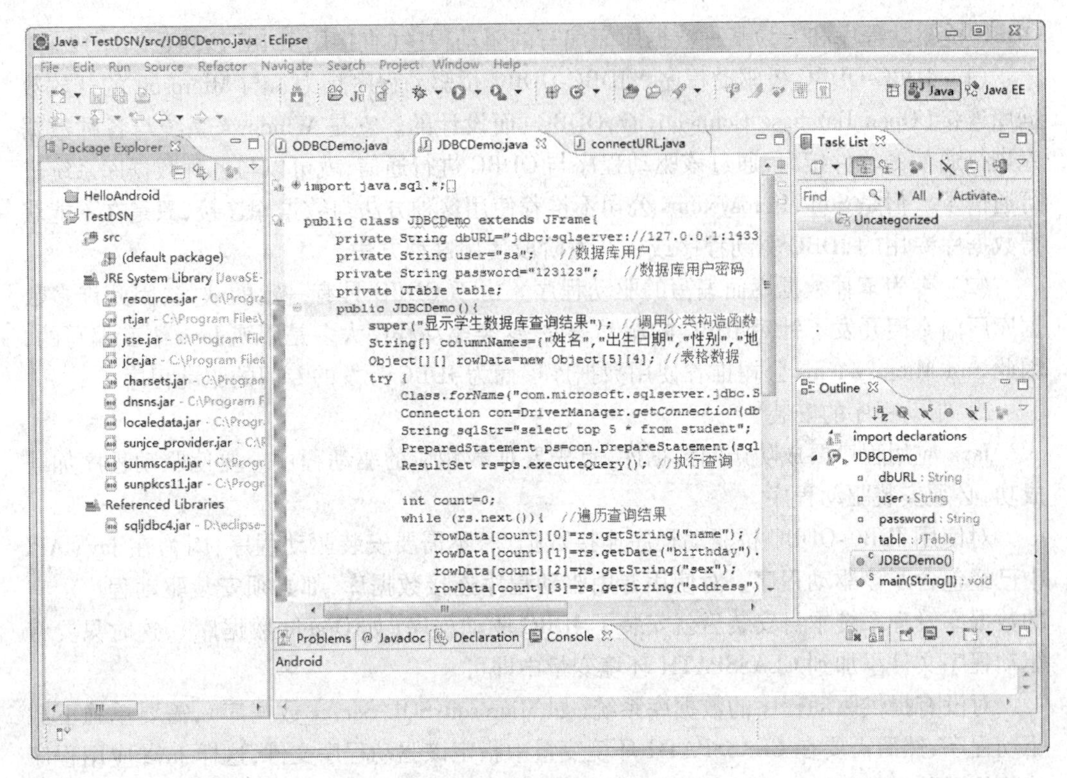

图 8-1　Eclipse 工作平台

8.3　JDBC

JDBC(Java DataBase Connectivity)是 Sun Microsystems 公司开发的标准数据库访问接口,由一组 Java 语言编写的类和接口组成,这些类和接口称为 JDBC 应用程序设计接口(Application Programming Interface,API)。JDBC API 为 Java 语言提供一种通用的数据访问接口,几乎所有数据库都支持通过 JDBC 进行访问。和微软平台的 ODBC、ADO、ADO. NET 等类似,JDBC 的作用是屏蔽 Java 程序访问各种不同数据库操作的差异性。JDBC 的基本功能包括:①建立与数据库的连接;②发送 SQL 语句;③处理数据库操作结果。使用 JDBC,开发人员可以通过同样的程序接口访问不同的数据库,大大增强了系统的可移植性,同时也简化了开发人员的工作。

需要注意的是,JDBC 只是一个定义了访问接口的标准规范,针对不同的数据库有不同的实现,这些不同的实现称为对应数据库平台的"JDBC 驱动"。不过开发人员无需关心这些"JDBC 驱动"的实现细节,只需在程序初始化的时候指定采用哪个"JDBC 驱动"即可,其后的数据库操作完全是标准的 JDBC 操作。

8.3.1　JDBC 驱动程序与安装

1）驱动程序的类型

在 Java 程序中可以使用的数据库驱动程序主要有 4 种类型,常用的有下面 JDBC-

ODBC 桥驱动程序和专为某种数据库而编写的驱动程序(直接用 JDBC 访问数据库)2 种。

(1) JDBC-ODBC 桥驱动程序。JDBC-ODBC 桥驱动程序是为了与 Microsoft 的开放数据库连接(Open Database Connectivity,ODBC)而设计的。它是 Windows 系统与各种数据库进行通信的软件接口,通过该驱动程序与 ODBC 进行通信,就可以与各种数据库系统进行通信了。但是 Sun Microsystems 公司不推荐使用这种方法与数据库连接,只是在不能获得数据库专用的 JDBC 驱动程序或在开发阶段使用这种方法。

(2) 专为某种数据库而编写的驱动程序。由于 ODBC 具有一定的缺陷,因此许多数据库厂商专门开发了针对 JDBC 的驱动程序,这类驱动程序大多是用纯 Java 语言编写的,因此 Sun Microsystems 公司推荐使用数据库厂商为 JDBC 开发的专门的驱动程序。

2) 驱动程序的安装

Java 应用程序要成功访问数据库,首先要加载相应的驱动程序。要使驱动程序加载成功,必须安装驱动程序。

对使用 JDBC-ODBC 桥驱动程序连接数据库,不需要安装驱动程序,因为在 Java API 中已经包含了该驱动程序。对使用专用驱动程序连接数据库,都必须安装驱动程序。有的数据库管理系统本身安装后就安装了 JDBC 驱动程序(如 Oracle 数据库),这时只要将驱动程序文件添加到 CLASSPATH 环境变量中即可。

对没有提供驱动程序的数据库系统(如 Microsoft SQL Server 数据库),需要单独下载驱动程序,然后需要在 CLASSPATH 环境变量中指定该驱动程序文件,这样 Java 应用程序才能找到其中的驱动程序。例如,要使用 Microsoft SQL Server 2008 数据库的 JDBC 驱动程序,应首先到 Microsoft 官网下载 sqljdbc3.0 驱动——Microsoft SQL Server JDBC Driver 3.0.exe,解压后里面有 2 个 Jar 包,即 sqljdbc4.jar 和 sqljdbc.jar,这两个都一样,只是针对 JDK 的版本的不同,如果 JDK6.0 或以上直接导入 sqljdbc4.jar,以下版本的导入 sqljdbc.jar。假设该文件存放在 D:\study 目录中,在 CLASSPATH 变量的后面添加";D:\study\sqljdbc4.jar"即可。

8.3.2 JDBC 的数据库访问模型

Java 的客户端程序大致可分为 2 类,即 Java Applet 和 Java Application。相对于客户端来说,JDBC API 支持 2 种数据库访问模型,即 2 层模型和 3 层模型。JDBC 2 层应用模型如图 8-2 所示。

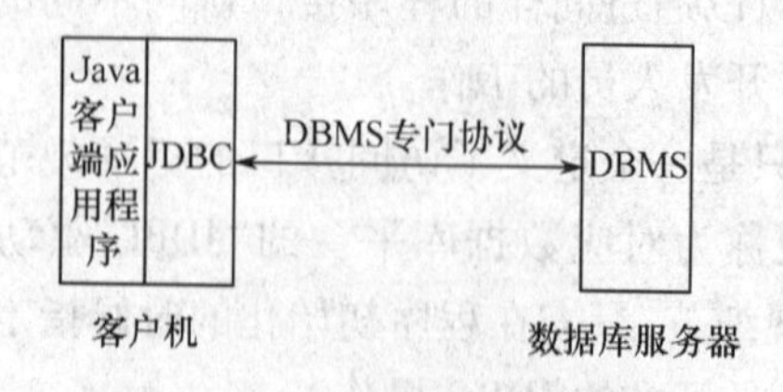

图 8-2 JDBC 2 层应用模型

在 2 层模型中,Java Applet 或 Java Application 将直接与数据库进行对话。其中需要一个 JDBC Driver 来与所访问的特定数据库管理系统进行通信。用户的 SQL 语句被送往数据库中,返回其结果给用户。数据库可以存放在本地机或网络服务器上,Java 应用程序也可以通过网络访问远程数据库,如果数据库存放于网络计算机上,则是典型的客户/服务器(C/S,Client/Server)模型应用。

JDBC 3 层应用模型如图 8-3 所示。在 3 层模型中,客户通过浏览器调用 Java 小应用程序,小应用程序通过 JDBC API 提出 SQL 请求,请求先是被发送到服务器的"中间层",也就是调用小应用程序的 Web 服务器,在服务器端通过 JDBC 与特定数据库服务器上的数据库进行连接,由数据服务器处理该 SQL 语句,并将结果送回到中间层,中间层再将结果送回给用户,用户在浏览器中阅读最终结果。中间层为业务逻辑层,可利用它对公司数据进行访问控制。中间层的另一个好处是,用户可以利用易于使用的高级 API,而中间层将把它转换为相应的低级调用。最后,许多情况下,3 层结构可使性能得到优化,并提高安全保证。

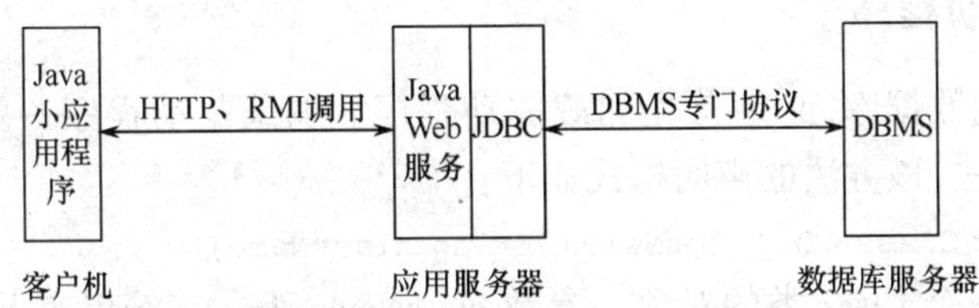

图 8-3 JDBC 3 层应用模型

不管是 2 层应用模型还是 3 层应用模型,都需要 JDBC Driver 的支持。

8.3.3 JDBC API 介绍

使用 JDBC API 可以访问关系数据库的任何数据源,它使开发人员可以用纯 Java 语言编写完整的数据库应用程序。JDBC API 已经成为 Java 语言的标准 API,目前的最新版本是 JDBC 4.0。在 JDK 中是通过 java.sql 和 javax.sql 这 2 个包提供的。

java.sql 包提供了为基本的数据库编程服务的类和接口,如驱动程序管理的类 DriverManager、创建数据库连接 Connection 类、执行 SQL 语句以及处理查询结果的类和接口等。

java.sql 包中常用的类和接口之间的关系如图 8-4 所示。图中类与接口之间的关系表示通过使用 DriverManager 类可以创建 Connection 连接对象,通过 Connection 对象可以创建 Statement 语句对象或 PreparedStatement 语句对象,通过语句对象可以创建 ResultSet 结果集对象。

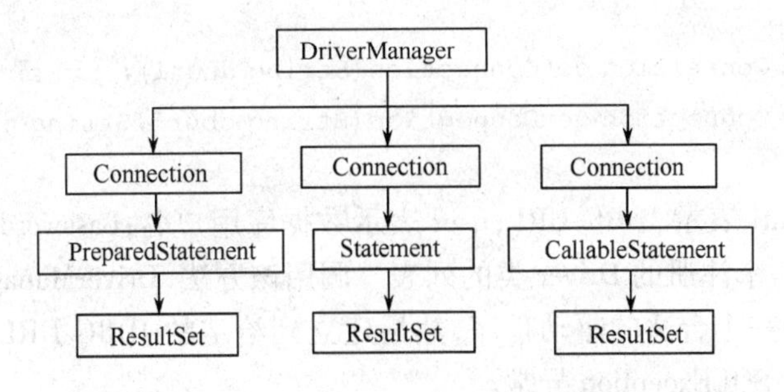

图 8-4 java.sql 包中的接口和类之间的关系

javax.sql 包主要提供了服务器端访问和处理数据源的类和接口,如 DataSource、Row-

Set、PooledConnection 接口等，它们可以实现数据源管理、行集管理以及连接池管理等。

8.4 数据库连接步骤

使用 JDBC API 连接和访问数据库，一般分为以下 5 个步骤：①利用 Class 类的 forName()方法加载驱动程序；②调用 DriverManager 类的 getConnection()方法建立连接对象；③调用 Connection 对象的 createStatement()方法创建语句对象；④调用 Statement 对象的 executeQuery()方法获得 SQL 语句的执行结果；⑤关闭建立的对象，释放资源。下面详细叙述这些步骤。

8.4.1 加载驱动程序

程序能够访问数据库，必须首先加载驱动程序。加载驱动程序一般使用 Class 类的 forName()静态方法，该方法的声明格式如下：

```
public static Class <? > forName(String className)
```

该方法返回一个 Class 类的对象。参数 className 为一字符串表示的完整的驱动程序类的名称，若找不到驱动程序将抛出 ClassNotFoundException 异常。

对于不同的数据库，驱动程序的类名是不同的。如果使用 ODBC-JDBC 桥驱动程序，其名称为 sun.jdbc.odbc.JdbcOdbcDriver，它是 JDK 自带的，不需要安装。加载该驱动程序的语句如下：

```
Class.forName("sun.jdbc.odbc.JdbcOdbcDriver");
```

如果要通过 JDBC 直接连接 Microsoft SQL Server 2008，则需要加载 Microsoft SQL Server 2008 数据库的驱动程序的语句如下：

```
Class.forName("com.microsoft.sqlserver.jdbc.SQLServerDriver");
```

8.4.2 建立连接对象

1) DriverManager 类

DriverManager 类是 JDBC 的管理层，作用于应用程序和驱动程序之间。DriverManager 类跟踪可用的驱动程序，并在数据库和驱动程序之间建立连接。

建立数据库连接的方法是调用 DriverManager 类的 getConnection()静态方法，该方法的声明格式如下：

```
public static Connection getConnection(String dburl);
public static Connection getConnection(String dburl,String user,String password);
```

其中：参数 dburl 表示 JDBC URL；user 表示数据库用户名；password 表示口令。DriverManager 类维护一个注册的 Driver 类的列表。调用该方法，DriverManager 类试图从注册的驱动程序中选择一个合适的驱动程序，然后建立到给定的 JDBC URL 的连接。如果不能建立连接将抛出 SQLException 异常。

2) JDBC URL

JDBC URL 与一般的 URL 不同，它用来标识数据源，这样驱动程序就可以与它建立一

个连接。下面是 JDBC URL 的标准语法,它包括由冒号分隔的 3 个部分:

```
jdbc:<subprotocol>:<subname>
```

其中:jdbc 表示协议,JDBC URL 的协议总是 jdbc;subprotocol 表示子协议,它表示驱动程序或数据库连接机制的名称;subname 为子名称,它表示数据库标识符,该部分内容随数据库驱动程序的不同而不同。

(1) 如果通过 JDBC-ODBC 桥驱动程序连接数据库,子协议就是 odbc,URL 的形式如下:

```
String connectionUrl = "jdbc:odbc:DataSourceName"
```

其中:DataSourceName 为 ODBC 数据源名。使用 JDBC-ODBC 桥驱动程序连接数据库,需要先在计算机上建立 ODBC 数据源。关于如何建立数据源将在下节详细介绍。假设数据源名为 StudentMIS,则数据库 JDBC URL 为"jdbc:odbc:StudentMIS"。

(2) 如果使用专用驱动程序,子协议名通常为数据库厂商名,如 sqlserver。使用 JDBC 直接连接 Microsoft SQL Server 2008 的 URL 形式如下:

```
String connectionUrl = "jdbc:sqlserver://dbServerIP:1433;databaseName=master; user=MyUserName; password=*****;"
```

使用 Class. forName 加载驱动程序后,可通过使用连接 URL 和 DriverManager 类的 getConnection 方法来建立连接:

```
Class.forName("com.microsoft.sqlserver.jdbc.SQLServerDriver");
Connection con = DriverManager.getConnection(connectionUrl);
```

其中:forName( )方法中的字符串为驱动程序名;getConnection( )方法中的字符串即为 JDBC URL;dbServerIP 是要连接到的服务器的地址,它可以是 DNS 或 IP 地址,也可以是本地计算机地址 localhost 或 127.0.0.1,端口号为相应数据库的默认端口;databaseName 为所连接的数据库的名称。

在 JDBC API 4.0 中,DriverManager. getConnection 方法得到了增强,可自动加载 JDBC Driver。因此,使用 sqljdbc4. jar 类库时,应用程序无需调用 Class. forName 方法来注册或加载驱动程序。

调用 DriverManager 类的 getConnection 方法时,会从已注册的 JDBC Driver 集中找到相应的驱动程序。sqljdbc4. jar 文件包括"META-INF/services/java. sql. Driver"文件,后者包含 com. microsoft. sqlserver. jdbc. SQLServerDriver 作为已注册的驱动程序。现有的应用程序(当前通过使用 Class. forName 方法加载驱动程序)将继续工作,而无需修改。

说明:在 JDBC 3.0 标准扩展 API 中提供了一个 ISQLServerDataSource 接口可以替代 DriverManager 建立数据库连接。SQLServerDataSource 对象可以用来产生 Connection 对象:

```
SQLServerDataSource ds = new SQLServerDataSource();
ds.setIntegratedSecurity(true);
ds.setServerName("localhost");
ds.setPortNumber(1433);
ds.setDatabaseName("master ");
Connection con = ds.getConnection();
```

3）Connection 对象

Connection 对象代表与数据库的连接，也就是在加载的驱动程序与数据库之间建立连接。1 个应用程序可以与 1 个数据库建立 1 个或多个连接，或者与多个数据库建立连接。

得到连接对象后，可以调用 Connection 接口的方法创建 Statement 语句或 PreparedStatement 语句的对象以及在连接对象上完成各种操作，下面是 Connection 接口的常用方法：

（1）public Statement createStatement()：为向数据库发送 SQL 语句创建一个 Statement 对象。Statement 对象通常用来执行不带参数的 SQL 语句。

（2）public DatabseMetaData getMetaData()：返回数据库的元数据对象。

（3）public void setAutoCommit(boolean autoCommit)：设置通过该连接对数据库的更新操作是否自动提交，默认情况为 true。

（4）public boolean getAutoCommit()：返回当前连接是否为自动提交模式。

（5）public void commit()：提交对数据库的更新操作，使更新写入数据库。只有当 setAutoCommit()设置为 false 时才应该使用该方法。

（6）public void rollback()：回滚对数据库的更新操作。只有当 setAutoCommit()设置为 false 时才应该使用该方法。

（7）public void close()：关闭该数据库连接。在使用完连接后应该关闭，否则连接会保持一段比较长的时间，直到超时。

（8）public boolean isClosed()：返回该连接是否已被关闭。

8.4.3 创建语句对象

SQL 语句对象有 Statement、PreparedStatement 和 CallableStatement 3 种。通过调用 Connection 接口的相应方法可以得到这 3 种语句对象。其中，Statement 用于执行不带参数的简单 SQL 语句；PreparedStatement 用来执行带参数或不带参数的预编译 SQL 语句，也是为了提高程序的执行效率；CallableStatement 继承了 PreparedStatement 接口，主要用于执行存储过程。

1）Statement 对象

Statement 接口对象主要用于执行一般的 SQL 语句，该接口定义的常用方法如下：

（1）public ResultSet executeQuery(String sql)：执行 SQL 查询语句。参数 sql 为用字符串表示的 SQL 查询语句。查询结果以 ResultSet 对象返回。

（2）public int executeUpdate(String sql)：执行 SQL 更新语句。参数 sql 用来指定更新 SQL 语句，该语句可以是 INSERT、DELETE、UPDATE 语句或无返回的 SQL 语句，如 SQL DDL 语句 CREATE TABLE 或 DROP TABLE。该方法返回值是更新的行数，如果语句没有返回，则返回值为 0。

（3）public boolean execute(String sql)：执行可能有多个结果集的 SQL 语句，sql 为任何的 SQL 语句。如果语句执行的第 1 个结果为 ResultSet 对象，该方法返回 true，否则返回 false。

（4）public Connection getConnection()：返回产生该语句的连接对象。

(5) public void close( ):释放 Statement 对象占用的数据库和 JDBC 资源,每一个 Statement 对象在使用完毕后,都应该关闭。

Statement 接口提供了 executeQuery( )、executeUpdate( )和 execute( )3 种执行 SQL 语句的方法。具体使用哪一种方法由 SQL 语句本身来决定。对于查询语句,调用 executeQuery(String sql)方法,该方法的返回类型为 ResultSet,再通过调用 ResultSet 的方法可以对查询结果的每行进行处理。对于更新语句,如 INSERT、UPDATE、DELETE,须使用 executeUpdate(String sql)方法。该方法返回值为整数,用来指示被影响的行的数目。

需要注意:1 个 Statement 对象在同一时间只能打开 1 个结果集,对于第 2 个结果集的打开隐含着对第 1 个结果集的关闭;如果想对多个结果集同时操作,必须创建出多个 Statement 对象,在每个 Statement 对象上执行 SQL 查询语句以获得相应的结果集;如果不需要同时处理多个结果集,则可以在 1 个 Statement 对象上顺序执行多个 SQL 查询语句,对获得的结果集进行顺序操作。

2) PreparedStatement 对象

由于 Statement 对象在每次执行 SQL 语句时都将该语句传给数据库,如果需要多次执行同一条 SQL 语句时,会将导致执行效率特别低,此时可以采用 PreparedStatement 对象来封装 SQL 语句。如果数据库支持预编译,它可以将 SQL 语句传给数据库进行预编译,以后每次执行该 SQL 语句时,可以提高访问速度;但如果数据库不支持预编译,将在语句执行时才传给数据库,其效果类同于 Statement 对象。

另外,PreparedStatement 对象的 SQL 语句还可以接收参数,可以用不同的输入参数来多次执行编译过的语句,较 Statement 灵活方便。

(1) 创建 PreparedStatement 对象。从一个 Connection 对象上可以创建一个 PreparedStatement 对象,在创建时可以给出预编译的 SQL 语句。对于不带参数的情况,与 Statement 使用的 SQL 语句类似;对于带输入参数的情况,可以使用问号"?"代替参数,这些问号用来表示要输入的数值,用 setXXX( )方法将数值指定到上述的 SQL 语法,XXX 代表数据类型,例如:

```
PreparedStatement ps = con.prepareStatement ("select * from student where id
=?"and name =?);
ps.setInt (1,5);                      //第 1 个问号用 5 代替
pstmt.setString (2,"刘烨");           //第 1 个问号用"刘烨"代替
```

setXXX( )的语法如下,以 setString 为例:

```
public void setString (int index,String x)  throws SQLException
```

将第 index 个参数设置成 x。其他类似的还有 setByte、setDate、setDouble、setFloat、setInt、setLong、setShort、setBoolean、setTime 等,第 1 个参数代表参数的索引,第 2 个表示数据类型,index 从 1 开始。

(2) 执行 SQL 语句。可以调用 executeQuery( )来实现,但与 Statement 方式不同的是,它没有参数,因为在创建 PreparedStatement 对象时已经给出了要执行的 SQL 语句,系统并进行了预编译。

```
ResultSet rs =ps.executeQuery();  //该条语句可以被多次执行
```

(3) 关闭 PreparedStatement。

```
ps.close(); //其实是调用了父类Statement类中的close()方法
```

3）CallableStatement 对象

CallableStatement 类是 PreparedStatement 类的子类，因此可以使用在 PreparedStatement 类及 Statement 类中的方法，主要用于执行存储过程。

（1）创建 CallableStatement 对象。使用 Connection 类中的 prepareCall 方法可以创建一个 CallableStatement 对象，其参数是一个 String 对象，一般格式如下：

① 不带输入参数的存储过程"{call 存储过程名()}"。

② 带输入参数的存储过程"{call 存储过程名(?，?)}"。

③ 带输入参数并有返回结果参数的存储过程"{? = call 存储过程名(?，?，...)}"。

```
CallableStatement cs=con.prepareCall("{call Query1()}");
```

（2）执行存储过程：可以调用 executeQuery()方法来实现。

```
ResultSet rs=cs.executeQuery();
```

（3）关闭。

```
CallableStatement: cstmt.close();
```

8.4.4 结果集 ResultSet 对象

ResultSet 对象表示 SQL 查询语句得到的记录集合称为结果集。结果集一般是 1 个记录表，其中包含列标题和多个记录行，1 个 Statement 对象同一个时刻只能打开 1 个 ResultSet 对象。

每个结果集对象都有一个游标。游标是结果集的一个标志或指针。对新产生的 ResultSet 对象，游标指向第 1 行的前面，可以调用 ResultSet 的 next()方法，使游标定位到下一条记录。如果游标指向一个具体的行，就可以通过调用 ResultSet 对象的方法，对查询结果处理。

1）ResultSet 的常用方法

ResultSet 接口提供了对结果集操作的方法，常用的方法如下：

（1）public boolean next() throws SQLException：将游标从当前位置向下移动 1 行。第 1 次调用 next()方法将使第 1 行成为当前行，以后调用游标依次向后移动。若方法返回 true，说明新行是有效的行；若返回 false，说明已无记录。

可以使用 getX ()方法检索当前行的字段值的方法，由于结果集列的数据类型不同，所以应该使用不同的 getX()方法获得列值。例如，若列值为字符型数据，可以使用下列方法检索列值：

（2）public String getString(int columnIndex)：返回结果集中当前行指定列号的列值，结果作为字符串返回。columnIndex 为列在结果行中的序号，序号从 1 开始。

（3）public String getString(String columnName)：返回结果集中当前行指定列名的列值，columnName 为列在结果行中的列名。

下面列出了返回其他数据类型的方法，这些方法都可以使用这 2 种形式的参数。

（1）public short getShort(int columnIndex)：返回指定列的 short 值。

（2）public byte getByte(int columnIndex)：返回指定列的 byte 值。

(3) public int getInt(int columnIndex):返回指定列的 int 值。

(4) public long getLong(int columnIndex):返回指定列的 long 值。

(5) public float getFloat(int columnIndex):返回指定列的 float 值。

(6) public double getDouble(int columnIndex):返回指定列的 double 值。

(7) public boolean getBoolean(int columnIndex):返回指定列的 boolean 值。

(8) public Date getDate(int columnIndex):返回指定列的 Date 对象值。

(9) public Object getObject(int columnIndex):返回指定列的 Object 对象值。

(10) public int findColumn(String columnName):返回指定列名的列号,列号从 1 开始。

(11) public int getRow():返回游标当前所在行的行号。

2) 数据类型转换

在 ResultSet 对象中的数据是从数据库中查询出的数据,调用 ResultSet 对象的 getX()方法返回的是 Java 语言的数据类型,因此这里就有数据类型转换的问题。实际上调用 getX()方法就是把 SQL 数据类型转换为 Java 语言数据类型。表 8-1 列出了 SQL 数据类型与 Java 数据类型的转换。

表 8-1 SQL 数据类型与 Java 数据类型的对应关系

SQL 数据类型	Java 数据类型	SQL 数据类型	Java 数据类型
CHAR	String	DOUBLE	double
VARCHAR	String	NUMERIC	java. math. BigDecimal
BIT	boolean	DECIMAL	java. math. BigDecimal
TINYINT	byte	DATE	java. sql. Date
SMALLINT	short	TIME	java. sql. Time
INTEGER	int	TIMESTAMP	java. sql. Timestamp
REAL	float	CLOB	Clob
FLOAT	double	BLOB	Blob
BIGINT	long	STRUCT	Struct

8.4.5 关闭有关对象

数据库访问结束后可使用 close()方法关闭有关对象,关闭顺序与建立对象的顺序相反:首先关闭结果集对象;然后关闭语句对象;最后关闭连接对象。

例如:

```
rst.close();
stmt.close();
conn.close();
```

8.5 数据库连接示例

本节讨论使用 JDBC-ODBC 桥驱动程序以及使用 JDBC 专门的数据库驱动程序连接 Microsoft SQL Server 2008 数据库。

8.5.1 使用 JDBC-ODBC 桥访问 Microsoft SQL Server 2008 数据库

假设已经建立了一个名为 StudentDB 的 Microsoft SQL Server 2008 数据库，其中有一个名为 student 的表，数据如图 8-5 所示。

USER-THINK.StudentDB - dbo.Student

id	name	sex	birthday	address
1	张青山	男	1990-01-01	山西省太原市
2	王丽	女	1992-05-05	北京市海淀区
3	林琳	女	1991-05-08	山东省东营市
4	陈艳南	女	1991-08-09	内蒙古呼和浩特市
5	李江	男	1992-02-05	河北省石家庄市

图 8-5　student 表的数据

下面说明使用 JDBC-ODBC 桥驱动程序访问 StudentDB 数据库的具体步骤。

1）配置 ODBC 数据源

在“控制面板”的“管理工具”中选择“数据源（ODBC）”，打开“ODBC 数据源管理器”。选择“系统 DSN”选项卡，如图 8-6 所示。然后，单击“添加”按钮，打开“创建新数据源”对话框，如图 8-7 所示，在该对话框中选择驱动程序，这里选择“SQL Server”驱动程序，然后单击“完成”按钮。

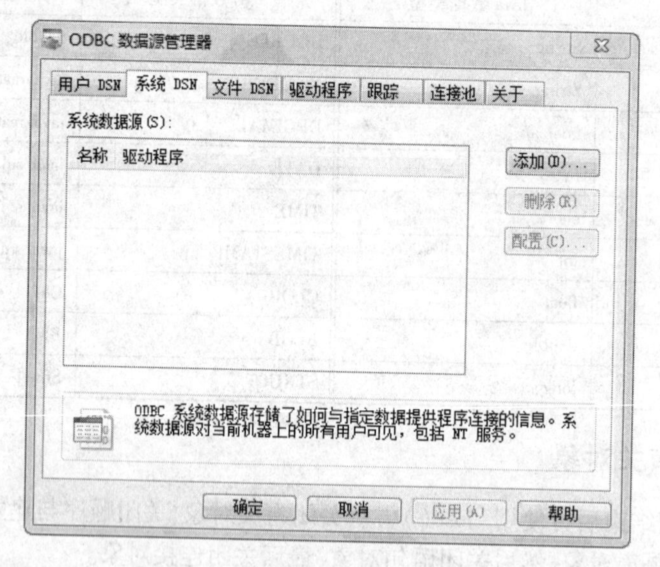

图 8-6　“ODBC 数据源管理器”对话框

在打开的“创建到 SQL Server 的新数据源”对话框中输入数据源名，这里输入 StudentMIS，服务器选择“(local)”或“.”，如图 8-8 所示。单击“下一步”，在设置验证方式对话框中选择“使用用户输入登录 ID 和密码的 SQL Server 验证”，并输入登录 ID 和相应的密码，如图 8-9 所示。

单击“下一步”，在如图 8-10 所示的对话框中更改默认的数据库为 StudentDB，单击“下一步”按钮，然后单击“完成”按钮，如图 8-11 所示，单击“测试数据源”按钮，如果连接成功，就会弹出测试成功界面，如图 8-12 所示。然后按“确定”按钮。这样就建立了一个名为 StudentMIS 的数据源，它与 StudentDB 数据库相连，如图 8-13 所示。

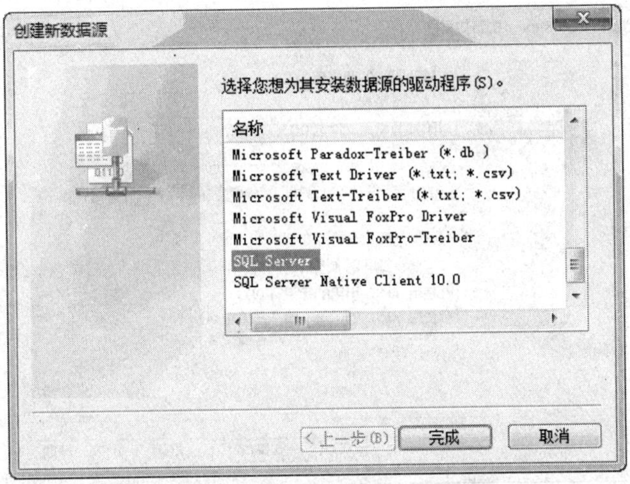

图 8－7 “创建新数据源”对话框

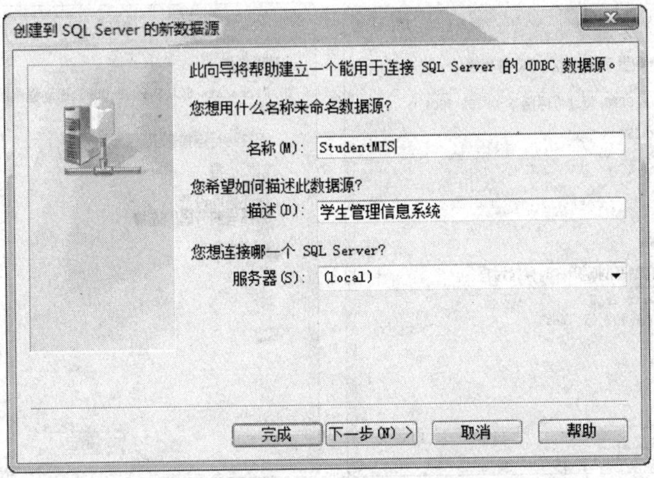

图 8－8 “创建到 SQL Server 的新数据源”对话框

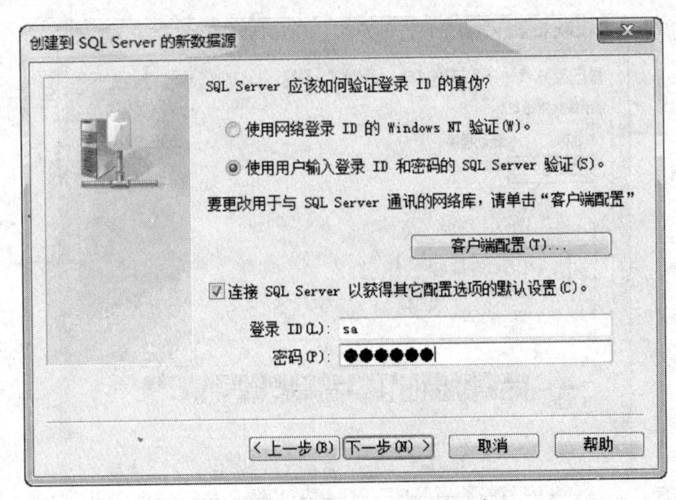

图 8－9 设置验证方式对话框

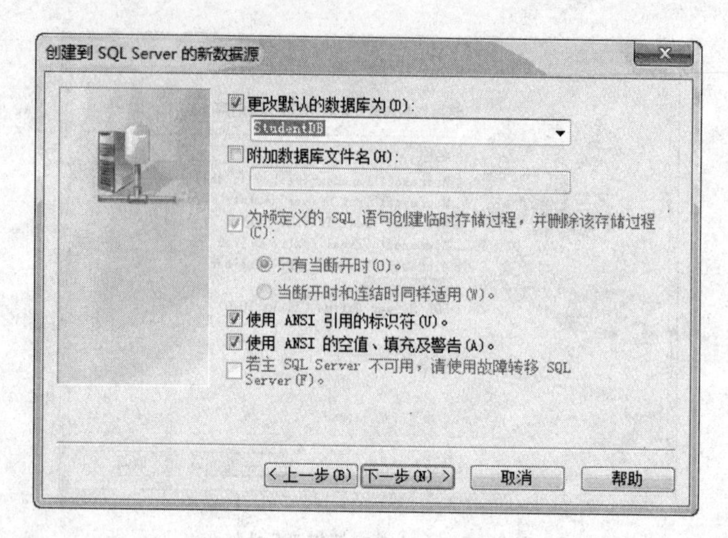

图 8－10　选择默认的数据库

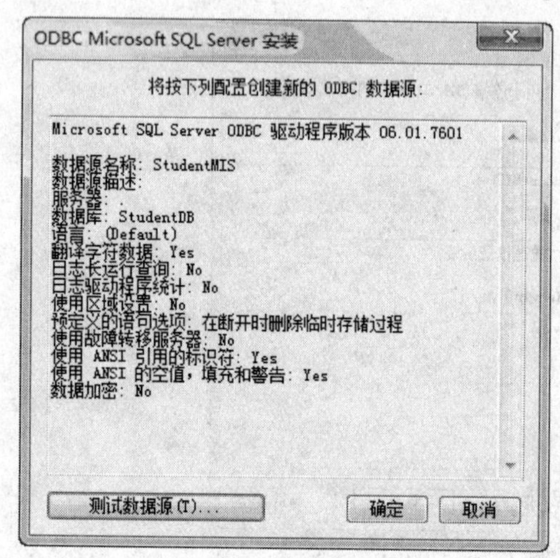

图 8－11　数据源配置成功

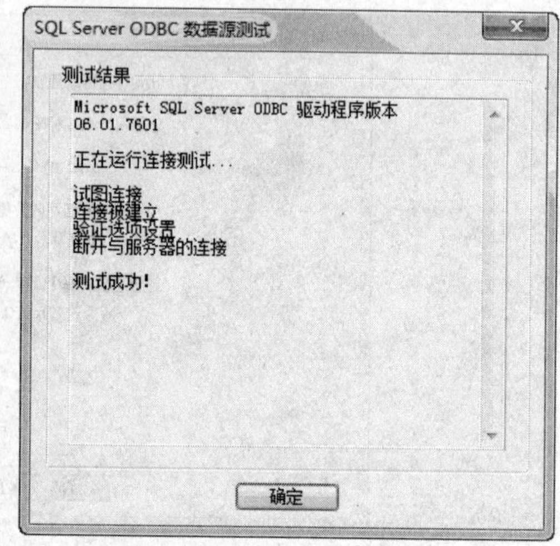

图 8－12　数据源连接成功

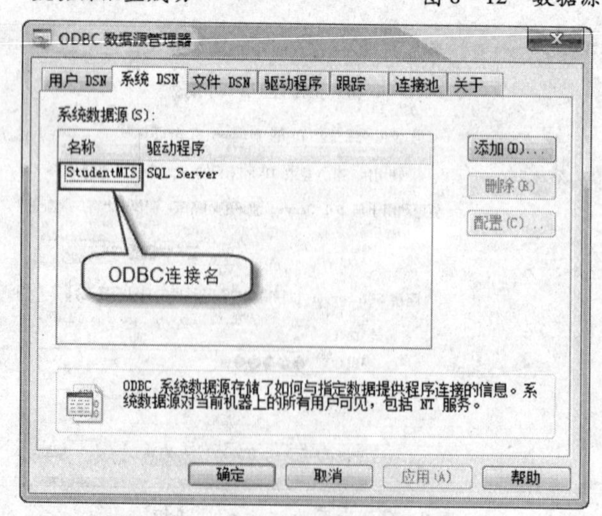

图 8－13　添加新数据源后的“ODBC 数据源管理器”对话框

2）访问数据库

建立好数据源后，就可以通过 JDBC-ODBC 桥驱动程序访问 Microsoft SQL Server 2008 数据库。下面的应用程序 ODBCDemo. java 在控制台输出“StudentDB 连接成功”的信息。

```
import java.sql.*;
public class ODBCDemo{
    private String dbURL = "jdbc:odbc:StudentMIS";          //数据库标识名
    private String user = "sa";                             //数据库用户
    private String password = "123123";                     //数据库用户密码
    public ODBCDemo(){
    try    {
        Class.forName("sun.jdbc.odbc.JdbcOdbcDriver"); //装载数据库驱动
                                                        //得到连接
        Connection con = DriverManager.getConnection(dbURL,user,password);
        System.out.println(con.getCatalog());           //打印当前数据库目录名称
        System.out.println("连接成功");
        con.close();                                    //关闭连接
        }
        catch  (Exception ex)    {
            ex.printStackTrace();                       //输出出错信息
        }
    }
    public static void main(String args[]){
        new ODBCDemo();
    }
}
```

8.5.2 使用 JDBC 直接访问 Microsoft SQL Server 2008 数据库

使用 JDBC 直接访问 Microsoft SQL Server 2008 数据库，无需建立数据源，但 Java 连接 Microsoft SQL Server 2008 与 Microsoft SQL Server 2000 有很大的不同，在连接数据库前，需要先启动“配置工具”下面的“SQL Server 配置管理器”，如图 8－14 所示。Microsoft SQL Server 2000 的默认端口是 1433，所以只要开启端口就能连得上，但 Microsoft SQL Server 2008 的端口是动态的，需要将“IP ALL 的 TCP 动态端口”改为 1433，因为大部分人习惯用默认的 1433，在“IP2 已启用”选择“是”，点击“确定”按钮。用同样的方法，开启客户端的 TCP/IP，端口也为 1443，如图 8－15 所示。

然后在 DOS 命令中输入 telnet 127.0.0.1 1433，如果结果只有一个光标在闪动，那么说明 127.0.0.1 1433 端口已经打开。如果出现连接主机端口 1433 没打开，就需要换端口。

仍然使用 StudentDB 数据库及其 student 表，访问代码如下（JDBCDemo. java）。

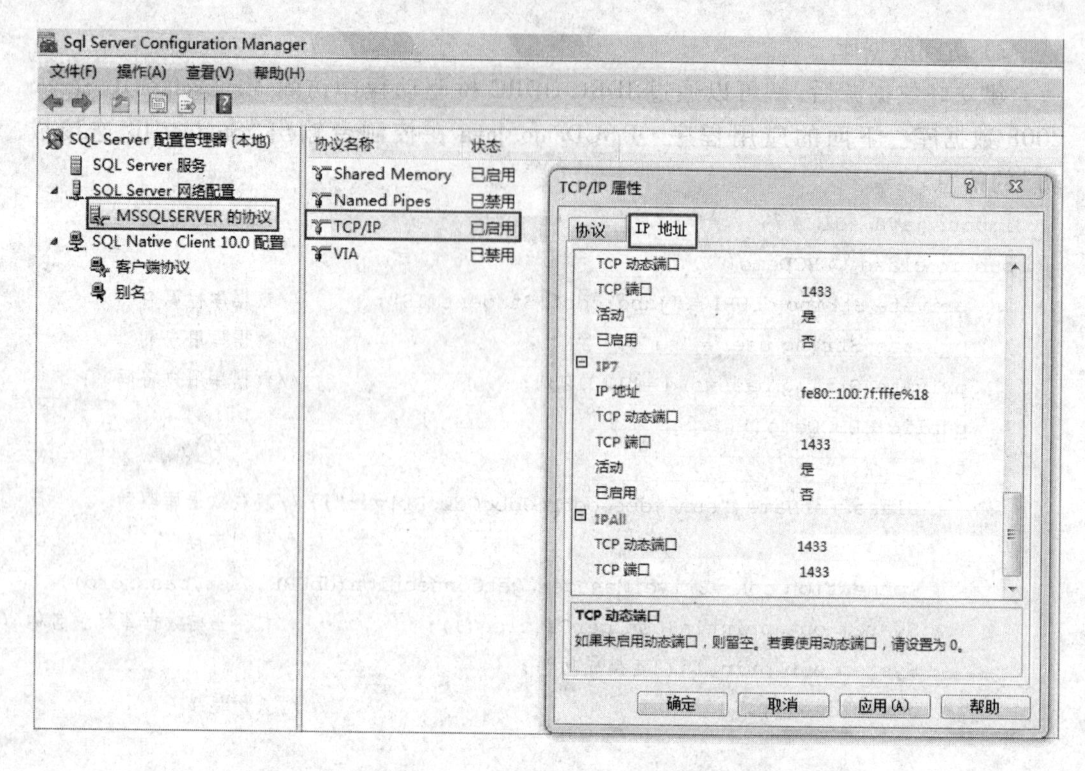

图 8－14　SQL Server 配置管理器之"IP ALL 的 TCP 动态端口"

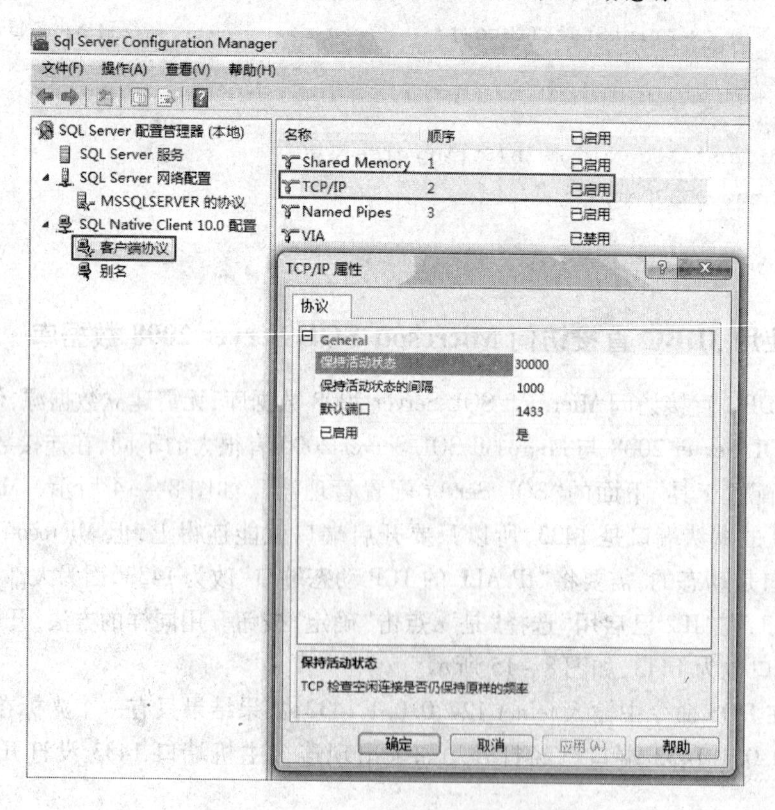

图 8－15　SQL Server 配置管理器之"客户端的 TCP/IP"

```
import java.sql.*;
import java.awt.*;
import javax.swing.*;
import javax.swing.table.*;
public class JDBCDemo extends JFrame{
                                                                    //数据库标识名
    private String dbURL =
    "jdbc:sqlserver://127.0.0.1:1433;databaseName = StudentDB";
    private String user = "sa";                                      //数据库用户
    private String password = "123123";                              //数据库用户密码
    private JTable table;
    public JDBCDemo(){
        super("显示学生数据库查询结果");                              //调用父类构造函数
        String[]columnNames = {"姓名","出生日期","性别","地址"};    //列标题名
        Object[][] rowData = new Object[5][4];                       //表格数据
        try
        {                                                            //装载数据库驱动
        Class.forName("com.microsoft.sqlserver.jdbc.SQLServerDriver");
                                                                     //获取连接
        Connection con = DriverManager.getConnection(dbURL,user,password);
        Statement stmt = con.createStatement();                      //创建Statement 对象
        String sqlStr = "select top 5 * from student";               //查询语句
        ResultSet rs = stmt.executeQuery(sqlStr);                    //执行查询
        int count =0;
        while (rs.next()){                                           //遍历查询结果
            rowData[count][0] = rs.getString("name");                //初始化数组内容
            rowData[count][1] = rs.getDate("birthday").toString();
            rowData[count][2] = rs.getString("sex");
            rowData[count][3] = rs.getString("address");
            count + +;
        }
        rs.close();
        stmt.close();
        con.close();                                                 //关闭连接
        }
        catch(Exception ex){
            ex.printStackTrace();                                    //输出出错信息
        }
        Container container = getContentPane();                      //获取窗口容器
        table = new JTable(rowData,columnNames);                     //实例化表格
        table.getColumn("出生日期").setMaxWidth(80);                 //设置行宽
                                                                     //增加组件
        container.add(new JScrollPane(table),BorderLayout.CENTER);
```

```
        setSize(300,200);                                    //设置窗口尺寸
        setVisible(true);                                    //设置窗口可视
        setDefaultCloseOperation(JFrame.EXIT_ON_CLOSE);      //关闭窗口时退出程序
    }

    public static void main(String[] args){
        new JDBCDemo();
    }
}
```

执行成功后,输出结果如图 8-16 所示。

显示学生数据库查询结果

姓名	出生日期	性别	地址
张清山	1990-01-01	男	山西省太原市
王丽	1992-05-05	女	北京市海淀区
林琳	1991-05-08	女	山东省东营市
陈艳南	1991-08-09	女	内蒙古呼和浩特市
李江	1992-02-05	男	河北省石家庄市

图 8-16　查询结果

8.5.3　数据库添加、修改和删除

在 Java 程序中,可以使用 Insert 语句向数据库表插入数据,使用 Update 语句修改数据,使用 Delete 语句删除数据,主要用到的是 Statement 对象,对 SQL 语句执行主要使用方法 executeUpdate(String sql),返回值为 int 类型,表示数据库中执行相应操作影响的行数。为了减少篇幅,下面将 3 种操作放在一个文件中进行介绍,实际中应该分开 3 个文件进行操作。同时,本节中一些字段值直接给出,主要为了说明 SQL 语句的使用,实际应用中是通过友好的人机接口让用户输入,请参考 Java 数据库编程的相关书籍。

```
import java.sql.*;
public class UpdateDemo {
    private String dbURL =
    "jdbc:sqlserver://127.0.0.1:1433;databaseName = StudentDB";
    private String user = "sa";                  //数据库用户
    private String password = "123123";          //数据库用户密码
    public UpdateDemo() {
        try    {
        Class.forName("com.microsoft.sqlserver.jdbc.SQLServerDriver");
        Connection con = DriverManager.getConnection(dbURL,user,password);
        PreparedStatement ps = null;        //定义 PreparedStatement 对象
                                            //添加数据的语句示例 1,直接构造 SQL 语句
        String sql1 = "insert into student(name,birthday,sex,address) values";
        sql1 = sql1 + "('王平','1980-8-8','男','北京市王府井大街 1 号')";
        ps = con.prepareStatement(sql1); //获取 PreparedStatement 对象
        ps.executeUpdate();
```

```
    //添加数据的语句示例2,带参数的SQL语句
    String sql2 = " insert into student ( name, birthday, sex, address )
    values(?,?,?,?)";
    ps = con.prepareStatement(sql2); //获取PreparedStatement对象
    ps.setString(1, "王美丽");
    ps.setDate(2, Date.valueOf("1990 -5 -15"));
    ps.setString(3, "女");
    ps.setString(4, "辽宁省铁岭市");
    ps.executeUpdate();
    //删除数据的语句
    String sql3 = "delete from student where id = ?";
    ps = con.prepareStatement(sql3); //获取PreparedStatement对象
    ps.setInt(1, 5);                 //删除编号为5的学生
    ps.executeUpdate();
    //修改数据的语句示例,可以直接构造SQL语句,下面介绍带参数的SQL语句
    String sql4 = " update student set name = ?, birthday = ?, sex = ? where
    id = ?";
    ps = con.prepareStatement(sql4); //获取PreparedStatement对象
    ps.setString(1,"张华");
    ps.setDate(2,Date.valueOf("1991 -6 -19"));
    ps.setString(3,"男");
    ps.setInt(1,4);                  //修改编号为4的学生
    ps.executeUpdate();
    ps.close();
    con.close();                     //关闭连接
    }
    catch(Exception ex){
        ex.printStackTrace();        //输出出错信息
    }
}}
```

8.6 可滚动和可更新的ResultSet

前面介绍了数据库的操作,所返回的ResultSet对象只能对单向游标移动操作和获取列的数据进行操作。本节将介绍可滚动和可更新的结果集。可滚动的ResultSet是指在结果集对象上不但可以向前访问结果集中的记录,还可以向后访问结果集中的记录。可更新的ResultSet是指不但可以访问结果集中的记录,还可以更新结果集对象。

8.6.1 可滚动的ResultSet

(1) 要使用可滚动的ResultSet对象,必须使用Connection对象的带参数的create-Statement( )方法创建的Statement,然后在该对象上创建的结果集才是可滚动的,该方法

的格式如下：

```
public Statement createStatement(int resultType, int concurrency)
```

如果这个 Statement 对象用于查询，那么这 2 个参数决定 executeQuery( )方法返回的 ResultSet 是否是一个可滚动、可更新的 ResultSet。

参数 resultType 的取值应为 ResultSet 接口中定义的下面常量：

① ResultSet. TYPE_SCROLL_SENSITIVE；

② ResultSet. TYPE_SCROLL_INSENSITIVE；

③ ResultSet. TYPE_FORWARD_ONLY。

前 2 个常量用于创建可滚动的 ResultSet。如果使用 TYPE_SCROLL_SENSITIVE 常量，当数据库发生改变时，这些变化对结果集是敏感的，即数据库变化对结果集可见；如果使用 TYPE_SCROLL_INSENSITIVE 常量，当数据库发生改变时，这些变化对结果集是不敏感的，即这些变化对结果集不可见。使用 TYPE_FORWARD_ONLY 常量将创建一个不可滚动的结果集。

（2）对可滚动的结果集，ResultSet 接口提供了下面的移动游标的方法：

① public boolean previous( ) throws SQLException：游标向前移动一行，如果存在合法的行返回 true；否则，返回 false。

② public boolean first( ) throws SQLException：移动游标使其指向第 1 行。

③ public boolean last( ) throws SQLException：移动游标使其指向最后一行。

④ public boolean absolute(int rows) throws SQLException：移动游标使其指向指定的行。

⑤ public boolean relative(int rows) throws SQLException：以当前行为基准相对游标的指针，rows 为向后或向前一个的行数。rows 若为正值是向前移动，若为负值为向后移动。

⑥ public boolean isFirst( ) throws SQLException：返回游标是否指向第 1 行。

⑦ public boolean isLast( ) throws SQLException：返回游标是否指向最后 1 行。

8.6.2 可更新的 ResultSet

在使用 Connection 的 createStatement(int , int)创建 Statement 对象时，指定第 2 个参数的值决定是否创建可更新的结果集，该参数也使用 ResultSet 接口中定义的常量，如下所示：

（1）ResultSet. CONCUR_READ_ONLY；

（2）ResultSet. CONCUR_UPDATABLE。

使用第 1 个常量创建只读的 ResultSet 对象，不能通过它更新表。使用第 2 个常量则创建可更新的 ResultSet 对象。例如，下面语句创建的 rst 对象就是可滚动和可更新的结果集对象：

```
Statement stmt = conn.createStatement(ResultSet.TYPE_SCROLL_SENSITIVE,
                     ResultSet.CONCUR_UPDATABLE);
ResultSet rst = stmt.executeQuery("SELECT * FROM books");
```

得到可更新的 ResultSet 对象后，就可以调用适当的 updateX( )方法更新当前行指定的列值。对于每种数据类型，ResultSet 都定义了相应的 updateX( )方法，例如：

（1）public void updateInt(int columnIndex,int x)：用指定的整数 x 的值更新当前行指定的列的值，其中 columnIndex 为列的序号。

（2）public void updateInt(String columnName,int x)：用指定的整数 x 的值更新当前行指定的列的值，其中 columnName 为列名。

（3）public void updateString(int columnIndex, String x)：用指定的字符串 x 的值更新当前行指定的列的值，其中 columnIndex 为列的序号。

（4）public void updateString(String columnName,String x)：用指定的字符串 x 的值更新当前行指定的列的值，其中 columnName 为列名。

每个 updateX()方法都有 2 个重载的版本：一个是第 1 个参数是 int 类型的，用来指定更新的列号；另一个是第 1 个参数是 String 类型的，用来指定更新的列名。第 2 个参数的类型与要更新的列的类型一致。有关其他方法请参考 Java API 文档。

下面是通过可更新的 ResultSet 对象更新表的方法：

（1）public void updateRow() throws SQLException：执行该方后，将用当前行的新内容更新结果集，同时更新数据库。

（2）public void cancelRowUpdate() throws SQLException：取消对结果集当前行的更新。

（3）public void moveToInsertRow() throws SQLException：将游标移到插入行。它实际上是一个新行的缓冲区。当游标处于插入行时，调用 updateX()方法用相应的数据修改每列的值。

（4）public void insertRow() throws SQLException：将当前新行插入到数据库中。

（5）public void deleteRow() throws SQLException：从结果集中删除当前行，同时从数据库中将该行删除。

当使用 updateX()方法更新了当前行的所有列之后，调用 updateRow()方法把更新写入表中。调用 deleteRow()方法从一个表或 ResultSet 中删除一行数据。

要插入一行数据首先应该使用 moveToInsertRow()方法将游标移到插入行，当游标处于插入行时，调用 updateX()方法用相应的数据修改每列的值，最后调用 insertRow()方法将新行插入到数据库中。在调用 insertRow()方法之前，该行所有的列都必须给定一个值。调用 insertRow()方法之后，游标仍位于插入行。这时，可以插入另外一行数据，或者移回到刚才 ResultSet 记住的位置（当前行位置）。通过调用 moveToCurrentRow()方法返回到当前行。也可以在调用 insertRow()方法之前通过调用 moveToCurrentRow()方法取消插入。

下面代码说明了如何在 student 表中修改一个学生的信息：

```
Statement stmt = conn.createStatement(ResultSet.TYPE_SCROLL_SENSITIVE,
          ResultSet.CONCUR_UPDATABLE);
String sql ="SELECT id, name FROM person WHERE id =1";
ResultSet rs = stmt.executeQuery(sql);
rs.next();
rs.updateString(2,"赵宏");
rs.updateRow(); // 更新当前行
```

8.7 小 结

本章详细介绍了如何使用目前比较流行的编程语言 Java 和 Microsoft SQL Server 2008 开发 C/S 体系结构的学生管理系统。首先介绍了 Java 数据库编程的基础知识,着重介绍了如何领用 JDBC 进行数据库开发;然后以一个典型的学生管理系统为例介绍开发数据库系统的步骤和方法。本章只是介绍了 Java 与数据库的连接及其开发框架,在此基础上,读者可以进一步完善和优化提供的例程。

附录A　实验指导

实验1　Microsoft SQL Server 2008 管理工具的使用

一、实验目的

1. 掌握 Microsoft SQL Server 2008 的启动及注册。
2. 掌握 Microsoft SQL Server Management Studio 中"对象资源管理器"的使用方法。
3. 掌握 Microsoft SQL Server Management Studio 中"查询分析器"的使用方法。
4. 了解数据库及其对象。

二、实验内容

1. 了解 Microsoft SQL Server 2008 支持的身份验证模式。
2. 了解 Microsoft SQL Server Management Studio 的启动。
3. 了解 Microsoft SQL Server Management Studio 中"对象资源管理器"目录树的结构。
4. 了解在"查询分析器"中执行 SQL 语句的方法。
5. 基本了解数据库、表及其他数据库对象。

三、实验步骤

1. 启动 Microsoft SQL Server Management Studio。

Microsoft SQL Server 2008 提供了比以前版本更加丰富的工具，用以设计、开发、部署和管理数据库。其中 Microsoft SQL Server Management Studio 是 Microsoft SQL Server 2008 中最重要的管理工具，集数据库开发、管理、分析多种功能于一体，其启动过程如图 A－1 所示。

图 A－1　Microsoft SQL Server 2008 的启动

操作步骤如下：

单击"开始"，选择"程序"，选择"Microsoft SQL Server 2008"，单击"SQL Server Management Studio"，打开"连接到服务器"对话框（即 Microsoft SQL Server 2008 登录对话框），如图 A－2 所示。

在打开的"连接到服务器"对话框中使用系统默认设置连接服务器，输入密码，单击"连接"按钮，完成与本地服务器的连接，系统显示"Microsoft SQL Server Management Studio"对话框（即 Microsoft SQL Server 2008 管理界面），如图 A－3 所示。

在"Microsoft SQL Server Management Studio"对话框中，左边是"对象资源管理器"，它以目录树的形式组织对象。右边是操作界面，如"查询分析器"窗口、"结果显示"窗口等都在此显示。

图 A－2　Microsoft SQL Server 2008 登录对话框

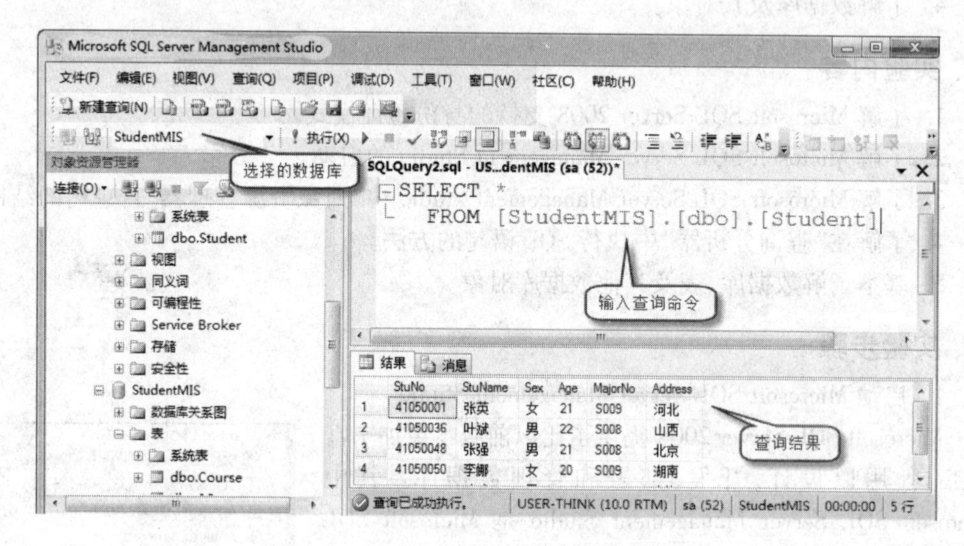

图 A－3　Microsoft SQL Server 2008 管理界面

2. 了解系统数据库和数据库的对象。

在 Microsoft SQL Server 2008 安装后，系统生成了 master、model、msdb、resource 和 tempdb 5 个数据库。

在“对象资源管理器”中单击“系统数据库”，下边显示 5 个系统数据库。选择系统数据库“master”，观察 Microsoft SQL Server 2008 对象资源管理器中数据库对象的组织方式。其中，表、视图在“数据库”结点下，存储过程、触发器、函数、类型、默认值、规则等在“可编程性”中，用户、角色、架构等在“安全性”中。

3. 尝试不同数据库对象的操作方法。

4. 认识表的结构。

选择某个表，然后单击鼠标右键，从弹出的快捷菜单中选择“设计”，然后即可查看表的具体构成，包括列名、数据类型、允许 NULL 值等。

5. “查询分析器”的使用。

在“Microsoft SQL Server Management Studio”对话框中单击“新建查询”按钮,在“对象资源管理器”的右边就会出现“查询分析器”窗口,如图 A-4 所示,在该窗口中输入下列命令:

```
USE msdb
SELECT * FROM MSdbms
GO
```

单击“! 执行”按钮,命令执行结果如图 A-4 所示。

如果在“Microsoft SQL Server Management Studio”面板上的可用数据库下拉列表框中选择当前数据库为“msdb”,则 USE msdb 命令可以省略。

使用 USE 命令选择当前数据库为 StudentMIS 的语句如下:

```
USE StudentMIS
```

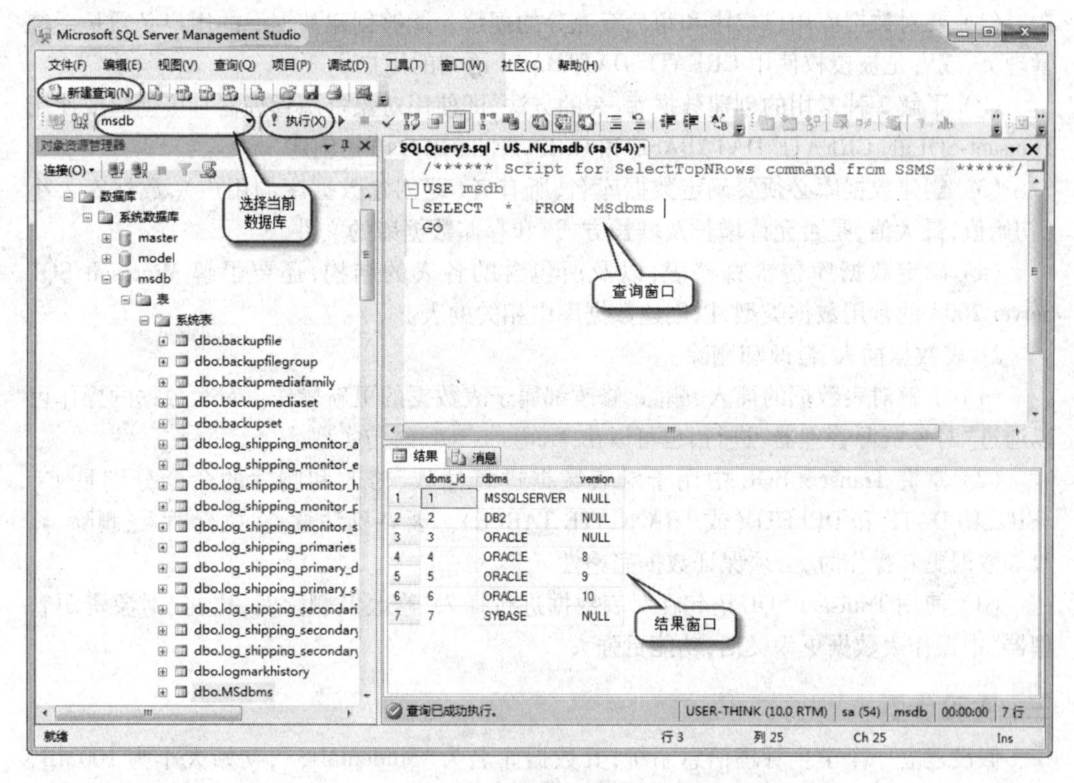

图 A-4 查询命令和执行结果

实验 2 数据库和表的创建及维护

一、实验目的

1. 了解 Microsoft SQL Server 2008 数据库的逻辑结构和物理结构。

2. 熟练掌握在 Microsoft SQL Server 2008 环境下建立数据库、修改数据库和删除数据库。

3. 熟练掌握在 Microsoft SQL Server 2008 环境下建立和修改数据表并向表中插入数据,操作的同时理解数据库、数据表、属性、关键字等关系数据库中的基本概念。

4. 掌握在 Microsoft SQL Server 2008 的“对象资源管理器”中对数据表中的数据进行更新操作。

5. 了解各种约束的作用，了解 Microsoft SQL Server 2008 的常用数据类型。

6. 掌握使用 Transact-SQL 语句创建数据库和表。

7. 掌握 Transact-SQL 中用于对表数据进行插入（INSERT）、修改（UPDATE）和删除（DELETE 或 TRANCATE TABLE）命令的用法。

8. 熟悉使用 Microsoft SQL Server 2008 的“对象资源管理器”进行分离数据库、附加数据库、备份数据库和还原数据库等操作。

二、实验内容

1. 创建数据库：

（1）要对数据库用户权限和角色有充分的理解。能够创建数据库的用户必须是系统管理员，或者是被授权使用 CREATE DATABASE 语句的用户。

（2）了解 2 种常用的创建数据库、表的方法，即使用对象资源管理器直接创建或使用 Transact-SQL 的 CREATE DATABASE 和 CREATE TABLE 语句创建。

（3）创建数据库必须要确定数据库名、所有者（即创建数据库的用户）、数据库大小（初始值，最大值，是否允许增长及增长方式）和存储数据库的文件。

（4）确定数据库包含哪些表，以及所包含的各表的结构，还要了解 Microsoft SQL Server 2008 的常用数据类型，以创建数据库中相关的表。

2. 表数据插入、修改和删除：

（1）了解对表数据的插入、删除、修改都属于表数据的更新操作。对表数据的操作可以通过“对象资源管理器”进行，也可以由 Transact-SQL 语句实现。

（2）掌握 Transact-SQL 中用于对表数据进行插入、修改和删除的命令分别是 INSERT、UPDATE 和 DELETE（或 TRANCATE TABLE）。要特别注意，在执行插入、删除、修改等数据更新操作时，必须保证数据完整性。

（3）使用 Transact-SQL 语句在对表数据进行插入、修改及删除时，比在“对象资源管理器”中操作表数据更为灵活，功能更强大。

三、实验步骤

假设建立一个学生管理信息系统，其数据库名为“StudentMIS”，初始大小为 100MB，最大为 1GB，数据库按 10% 比例自动增长；日志文件初始为 10MB，按 5MB 增长，最大可增长到 50MB（默认为不限制）。数据库的逻辑文件名和物理文件名均采用默认值，分别为 StudentMIS 和 C：\Program Files\Microsoft SQL Server\MSSQL10. MSSQLSERVER\MSSQL\DATA\StudentMIS. mdf；事务日志的逻辑文件名和物理文件名也均采用默认值，分别为 StudentMIS_log 和 C：\Program Files\Microsoft SQL Server\MSSQL10. MSSQLSERVER\MSSQL\DATA\StudentMIS. ldf。数据库 StudentMIS 包含下列 3 个表。

（1）学生信息表：表名为 Student，描述学生相关信息。

（2）课程表：表名为 Course，描述课程相关信息。

（3）学习成绩表：表名为 SC，描述学习成绩相关信息。

各表的结构分别如表 A－1 至表 A－3 所示。

表 A-1　学生信息表(Student)的结构

序号	. 字段说明	字段名称	数据类型	必填项	主键	备 注
1	学号	StuNo	char(8)	Y	Y	
2	姓名	StuName	nvarchar(64)	Y		
3	性别	Sex	nvarchar(4)	Y		
4	出身日期	Birthday	date			
5	专业编号	MajorNo	nvarchar(4)			
6	籍贯	Address	nvarchar(256)			
7	入学时间	EnTime	date			

表 A-2　课程表(Course)的结构

序号	字段说明	字段名称	数据类型	必填项	主键	备 注
1	课程号	CNo	char(6)	Y	Y	
2	课程名	CName	nvarchar(64)	Y		
3	学分	Credit	int			缺省值 2
4	学时数	ClassHour	int			缺省值 32

表 A-3　学习成绩表(SC)的结构

序号	字段说明	字段名称	数据类型	必填项	主键	备 注
1	学号	StuNo	char(8)	Y	Y	
2	课程号	CNo	char(6)	Y	Y	
3	成绩	Score	decimal(18, 2)			

1. 在 Microsoft SQL Server 2008 的“对象资源管理器”中创建 StudentMIS 数据库。

使用系统管理员用户以 SQL Server 身份验证方式登录 SQL Server 服务器，在“对象资源管理器”窗口中选择其中的“数据库”结点，右击鼠标，在弹出的快捷菜单中选择“新建数据库”菜单项，打开“新建数据库”窗口。

在“新建数据库”窗口的“常规”选项卡中输入数据库名“StudentMIS”，所有者为默认值。在“数据库文件”下方的列表栏中，分别设置“数据文件”、“日志文件”的增长方式和增长比例。设置完成后单击“确定”按钮完成数据库的创建。

2. 在“对象资源管理器”中删除 StudentMIS 数据库。

在“对象资源管理器”中选择数据库 StudentMIS，右击鼠标，在弹出的快捷菜单中选择“删除”菜单项。在打开的“删除对象”窗口中单击“确定”按钮，执行删除操作。

3. 使用 Transact-SQL 语句创建数据库 StudentMIS。

在“查询分析器”窗口中输入如下语句：

```
CREATE DATABASE StudentMIS
ON
(NAME = StudentMIS,
```

```
FILENAME ='C:\Program Files\Microsoft SQL Server\MSSQL10.MSSQLSERVER\MSSQL\DATA\StudentMIS.mdf ', SIZE =100MB, MAXSIZE =1GB, FILEGROWTH =10% )
LOG ON
(NAME = StudentMIS _Log',
FILENAME =' C:\Program Files\Microsoft SQL Server\MSSQL10.MSSQLSERVER\MSSQL \DATA\ StudentMIS.ldf ', SIZE =10MB, MAXSIZE =50MB, FILEGROWTH =5MB
)
GO
```

单击工具栏上的"！执行"按钮，执行上述语句，并在"对象资源管理器"窗口中查看执行结果。如果"数据库"列表中未列出 StudentMIS 数据库，则右击"数据库"，选择"刷新"选项。

4. 使用"对象资源管理器"创建和删除表 Student、Course 和 SC。

在"对象资源管理器"中展开数据库 StudentMIS→选择"表"，右击鼠标，在弹出的快捷菜单中选择"新建表"菜单项→在"表设计"窗口中输入 Student 表的各字段信息→单击工具栏中的"保存"按钮→在弹出的"保存"对话框中输入表名 Student，单击"确定"按钮即创建了表 Student。按同样的操作过程创建表 Course 和 SC。

在"对象资源管理器"中展开数据库 StudentMIS，选择 StudentMIS 中的"表"结点，右击其中的 dbo. Student 表，在弹出的快捷菜单中选择"删除"菜单项，打开"删除对象"窗口。在"删除对象"窗口中单击"显示依赖关系"按钮，打开"Student 依赖关系"窗口。在该窗口中确认表 Student 确实可以删除之后，单击"确定"按钮，返回"删除对象"窗口。在"删除对象"窗口单击"确定"按钮，完成表 Student 表的删除。按同样的操作过程删除表 Course 和 SC。具体操作方法参见第 4 章。

5. 使用 Transact-SQL 语句创建表 Student、Course 和 SC。

在"查询分析器"窗口中输入以下 Transact-SQL 语句：

```
USE StudentMIS
CREATE TABLE Student
(    StuNo char(8) NOT NULL PRIMARY KEY,
    StuName nvarchar(64) NOT NULL,
    Sex nvarchar(4) DEFAULT '男',
    Birthday    date NULL,
    MajorNo    nvarchar(4)  NULL ,
    address nvarchar(256) NULL,
    EnTime    date NULL
)
GO
```

单击快捷工具栏的"！执行"图标，执行上述语句，即可创建表 Student。

按同样的操作过程请读者自己创建表 Course 和 SC，但注意主键的定义方法。

6. 使用"对象资源管理器"和 Transact-SQL 语句分别为表 Student、Course 和 SC 各输入 10 条数据。

在"对象资源管理器"中展开"数据库 StudentMIS"结点，选择要进行操作的表 Student，右击鼠标，在弹出的快捷菜单上选择"编辑前 200 行"菜单项，进入"表数据窗口”。在此窗口中,表中的记录按行显示,每条记录占用一行。用户可通过“表数据窗口”向表中加入 10 条记录,输完一行记录后将光标移到下一行即保存了上一行记录。注意输入的数据要符合字段的数据类型,且两条记录的主键不能重复。

同时实验使用“对象资源管理器”修改和删除数据。

重点掌握使用 Transact-SQL 语句中的 Insert 语句、Update 语句和 Delete 语句完成数据的增加修改和删除操作,参见第 4 章的相关内容。

7. 使用 Microsoft SQL Server 2008 的“对象资源管理器”进行分离数据库、附加数据库、备份数据库和还原数据库等操作。

四、实验报告要求

完成实验报告,写出实验的操作过程和使用的 Transact-SQL 语句,实验步骤及结果,实验中的问题及解决方案。

实验 3　数据库查询

一、实验目的

1. 掌握 SELECT 语句的基本语法和查询条件表示方法。
2. 掌握连接查询的表示。
3. 掌握子查询和嵌套查询的表示。
4. 掌握 SELECT 语句的统计函数(AVG、SUM、MAX、MIN、COUNT)的使用方法。
5. 掌握 SELECT 语句的 GROUPBY 和 ORDERBY 子句的作用和使用方法。
6. 熟悉视图的概念和作用,掌握视图的创建、查询和修改方法。

二、实验内容

1. 使用 Transact-SQL 语言实现复杂查询。
2. 使用 Transact-SQL 语言定义视图。

三、实验步骤

1. 在学生管理信息系统数据库 StudentMIS 中,根据自己在实验 2 的数据库里增加的数据,使用 Microsoft SQL Server 2008 中的“查询分析器”输入 Transact-SQL 查询语句,实现以下数据查询操作:

(1) 查询选修了某一课程(如“数据库技术”)的学生学号和姓名;

(2) 查询某一课程的成绩高于某个学生(如张三)的学生的学号和成绩;

(3) 查询某一专业中比另一专业某一学生年龄小的学生;

(4) 查询没有选修某一课程的学生姓名;

(5) 查询所有被学生选修了的课程号;

(6) 查询选修某一课程的人数;

(7) 查询某一专业女学生的姓名、出生日期以及籍贯;

(8) 查询所有姓李的学生的个人信息;

(9) 查询课程名为“数据库技术”的平均成绩、最高分和最低分;

（10）查询成绩为空的学生姓名；

（11）查询所有与学生“张三”有相同选修课程的学生信息；

（12）查询年龄介于18岁～22岁之间的学生信息；

（13）查询选修了某一课程的学生学号及其成绩，并按成绩降序排列；

（14）查询全体学生信息，要求查询结构按专业号升序排列，同一专业学生按年龄降序排列；

（15）查询选修了3门以上课程的学生的学号和姓名；

（16）统计每个学生选修课程的门数；

（17）查询年龄大于男学生平均年龄的女学生姓名和年龄。

2. 在学生管理信息系统数据库StudentMIS中，使用Microsoft SQL Server 2008中的“查询分析器”的Transact-SQL命令定义如下视图：

（1）建立某一专业（例如：通信工程专业）的学生视图；

（2）由学生、课程和成绩3个表，定义某一专业（如通信工程专业）的学生成绩视图，其属性包括学号、姓名、课程名、课程名和成绩；

（3）查看以上定义的2个视图，并删除该视图。

四、实验报告要求

完成实验报告，写出实验过程中使用的Transact-SQL语句，实验步骤及结果，实验中的问题及解决方案。

五、思考题

1. 使用存在量词EXISTS的嵌套查询时，何时外层查询的WHERE条件为真，何时为假。

2. 什么情况下需要使用关系别名？别名的作用范围是什么？

3. 用UNION或UNION ALL将两个SELECT命令结合为一个时，结果有何不同？

4. 当既能用连接词查询又能用嵌套查询时，应该选择哪种查询较好？为什么？

5. 库函数能否直接使用在：SELECT选取目标、HAVING子句、WHERE子句、GROUP BY列名中？

6. 视图如何使用？

实验4　Microsoft SQL Server 2008的安全性管理

一、实验目的

1. 熟悉Microsoft SQL Server 2008对数据访问进行安全性控制的策略和技术。

2. 熟悉有关用户、角色及操作权限等概念。

3. 掌握数据控制中授权和回收权限的概念和操作方法。

4. 掌握使用Transact-SQL进行自主存取控制的方法。

5. 熟悉视图机制在自主存取控制中的应用。

二、实验内容

1. 使用 Transact-SQL 对数据进行自主存取控制，包括创建用户、用户授权、创建角色、给角色授权、权限收回、授权/收回权限级联。

2. 对用户权限操作完成后看看已授权的用户是否真正具有授予的数据操作的权力；权力收回操作之后的用户是否确实丧失了收回的数据操作的权力。

3. 以下操作都在实验 2 中所建立的数据库“StudentMIS”上进行。

三、实验步骤

1. 在服务器级别上创建 3 个以 SQL Server 身份验证的登录名，登录名称自定。

2. 创建用户：分别为 3 个登录名在“StudentMIS”数据库映射 3 个数据库用户，数据库用户名为 Tom、Mary 和 John，使这 3 个登录名可以访问“StudentMIS”数据库。

3. 用户授权：给数据库用户 Tom、Mary 和 John 赋予不同的权限，然后查看是否真正拥有被授予的权限。

4. 收回权限：将上面授予的权限部分收回，检查收回后该用户是否真正失去相应的操作权限。

5. 使用“对象资源管理器”管理数据库角色：包括创建角色、给角色授权，通过角色来实现将一组权限授予一个用户。

6. 2 个同学为 1 组（自由搭配），在自己的数据库服务器上分别为对方创建一个登录名，并授予一定权力，然后用对方为自己创建的登录名和对方的数据库服务器建立连接，进行登录，对对方的数据库服务器进行操作。试试看不同的权限能进行的操作是否相同。

四、实验报告要求

按照上述实验步骤完成实验报告，写出实验过程中具体的操作、实验步骤及结果，实验中的问题及解决方案。

实验 5　数据库系统开发（综合设计型实验）

一、实验目的

1. 掌握数据库的基本原理，理解关系数据库的设计方法，设计一个数据库应用系统，培养学生对所学知识的综合运用的能力。

2. 掌握用 Java 语言开发平台 Eclipse 作为开发工具，Microsoft SQL Server 2008 作为后台数据库进行数据库应用系统的开发步骤，实现增加、修改、删除和查询等功能，培养学生的动手实践能力。

二、实验内容

用 Microsoft SQL Server 2008 实现一个你较熟悉的管理信息系统（如教学管理系统、

销售管理系统、图书管理系统)的数据库设计和应用。完成以下5项内容:

1. 数据库设计:系统分析、概念设计、逻辑设计、物理设计。

2. 设计E-R图。

3. 设计系统的关系数据模型。

4. 建立数据库和数据库中的各种对象。

5. 使用Java语言实现该管理信息系统的增加、修改、删除和查询等功能。

三、实验步骤

用Microsoft SQL Server 2008实现一个管理信息系统的数据库设计和应用。

1. 需求分析。要求全面描述系统的信息要求和处理要求。

2. 数据库的概念设计、逻辑设计与物理设计。要求画出系统的E-R图。

3. 数据库和数据表的创建。将E-R图转化为关系模式,并对关系模式进行规范化处理。

(1) 详细描述系统需要的基本表及属性;

(2) 说明基本表的关键字、外关键字及被参照关系;

(3) 说明基本表中数据的约束条件;

(4) 图示各基本表间的关系。

4. 数据查询。要求掌握简单查询和条件查询;掌握连接查询、嵌套查询的用法,完成实验报告,写出实验过程中使用的SQL语句。

5. 数据库对象的设计。

(1) 设计数据表若干。

(2) 设计2个视图。

6. 使用Java语言实现该管理信息系统。创建和配置数据源,完成编码工作。

四、实验报告要求

编写设计说明书,内容如下:

1. 题目(管理信息系统名称);

2. 管理信息系统功能描述;

3. E-R图;

4. 关系模型;

5. 数据库所含数据表名称及结构,参考实验2的表格格式;

6. 设计3个~5个查询分别用条件查询、连接查询、嵌套查询,写出查询使用的SQL语句;

7. 数据库表和视图的设计,描述功能及SQL语句脚本;

8. 系统结果展示及主要源代码。

五、思考题

1. 数据库设计过程包括哪几部分?

2. 如何将概念模型转化为数据模型?

附录B　实验报告模板

×××大学实验报告

课　　程:数据库技术与应用________　实验名称:________

系　　别:________　实验日期:________

专业班级:________　提交日期:________

学　　号:________　姓　　名:________

教师审批签字:________

一、实验环境:

二、实验内容与完成情况:

三、回答每个实验的思考题:

四、解决方案(列出遇到的问题和解决办法,列出没有解决的问题):

参考文献

[1] 廖瑞华. 数据库原理与应用. 北京:机械工业出版社, 2010.
[2] 马建红, 李占波. 数据库原理及应用(SQL Server 2008). 北京:清华大学出版社, 2011.
[3] 萨师煊,王珊. 数据库系统概论.第4版. 北京:高等教育出版社, 2006.
[4] 王珊. 数据库系统概论.第4版.——学习指导与习题解析. 北京:高等教育出版社, 2008.
[5] 王永乐,徐书欣. SQL Server 2008 数据库管理及应用. 北京:清华大学出版社, 2011.
[6] 钱雪忠,李京. 数据库原理及应用.第3版. 北京:北京邮电大学出版社,2010年.
[7] 黄德才. 数据库原理及其应用教程.第3版. 北京:科学出版社, 2010.
[8] 陆桂明. 数据库技术及应用. 北京:机械工业出版社, 2008.
[9] 李红. 数据库原理与应用.第2版. 北京:高等教育出版社, 2007.
[10] 李俊山,罗蓉,叶霞.数据库原理及应用(SQL Server 2005)——教学指导与习题解答.北京:清华大学出版社,2009.
[11] 何玉洁,李玉安.数据库系统教程.北京:人民邮电出版社,2010.
[12] 王月海,何丽,孟丹,等. 数据库基础教程.北京:机械工业出版社, 2011.
[13] Jeffrey D. Ullman,Jennifer Widom. A First Course in Database Systems (Third Edition). Prentice Hall, 2008.
[14] 中国人民大学数据库系统概论精品课程教学网站,http://www.chinadb.org/.
[15] Microsoft SQL Server 联机丛书.2008.